新世纪土木工程高级应用型人才培养系列教材

工程概预算与招投标

刘 匀 金瑞珺 编著

内容提要

本书介绍了建设工程定额和工程建设中投资估算、设计概算、施工图预算、竣工决算及合同价款等工程造价文件的内容及编制方法。重点阐述了工程造价的构成、工程计量和工程招投标与合同价款的的确定、工程项目施工承发包价格的动态管理等知识。本书可作为大专院校有关专业学生的教材，也可以作为从事概预算工作的从业人员的自学参考书。

图书在版编目(CIP)数据

工程概预算与招投标/刘匀，金瑞珺编著. —上海：同济大学出版社，2007.8（2015.6 重印）

（新世纪土木工程高级应用型人才系列教材/应惠清主编）

IBSN 978-7-5608-3597-6

Ⅰ. 工…　Ⅱ. ①刘…②金…　Ⅲ. ①建筑工程—概算编制—教材②建筑工程—预算编制—教材③建筑工程—招标—教材④建筑工程—投标—教材　Ⅳ. TU723

中国版本图书馆 CIP 数据核字(2007)第 095069 号

工程概预算与招投标

刘　匀　金瑞珺　编著

责任编辑　杨宁霞　杨家琪　　责任校对　徐春莲　　封面设计　陈益平

出版发行　同济大学出版社　　www.tongjipress.com.cn

（地址：上海市四平路 1239 号　邮编：200092　电话：021-65985622）

经　　销　全国各地新华书店

印　　刷　同济大学印刷厂

开　　本　787mm×1092mm　1/16

印　　张　13.5

印　　数　22701—25800

字　　数　337000

版　　次　2007 年 8 月第 1 版　　2015 年 6 月第 8 次印刷

书　　号　ISBN 978-7-5608-3597-6

定　　价　26.00 元

前 言

“工程概预算与招投标”是土木工程专业的一门主要的专业课程，作为“土木工程高级应用型人才培养系列教材”之一，本书从土木高级应用型人才的职业需要出发，同时为了适应《建设工程工程量清单计价规范》和《中华人民共和国招投标法》的推广和建设部《建筑工程施工发包与承包计价管理办法》的有关规定，本书介绍了建设工程定额和工程建设中投资估算、设计概算、施工图预算、竣工决算及合同价款等工程造价文件的内容及编制方法，重点阐述了工程造价的构成、工程计量和工程招投标与合同价款的确定、工程项目施工承发包价格的动态管理等知识。本书通过工程实例，由浅入深地讲述了建设工程各个阶段尤其是施工阶段工程造价的控制，和工程实践的结合十分紧密。

本书可作为大专院校有关专业学生的教材，也可以作为从事概预算工作的从业人员的自学参考书。本书在编制过程中，充分地考虑了各类国家注册资格考试相关知识点的深入理解，因此，这本书也是“全国造价工程师执业资格考试”、“全国监理工程师执业资格考试”、“全国咨询工程师执业考试”和“一级建造师执业资格考试”应试人员的一本实用的参考用书。

全书由刘匀、金瑞珺主编。教材的第1～3章由刘匀编写；第4章由俞国凤编写；第5,6,8章由金瑞珺编写；第7章由刘匀、俞国凤、金瑞珺编写。

由于作者的水平有限，不足之处难免，恳请读者提出宝贵意见。

编著者

2007.7

前　言

目　次

1 概 论

学习重点和目的 本章主要讲述了工程造价的概念、特点和作用，计价的特征和方法以及工程项目各阶段对造价的控制；简单介绍了工程招投标制度、工程量清单计价规范和全国造价工程师执业制度等相关内容。通过本章的学习，掌握工程造价的基本概念，熟悉工程造价文件的作用，了解工程招投标制度、工程量清单计价规范和造价工程师执业制度的相关知识。

1.1 工程造价

1.1.1 工程造价及其特点

1.1.1.1 工程造价的含义

工程造价即工程的建造价格。工程造价有如下两种含义。

第一种含义：工程造价是指建设一项工程预期开支或实际开支的全部固定资产投资费用。显然，这一含义是从投资者—业主的角度来定义的。投资者选定一个投资项目，预测为了获得预期的效益，就要通过项目评估进行决策，然后进行设计招标、工程招标，直至竣工验收等一系列投资管理活动。在投资活动中所支付的全部费用形成了固定资产和无形资产。所有这些开支就构成了工程造价。从这个意义上说，工程造价就是工程投资费用，建设项目工程造价就是建设项目固定资产投资。

第二种含义：工程造价是指工程价格。即为建成一项工程，预计或实际在土地市场、设备市场、技术劳务市场，以及承包市场等交易活动中所形成的建筑安装工程的价格和建设工程总价格。显然，工程造价的第二种含义是以社会主义商品经济和市场经济为前提的。在进行多次预估的基础上，最终由市场形成价格。

区别工程造价的两种含义，其理论意义在于为投资者和以承包商为代表的供应商的市场行为提供理论依据。对建设工程的投资者，工程造价是指获得工程项目要付出的全部费用的总和；对承包商、供应商和规划设计等机构，工程造价是他们出售劳务或商品的价格综合。工程造价的两种含义既共生在一个统一体中，又相互区别。区别二重含义的现实意义在于，为实现不同的管理目标，不断充实工程造价的管理内容，完善管理方法，更好地为实现各自的目标服务，从而有利于推动全面的经济增长。

1.1.1.2 工程造价的特点

由工程建设的特点所决定，工程造价有以下特点：

(1) 工程造价的大额性

能够发挥投资效用的任一项工程，不仅实物形体庞大，而且造价高昂。动辄数百万、数千万、数亿、十几亿，特大型工程项目的造价可达百亿、千亿元人民币。工程造价的大额性使其关系到有关各方面的重大经济利益，同时也会对宏观经济产生重大影响，这就决定了工程造价的特殊地位，也说明了造价管理的重要意义。

(2) 工程造价的个别性、差异性

任何一项工程都有特定的用途、功能、规模。因此，对每一项工程的结构、造型、空间分割、设备配置和内外装饰都有具体的要求，因而使工程内容和实物形态都具有个别性、差异性。产品的差异性决定了工程造价的个别性差异。同时，每项工程所处地区、地段都不相同，使这一特点得到强化。

(3) 工程造价的动态性

任何一项工程从决策到竣工交付使用，都有一个较长的建设期间，而且由于不可控因素的影响，在预计工期内，许多影响工程造价的动态因素，如工程变更，设备材料价格、工资标准以及费率、利率、汇率会发生变化。这种变化必然会影响到造价的变动。所以，工程造价在整个建设期中处于不确定状态，直至竣工决算后才能最终确定工程的实际造价。

(4) 工程造价的层次性

造价的层次性取决于建设项目的特点。建设项目具有层次性。一个建设项目往往含有多个能够独立发挥设计效能的单项工程。一个单项工程又是由能够独立施工的多个单位工程(土建工程、电气安装工程等)组成。与此相适应，工程造价有三个层次，即：建设项目总造价、单项工程造价和单位工程造价。如果专业分工更细，单位工程(如土建工程)的组成部分——分部分项工程也可以成为分层对象，如大型土方工程、基础工程、装饰工程等，这样工程造价的层次就增加了分部工程和分项工程而成为五个层次。即使从造价的计算和工程管理的角度看，工程造价的层次性也是非常突出的。

(5) 工程造价的兼容性

工程造价的兼容性首先表现在它具有两种含义，其次表现在工程造价构成因素的广泛性和复杂性。在工程造价中，首先说成本因素非常复杂。其中，为获得建设工程用地支出的费用、项目可行性研究和规划设计费用、与政府一定时期政策(特别是产业政策和税收政策)相关的费用占有相当的份额。再次，盈利的构成也较为复杂，资金成本较大。

1.1.2 工程造价的作用

工程造价涉及到国民经济各部门、各行业，涉及到社会再生产中的各个环节。工程造价的主要作用有以下几点。

1.1.2.1 建设工程造价是项目决策的依据

建设工程投资大、生产和使用周期长等特点决定了项目决策的重要性。工程造价决定着项目的一次投资费用。投资者是否有足够的财务能力支付这笔费用，是否认为值得支付这项费用，是项目决策中要考虑的主要问题。财务能力是一个独立的投资主体必须首先要解决的问题。如果建设工程的造价超过投资者的支付能力，就会迫使他放弃拟建的项目；如果项目投资的效果达不到预期目标，他也会自动放弃拟建的工程。因此，在项目决策阶段，建设工程造价就成为项目财务分析和经济评价的重要依据。

1.1.2.2 建设工程造价是制定投资计划和控制投资的依据

投资计划是按照建设工期、工程进度和建设工程价格等逐年分月加以制定的。正确的投资计划有助于合理和有效地使用资金。工程造价在控制投资方面的作用非常明显。工程造价是通过多次性预估，最终通过竣工决算确定下来的。工程造价的每一次预估的过程就是对造价的控制过程；而每一次的预估对下一次的预估又都是对造价严格的控制。具体讲，每一次的预估都不能超过前一次预估的一定幅度。这种控制是在投资者财务能力的限度内为取得既定的投资效益所必需的。建设工程造价对投资的控制也表现在利用和制定各类定额、标准和参数，对建设工程造价的计算依据进行控制。在市场经济利益风险机制的作用下，造价对投资控制作用成为投资的内部约束机制。

1.1.2.3 建设工程造价是筹集建设资金的依据

投资体制的改革和市场经济的建立，要求项目的投资者必须有很强的筹资能力，以保证工程建设有充足的资金供应。工程造价基本决定了建设资金的需要量，从而为筹集资金提供了比较准确的依据。

1.1.2.4 工程造价是评价投资效果的重要指标

建设工程造价是一个包含着多层次工程造价的体系，就一个工程项目来说，它既是建设项目的总造价，又包含单项工程的造价和单位工程的造价，同时也包含单位生产能力的造价，或一个平方米建筑面积的造价，等等。所有这些，使工程造价自身形成了一个指标体系。它能够为评价投资效果提供出多种评价指标，并能够形成新的价格信息，为今后类似项目的投资提供参照系。

1.1.2.5 建设工程造价是合理利益分配和调节产业结构的手段

工程造价的高低，涉及到国民经济各部门和企业间的利益分配。在计划经济体制下，政府为了用有限的财政资金建成更多的工程项目，总是趋向于压低建设工程造价，使建设中的劳动消耗得不到完全补偿，价值不能得到完全实现。而未被实现的部分价值则被重新分配到各个投资部门，为项目投资者所占有。这种利益的再分配有利于各产业部门按照政府的投资导向加速发展，也有利于按宏观经济的要求调整产业结构。但是也会严重损害建筑企业等的利益，从而使建筑业的发展长期处于落后状态，与整个国民经济的发展不相适应。在市场经济中，工程造价也无例外地受供求状况的影响，并在围绕价值的波动中实现对建设规模、产业结构和利益分配的调节。加上政府正确的宏观调控和价格政策导向，工程造价在这方面的作用会充分发挥出来。

1.1.3 工程造价的计价特征

工程造价的特点，决定了工程造价的计价特征。

1.1.3.1 计价的单件性

产品的个体差别性决定每项工程都必须单独计算造价。

1.1.3.2 计价的多次性

建设工程周期长、规模大、造价高，因此，按建设程序要分阶段进行，相应地也要在不同阶段多次计价，以保证工程造价计算的准确性和控制的有效性。多次性计价是个逐步深化、逐步细化和逐步接近实际造价的过程。对于大型建设项目，其计价过程如图 1-1 所示。

(1) 投资估算。在编制项目建议书和可行性研究阶段，对投资需要量进行估算是一项不可缺少的组成内容。投资估算是指在项目建议书和可行性研究阶段对拟建项目所需投资，通过编制估算文件预先测算和确定的过程。也可表示估算出的建设项目的投资额，或称估算造价。就一个工程项目来说，如果项目建议书和可行性研究分不同阶段，例如分规划阶段、项目建议书阶段、可行性研究阶段、评审阶段，相应的投资估算也分为四个阶段。投资估算是决策、筹资和控制造价的主要依据。

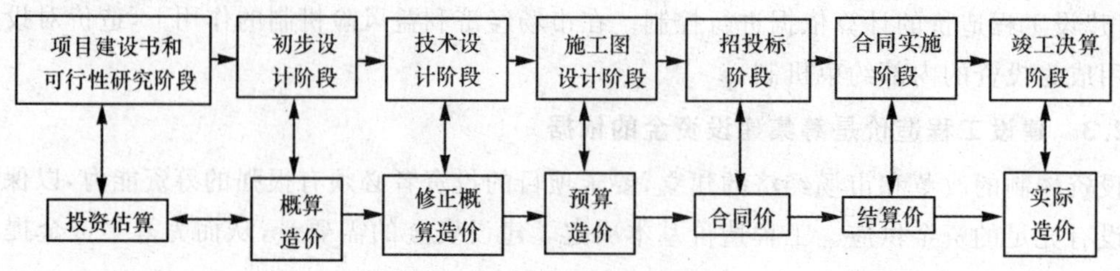

图 1-1　工程多次性计价示意图

注：竖向的双向箭头表示对应关系，横向的单向箭头表示多次计价流程及逐步深化过程。

(2) 概算造价。是指在初步设计阶段，根据设计意图，通过编制工程概算文件预先测算和限定的工程造价。概算造价较投资估算造价准确性有所提高，但它受估算造价的控制。概算造价的层次性十分明显，分建设项目概算总造价、各个单项工程概算综合造价、各单位工程概算造价。

(3) 修正概算造价。是指在采用三阶段设计的技术设计阶段，根据技术设计的要求，通过编制修正概算文件预先测算和限定的工程造价。它对初步设计概算进行修正调整，比概算造价准确，但受概算造价控制。

(4) 预算造价。是指在施工图设计阶段，根据施工图纸通过编制预算文件，预先测算和限定的工程造价。它比概算造价或修正概算造价更为详尽和准确。但同样要受前一阶段所限定的工程造价的控制。

(5) 合同价。是指在工程招投标阶段通过签订总承包合同、建筑安装工程承包合同、设备材料采购合同，以及技术和咨询服务合同确定的价格。合同价属于市场价格的性质，它是由承发包双方，也即商品和劳务买卖双方根据市场行情共同议定和认可的成交价格，但它并不等同于最终决算的实际工程造价。按计价方法不同，建设工程合同有许多类型，不同类型合同的合同价内涵也有所不同。

(6) 结算价。是指在合同实施阶段，在工程结算时按合同调价范围和调价方法，对实际发生的工程量增减、设备和材料价差等进行调整后计算和确定的价格。

(7) 实际造价。是指竣工决算阶段，通过为建设项目编制竣工决算，最终确定的实际工程造价。

1.1.3.3　造价的组合性

工程造价的计算是分部组合而成。这一特征和建设项目的组合性有关。一个建设项目是一个工程综合体。这个综合体可以分解为许多有内在联系的独立和不能独立的工程，从计价和工程管理的角度，分部分项工程还可以分解。由此可以看出，建设项目的这种组合性决定了计价的过程是一个逐步组合的过程。这一特征在计算概算造价和预算造价时尤为明显，同时也反映到合同价和结算价中。其计算过程和计算顺序是:分部分项工程单价→单位工程造价→单项工程造价→建设项目总造价。

1.1.3.4 方法的多样性

工程造价多次性计价有各不相同的计价依据,对造价的精确度要求也不相同,这就决定了计价方法有多样性特征。计算概、预算造价的方法有单价法和实物法等。计算投资估算的方法有设备系数法、生产能力指数估算法等。不同的方法利弊不同,适应条件也不同,计价时要根据具体情况加以选择。

1.1.3.5 依据的复杂性

由于影响造价的因素多,故计价依据复杂、种类繁多。主要可分为以下几类:

(1) 计算设备和工程量的依据。包括项目建议书、可行性研究报告、设计文件等。

(2) 计算人工、材料、机械等实物消耗量的依据。包括投资估算指标、概算定额、预算定额等。

(3) 计算工程单价的价格依据。包括人工单价、材料价格、材料运杂费、机械台班费等。

(4) 计算设备单价的依据。包括设备原价、设备运杂费、进口设备关税等。

(5) 计算其他直接费、现场经费、间接费和工程建设其他费用的依据,主要是相关的费用定额和指标。

(6) 政府规定的税、费。

1.2 工程项目各阶段造价控制

对工程造价进行控制,是运用动态控制原理,在工程项目建设过程中的各个不同阶段,经常地或定期地将实际发生的工程造价值与相应的计划目标造价值进行比较。若发现实际工程造价值偏离目标工程造价值,则应采取纠偏措施,包括组织措施、技术措施、经济措施、合同措施、信息管理措施等,以确保工程项目投资费用总目标或工程计划目标造价的实现。

1.2.1 在项目决策阶段

根据拟建项目的功能要求和使用要求,做出项目定义,包括项目投资定义,并按项目规划的要求和内容以及项目分析和研究的不断深入,逐步地将投资估算的误差率控制在允许的范围之内。

1.2.2 在初步设计阶段

运用标准化设计、价值工程方法、限额设计方法等,以可行性研究报告中被批准的投资估算为工程造价目标值,控制初步设计。如果设计概算超出投资估算(包括允许的误差范围),应对初步设计的结果进行调整和修改。

1.2.3 在施工图设计阶段

应以被批准的设计概算为控制目标,应用限额设计、价值工程等方法,以设计概算控制施工图设计工作的进行。如果施工图预算超过设计概算，则说明施工图设计的内容突破了初步设计所规定的项目设计原则，因而应对施工图设计的结果进行调整和修改。通过对设计过程中所形成的工程造价费用的层层控制，以实现工程项目设计阶段的造价控制目标。

1.2.4　在施工准备阶段

以工程设计文件(包括概、预算文件)为依据，结合工程施工的具体情况，如现场条件、市场价格、业主的特殊要求等，进行招标文件的制定，编制招标工程的标底和投标项目的投标报价，选择合适的合同计价方式，确定工程承包合同的价格。

1.2.5　在工程施工阶段

以施工图预算、工程承发包合同价等为控制依据，通过工程计量、控制工程变更等手段，按照承包方实际完成的工程量，严格确定施工阶段实际发生的工程费用。以合同价为基础，同时考虑因物价上涨所引起的造价提高，考虑到设计中难以预计的而在施工阶段实际发生的工程和费用，合理确定工程结算价，控制实际工程费用的支出。

1.2.6　在竣工验收阶段

全面汇集在工程建设过程中实际花费的全部费用，编制竣工决算，如实体现建设项目的实际工程造价，并总结分析工程建造的经验，积累技术经济数据和资料，不断提高工程造价管理的水平。

为了真正做到设计概算不超过投资估算，施工图预算不超过设计概算，竣工结算不超过施工图预算的要求，在进行投资控制时，应按下列要求进行：

(1) 以设计阶段为重点的建设全过程造价控制。

(2) 采取主动控制，加强工程造价管理。

(3) 采用技术与经济的有效手段，优化设计和施工方案。

1.3　工程招投标制度

我国招标投标制度是伴随着改革开放而逐步建立并完善的。1984 年，国家计委、城乡建设环境保护部联合下发了《建设工程招标投标暂行规定》，倡导实行建设工程招投标，我国由此开始推行招投标制度。1999 年，我国工程招标投标制度面临重大转折。首先是 1999 年 3 月 15 日全国人大通过了《中华人民共和国合同法》，并于同年 10 月 1 日起生效实施，由于招标投标是合同订立过程中的两个阶段，因此，该法对招标投标制度产生了重要的影响。其次是 1999 年 8 月 30 日全国人大常委会通过了《中华人民共和国招标投标法》，并于 2000 年 1 月 1 日起实行。这部法律基本上是针对建设工程发包活动而言的，其中大量采用了国际惯例或通用做法，给招标体制带来了巨大变革。

2000 年 5 月 1 日，国家计委发布了《工程建设项目招标范围的规模标准规定》，2000 年 7 月 1 日国家计委又发布了《工程建设项目招标试行办法》和《招标公告发布暂行办法》，2001 年 7 月 5 日国家计委等七部委联合发布《评标委员会和评标办法暂行规定》，其中有三个重大突破;关于低于成本价的认定标准;关于中标人的确定条件;关于最低价中标。在这里第一次明确了最低价中标的原则,与国际惯例接轨。随后建设部连续颁布了第79号令《工程建设项目招标代理机构资格认定办法》、第89号令《房屋建筑和市政基础设施工程施工招标投标管理办法》以及《房屋建筑和市政基础设施工程施工招标文件范本》(2003年1月1日施行)、第107号令《建筑工程施工发包与承包计价管理办法》(2001年11月)等,对招投标活动及其承发包中的计价工作做出进一步的规范。

实行建设项目招标投标是我国建筑市场趋向规范化、完善化的重要举措,对于择优选择承包单位、与全面降低工程造价、进而使工程造价得到合理有效的控制,具有十分重要的意义,具体表现在:

(1) 实行建设项目的招标投标制度基本形成了由市场定价的价格机制,使工程价格更加趋于合理。其最明显的表现是若干投标人之间出现激烈竞争(相互竞标),这种市场竞争最直接、最集中的表现就是在价格上的竞争。通过竞争确定出工程价格,使其趋于合理或下降,这将有利于节约投资、提高投资效益。

(2) 实行建设项目的招标投标能够不断降低社会平均劳动消耗水平,使工程价格得到有效控制。在建筑市场中,不同投标者的个别劳动消耗水平是有差异的。通过推行招标投标,最终是那些个别劳动消耗水平最低或接近最低的投标者获胜,这样便实现了生产力资源较优配置,也对不同投标者实行了优胜劣汰。面对激烈竞争的压力,为了自身的生存与发展,每个投标者都必须切实在降低自己个别劳动消耗水平上下工夫,这样将逐步而全面地降低社会平均劳动消耗水平,使工程价格更为合理。

(3) 实行建设项目的招标投标便于供求双方更好地相互选择,使工程价格更加符合价值基础,进而更好地控制工程造价。由于供求双方各自出发点不同,存在利益矛盾,因而单纯采用"一对一"的选择方式,成功的可能性较小。采用招投标方式就为供求双方在较大范围内进行相互选择创造了条件,为需求者(如建设单位、业主)与供给者(如勘察设计单位、施工企业)在最佳点上结合提供了可能。需求者对供给者选择(即建设单位、业主对勘察设计单位和施工单位的选择)的基本出发点是"择优选择",即选择那些报价较低、工期较短、具有良好业绩和管理水平的供给者,这样就为合理控制工程造价奠定了基础。

(4) 实行建设项目的招标投标有利于规范价格行为,使公开、公平、公正的原则得以贯彻。我国招投标活动有特定的机构进行管理,有严格的程序必须遵循,有高素质的专家支持系统、工程技术人员的群体评估与决策,能够避免盲目过度的竞争和营私舞弊现象的发生,对建筑领域中的腐败现象也是强有力的遏制,使价格形成过程变得透明而较为规范。

(5) 实行建设项目的招标投标能够减少交易费用,节省人力、物力、财力,进而使工程造价有所降低。我国目前从招标、投标、开标、评标直至定标,均在统一的建筑市场中进行,并有较完善的一些法律、法规规定,已进入制度化操作。招投标中,若干投标人在同一时间、地点报价竞争,在专家支持系统的评估下,以群体决策方式确定中标者,必然减少交易过程的费用,这本身就意味着招标人收益的增加,对工程造价必然产生积极的影响。

1.4 工程量清单计价规范

随着我国建设市场的快速发展,招标投标制、合同制的逐步推行以及加入世界贸易组织(WTO)与国际接轨等要求,工程造价计价依据改革不断深化。

根据建设部2002年工作部署和建设部标准定额司工程造价管理工作要点,为改革工程造价计价方法,推行工程量清单计价,建设部标准定额研究所受建设部标准定额司的委托,于2002年2月28日开始组织有关部门和地区工程造价专家编制《全国统一工程量清单计价办法》,为了增强工程量清单计价办法的权威性和强制性,最后改为《建设工程工程量清单计价规范》(以下简称《计价规范》),经建设部批准为国家标准,于2003年7月1日正式施行。

《建设工程工程量清单计价规范》的出台,是建设市场发展的要求,为建设工程招标投标计价活动健康有序地发展提供了依据,在《计价规范》中贯彻了由政府宏观调控、市场竞争形成价格的指导思想。主要体现在:

政府宏观调控。一是规定了全部使用国有资金或国有资金投资为主的大中型建设工程要严格执行《计价规范》的有关规定,与招标投标法规定的政府投资要进行公开招标是相适应的;二是《计价规范》统一了分部分项工程项目名称,统一了计量单位,统一了工程量计算规则,统一了项目编码,为建立全国统一建设市场和规范计价行为提供了依据;三是《计价规范》没有人、材、机的消耗量,必然促使企业提高管理水平,引导企业学会编制自己的消耗量定额,适应市场需要。市场竞争形成价格。由于《计价规范》不规定人工、材料、机械消耗量,为企业报价提供了自主空间,投标企业可以结合自身的生产效率、消耗水平和管理能力与已储备的本企业报价资料,按照《计价规范》规定的原则和方法,投标报价。工程造价的最终确定,由承发包双方在市场竞争中按价值规律通过合同确定。

1.4.1 《计价规范》的主要内容

(1) 一般概念。工程量清单计价方法是建设工程招标投标中,招标人按照国家统一的工程量计算规则提供工程数量,由投标人依据工程量清单自主报价,按照经评审低价中标的工程造价计价方式。

工程量清单。是表现拟建工程的分部分项工程项目、措施项目、其他项目名称和相应数量的明细清单,由招标人按照《计价规范》附录中统一的项目编码、项目名称、计量单位和工程量计算规则进行编制,包括分部分项工程量清单、措施项目清单、其他项目清单。

工程量清单计价是指投标人完成由招标人提供的工程量清单所需的全部费用,包括分部分项工程费、措施项目费、其他项目费和规费、税金。

工程量清单计价采用综合单价计价。综合单价是指完成规定计量单位项目所需的人工费、材料费、机械使用费、管理费、利润,并考虑风险因素。

(2)《计价规范》的各章内容。《计价规范》包括正文和附录两大部分,二者具有同等效力。正文共五章,包括总则、术语、工程量清单编制、工程量清单计价、工程量清单及其计价格式等内容,分别就《计价规范》的适用范围、遵循的原则、编制工程量清单应遵循的规则、工程量清单计价活动的规则、工程量清单及其计价格式作了明确规定。

附录包括:附录A建筑工程工程量清单项目及计算规则,附录B装饰装修工程工程量清单项目及计算规则,附录C安装工程工程量清单项目及计算规则,附录D市政工程工程量清单项目及计算规则,附录E园林绿化工程工程量清单项目及计算规则。附录中包括项目编码、项目名称、项目特征、计量单位、工程量计算规则和工程内容,其中项目编码、项目名称、计量单位、工程量计算规则作为四统一的内容,要求招标人在编制工程量清单时必须执行。

1.4.2 《计价规范》的特点

(1) 强制性。主要表现在,一是由建设主管部门按照强制性国家标准的要求批准颁布,规定全部使用国有资金或国有资金投资为主的大中型建设工程应按计价规范规定执行;二是明确工程量清单是招标文件的组成部分,并规定了招标人在编制工程量清单时必须遵守的规则,做到四统一,即统一项目编码、统一项目名称、统一计量单位、统一工程量计算规则。

(2) 实用性。附录中工程量清单项目及计算规则的项目名称表现的是工程实体项目,项目名称明确清晰,工程量计算规则简洁明了;特别还列有项目特征和工程内容,易于编制工程量清单时确定具体项目名称和投标报价。

(3) 竞争性。一是《计价规范》中的措施项目,在工程量清单中只列"措施项目"一栏,具体采用什么措施,如模板、脚手架、临时设施、施工排水等详细内容由投标人根据企业的施工组织设计,视具体情况报价,因为这些项目在各个企业间各有不同,是企业竞争项目,是留给企业竞争的空间;二是《计价规范》中人工、材料和施工机械没有具体的消耗量,投标企业可以依据企业的定额和市场价格信息,也可以参照建设行政主管部门发布的社会平均消耗量定额进行计价,《计价规范》将报价权交给了企业。

(4) 通用性。采用工程量清单计价将与国际惯例接轨,符合工程量计算方法标准化、工程量计算规则统一化、工程造价确定市场化的要求。

1.5 全国造价工程师执业资格制度

1.5.1 我国造价工程执业资格制度概述

随着我国社会主义市场经济体制的逐步建立,投融资体制不断改革和建设工程逐步推行招投标制度,工程造价管理逐步由政府定价转变为市场形成造价的机制,这对工程造价专业人员的业务素质提出了更高的要求。因此,为了适应社会主义市场经济体制的需要,更好地发挥工程造价专业人员在工程建设中的作用,急需尽快规范工程造价专业人员的执业行为,提高工程造价专业人员的素质。1996年8月,国家人事部、建设部联合发布了《造价工程师执业资格制度暂行规定》,明确国家在工程造价领域实施造价工程师执业资格制度。造价工程师执业资格制度属于国家统一规划的专业技术人员执业资格制度范围。全国造价工程师执业资格制度的政策制定、组织协调、资格考试、注册登记和监督管理工作由国家人事部和建设部共同负责。

1.5.2 造价工程师的考试、注册制度

1.5.2.1 造价工程师执业资格考试

造价工程师执业资格考试实行全国统一大纲、统一命题、统一组织的办法。原则上每年举

行一次。国家建设部负责考试大纲、培训教材的编写和命题工作，统一计划和组织考前培训等有关工作。培训工作按照与考试分开、自愿参加的原则进行。国家人事部负责审定考试大纲、考试科目和试题，组织或授权实施各项考务工作，会同国家建设部对考试进行监督、检查、指导和确定合格标准。

(1) 报考条件。凡中华人民共和国公民，工程造价或相关专业大学毕业，从事工程造价业务工作满四年，均可申请参加造价工程师执业资格考试。

(2) 考试科目。造价工程师执业资格考试分为四个科目："工程造价管理基础理论与相关法规"、"工程造价计价与控制"、"建设工程技术与计量"（土建或安装）和"工程造价案例分析"。

对于长期从事工程造价业务工作的专业技术人员，凡符合一定的学历和专业年限条件的人员，可免试"工程造价管理基础理论与相关法规"、"建设工程技术与计量"两个科目，只参加"工程造价计价与控制"和"工程造价案例分析"两个科目的考试。

造价工程师四个科目分别单独考试、单独计分。参加全部科目考试的人员，需在连续的两个考试年度通过；参加免试部分考试科目的人员，需在一个考试年度内通过应试科目。

(3) 证书取得。通过造价工程师执业资格考试合格者，由省、自治区、直辖市人事（职改）部门颁发造价工程师执业资格证书，该证书全国范围内有效，并作为造价工程师注册的凭证。

1.5.2.2 造价工程师的注册

(1) 注册管理部门。国务院建设行政主管部门负责全国造价工程师注册管理工作，造价工程师的具体工作委托中国建设工程造价管理协会办理。省、自治区、直辖市人民政府建设行政主管部门（以下简称省级注册机构）负责本行政区域内的造价工程师注册管理工作。特殊行业的主管部门（以下简称部门注册机构）经国务院建设行政主管部门认可，负责本行业内造价工程师注册管理工作。

(2) 初始注册。经全国造价工程师执业资格统一考试合格的人员，应当在取得造价工程师执业资格考试合格证书后的1年内，持有关材料到省级注册机构或者部门注册机构申请初始注册。

超过规定期限申请初始注册的，还应提交国务院建设行政主管部门认可的造价工程师继续教育证明。

申请造价工程师初始注册，按照下列程序办理：①申请人向聘用单位提出申请；②聘用单位审核同意后，连同规定的材料一并报单位注册所在地省级注册机构或者部门注册机构；③省级注册机构或者部门注册机构对申请注册的有关材料进行初审，签署初审意见，报国务院建设行政主管部门；④国务院建设行政主管部门对初审意见进行审核；对符合注册条件的，准予注册，并颁发"造价工程师注册证"和造价工程师执业专用章。

造价工程师初始注册的有效期限为4年，自核准注册之日起计算。

(3) 延续注册。造价工程师注册有效期满要求继续执业的，应当在注册有效期满前30日向省级注册机构或者部门注册机构申请延续注册。

申请造价工程师延续注册，应当提交下列材料：①延续注册申请表；②注册证书；③与聘用单位签订的劳动合同复印件；④前一注册期内工作业绩证明；⑤继续教育合格证书。

延续注册的有效期限为4年。自准予延续注册之日起计算。

(4) 变更注册。在注册有效期内,注册造价工程师变更执业单位的,应当与原聘用单位解除劳动合同,按规定程序办理变更注册手续。变更注册后延续原注册有效期。

1.5.3 造价工程师的执业

造价工程师是注册执业资格,造价工程师的执业必须依托所注册的工作单位,为了保护其所注册单位的合法权益并加强对造价工程师执业行为的监督和管理,我国规定,造价工程师只能在一个单位注册和执业。

1.5.3.1 执业范围

造价工程师的执业范围包括:

(1) 建设项目建议书、可行性研究投资估算的编制、审核及项目经济评价,工程概、预、结算、竣工决算;

(2) 工程量清单、标底(或控制价)、投标报价的编制和审核,工程合同价款的签订及变更、调整、工程款支付与工程索赔费用的计算;

(3) 建设项目管理过程中设计方案的优化、限额设计等工程造价分析与控制、工程保险理赔的核查;

(4) 工程经济纠纷的鉴定。

1.5.3.2 权利与义务

经造价工程师签字的工程造价成果文件,应当作为办理审批、报建、拨付工程款和工程结算的依据。造价工程师享有下列权利:

(1) 称谓权,即使用造价工程师名称;

(2) 执业权,即依法独立执业;

(3) 签章权,即签署工程造价文件,加盖执业专用章;

(4) 立业权,即申请设立工程造价咨询单位;

(5) 举报权,即对违反国家法律、法规的不正当计价行为,有权向有关部门举报。

造价工程师应履行下列义务:

(1) 遵守法律、法规,恪守职业道德;

(2) 接受继续教育,提高业务技术水平;

(3) 在执业中保守技术和经济秘密;

(4) 不得允许他人以本人名义执业;

(5) 按照有关规定提供工程造价资料。

1.5.3.3 执业道德准则

为了规范造价工程师的职业道德行为,提高行业声誉,造价工程师在执业中应信守以下职业道德行为准则:

(1) 遵守国家法律、法规和政策,执行行业自律性规定,珍惜职业声誉,自觉维护国家和社会公共利益。

(2) 遵守"诚信、公正、精业、进取"的原则,以高质量的服务和优秀的业绩,赢得社会和客户对造价工程师职业的尊重。

(3) 勤奋工作，独立、客观、公正、正确地出具工程造价成果文件，使客户满意。

(4) 诚实守信，尽职尽责，不得有欺诈、伪造、作假等行为。

(5) 尊重同行，公平竞争，搞好同行之间的关系，不得采取不正当的手段损害、侵犯同行的权益。

(6) 廉洁自律，不得索取、收受委托合同约定以外的礼金和其他财物，不得利用职务之便谋取其他不正当的利益。

(7) 造价工程师与委托方有利害关系的应当回避，委托方有权要求其回避。

(8) 知悉客户的技术和商务秘密，负有保密义务。

(9) 接受国家和行业自律性组织对其执业行为的监督检查。

1.5.4 造价工程师的继续教育管理

造价工程师继续教育是指为提高造价工程师的业务素质，不断更新和掌握新知识、新技能、新方法所进行的岗位培训、专业教育、职业进修教育等。继续教育的组织和管理工作由政府行政主管部门会同造价协会负责。继续教育贯串于造价工程师执业的整个过程。造价工程师每一注册有效期接受继续教育时间累计不得少于60学时。

复习思考题

1. 工程造价的含义是什么，举例说明区分两种含义在工程实践中有什么意义？
2. 工程计价有哪些特点？
3. 工程项目在各阶段应如何控制造价？
4. 造价工程师的执业范围是什么？有哪些权利和义务？

2 工程造价的构成

学习重点和目的 本章主要介绍了工程造价的构成。工程造价包括建筑安装工程费用，设备及工、器具购置费用，工程建设其他费用，预备费，建设期贷款利息和固定资产投资方向调节税等。本章介绍了每一部分费用的内容、组成和相应的计算方法。通过本章的学习，应掌握工程造价的构成，熟悉工程造价各部分费用的归属。

2.1 概 述

建设项目总投资含固定资产投资和流动资产投资两个部分。工程造价是工程项目按照确定的建设内容、建设规模、建设标准、功能和使用要求等全部建成并验收合格交付使用所需全部费用的总和，它在量上等于固定资产投资。现行工程造价的构成如图 2-1 所示。

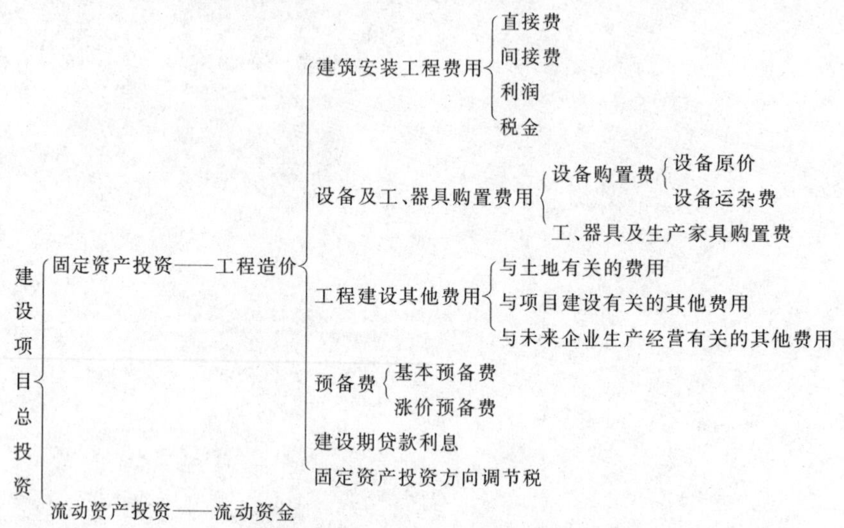

图 2-1 现行工程造价的构成

工程造价包括用于购买工程项目所含各种设备的费用，即设备及工、器具购置费用；用于建筑施工和安装施工所需的费用，即建筑安装工程费用；工程建设其他费用、预备费、建设期贷款利息和固定资产投资方向调节税。

2.2 建筑安装工程费用

建筑安装工程费用是指完成列入建筑工程和安装工程的所有项目建设所发生的全部费用。建筑安装工程费由直接费、间接费、利润和税金组成。建筑安装工程费的构成如图 2-2 所示。

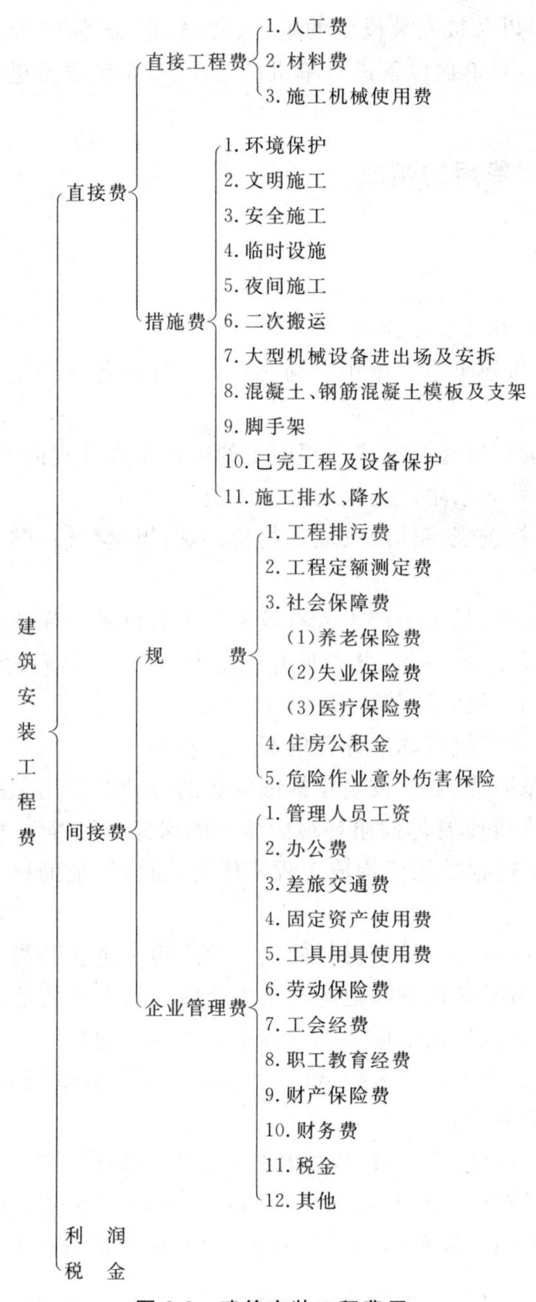

图 2-2 建筑安装工程费用

列入建筑工程的费用包括：① 各类房屋(建筑工程)及其供水、供暖、卫生、通风、煤气等设备费用；② 各种管道、电力、电信和电缆导线敷设工程的费用；③ 设备基础、支柱、工作台、烟囱、水塔、水池、灰塔等建筑工程以及各种炉窑的砌筑工程和金属结构工程的费用；④ 为施工而进行的场地平整，工程和水文地质勘察，原有建筑物和障碍物的拆除以及施工临时用水、电、气、路和竣工后的场地清理，环境绿化、美化等工作的费用；⑤ 矿井开凿、井巷延伸、露天矿剥离，石油、天然气钻井，修建铁路、公路、桥梁、水库、堤坝、灌渠及防洪等工程的费用。

列入安装工程的费用包括：① 生产、动力、起重、运输、传动和医疗、实验等各种需要安装的机械设备的装配费用，与设备相连的工作台、梯子、栏杆等设施的工程费用，附属于被安装设备的管线敷设工程费用，以及被安装设备的绝缘、防腐、保温、油漆等工作的材料费和安装费；② 为测定安装工程质量，对单台设备进行单机试运转、对系统设备进行系统联动、无负荷试运转工作的调试费。

2.2.1 建筑安装工程费用的组成

2.2.1.1 直接费

1）直接费的组成

直接费由直接工程费和措施费组成。

（1）直接工程费：是指施工过程中用于构成工程实体的各项费用，包括人工费、材料费、施工机械使用费。

① 人工费：是指直接从事建筑安装工程施工的生产工人开支的各项费用，具体包括：

ⅰ．基本工资：是指发放给生产工人的基本工资。

ⅱ．工资性补贴：是指按规定标准发放的物价补贴，煤、燃气补贴，交通补贴，住房补贴，流动施工津贴等。

ⅲ．生产工人辅助工资：是指生产工人有效施工天数以外非作业天数的工资，包括职工学习、培训期间的工资，调动工作、探亲、休假期间的工资，因气候影响的停工工资，女工哺乳时期的工资，病假在六个月以内的工资及产、婚、丧假期的工资。

ⅳ．职工福利费：是指按规定标准计提的职工福利费。

ⅴ．生产工人劳动保护费：是指按规定标准发放的劳动保护用品的购置费及修理费，徒工服装补贴，防暑降温费，在有碍身体健康环境中施工的保健费用等。

② 材料费：是指施工过程中用于构成工程实体的原材料、辅助材料、构配件、零件、半成品的费用。具体包括：

ⅰ．材料原价（或供应价格）：是指材料的出厂价或施工企业购买材料时的交易价格。

ⅱ．材料运杂费：是指材料自来源地运至工地仓库或指定堆放地点所发生的全部费用。

ⅲ．运输损耗费：是指材料在运输装卸过程中不可避免的损耗。

ⅳ．采购及保管费：是指为组织采购、供应和保管材料过程中所需要的各项费用。包括采购费、仓储费、工地保管费和仓储损耗。

ⅴ．检验试验费：是指对建筑材料、构件和建筑安装物进行一般鉴定、检查所发生的费用，包括自设试验室进行试验所耗用的材料和化学药品等费用。不包括新结构、新材料的试验费和建设单位对具有出厂合格证明的材料进行检验、对构件做破坏性试验及其他特殊要求检验试验的费用。

③ 施工机械使用费：是指施工机械作业所发生的机械使用费以及机械安拆费和场外运费。

施工机械台班单价应由不变费用和可变费用两个部分组成。

不变费用包括：

ⅰ．折旧费：指施工机械在规定的使用年限内陆续收回其原值及购置资金的时间价值。

ⅱ．大修理费：指施工机械按规定的大修理间隔台班进行必要的大修理以恢复其正常功能所需的费用。

ⅲ．经常修理费：指施工机械除大修理以外的各级保养和临时故障排除所需的费用。包括以保障机械正常运转所需替换设备与随机配备工具附具的摊销和维护费用，机械运转中日常保养所需润滑与擦拭的材料费用及机械停滞期间的维护和保养费用等。

ⅳ. 安拆费及场外运费：安拆费指施工机械在现场进行安装与拆卸所需的人工、材料、机械和试运转费用以及机械辅助设施的折旧、搭设、拆除等费用；场外运费指施工机械整体或分体自停放地点运至施工现场或由一施工地点运至另一施工地点的运输、装卸、辅助材料及架线等费用。

可变费用包括：

ⅰ. 人工费：指机上司机（司炉）和其他操作人员的工作日人工费及上述人员在施工机械规定的年工作台班以外的人工费。

ⅱ. 燃料动力费：指施工机械在运转作业中所消耗的固体燃料（煤、木柴）、液体燃料（汽油、柴油）及水、电等。

ⅲ. 养路费及车船使用税：指施工机械按照国家规定和有关部门规定应缴纳的养路费、车船使用税、保险费及年检费等。

(2) 措施费：是指为完成工程项目施工，发生于该工程施工前和施工过程中非工程实体项目的费用。具体包括：

① 环境保护费：是指施工现场进行为达到环保部门要求所需要的各项费用。

② 文明施工费：是指施工现场进行文明施工所需要的各项费用。

③ 安全施工费：是指施工现场进行安全施工所需要的各项费用。

④ 临时设施费：是指施工企业为进行建筑工程施工所必须搭设的生活和生产用的临时建筑物、构筑物和其他临时设施费用等。

临时设施包括临时宿舍、文化福利及公用事业房屋与构筑物、仓库、办公室、加工厂以及规定范围内道路、水、电、管线等临时设施和小型临时设施。

临时设施费用包括临时设施的搭设、维修、拆除费或摊销费。

⑤ 夜间施工费：是指因夜间施工所发生的夜班补助费、夜间施工降效、夜间施工照明设备摊销及照明用电等费用。

⑥ 二次搬运费：是指因施工场地狭小等特殊情况而发生的二次搬运费用。

⑦ 大型机械设备进出场及安拆费：是指机械整体或分体自停放场地运至施工现场或由一个施工地点运至另一施工地点所发生的机械进出场运输及转移费用及机械在施工现场进行安装、拆卸所需的人工费、材料费、机械费、试运转费和安装所需的辅助设施的费用。

⑧ 混凝土、钢筋混凝土模板及支架费：是指混凝土施工过程中需要的各种钢模板、木模板、支架等的支、拆、运输费用及模板、支架的摊销（或租赁）费用。

⑨ 脚手架费：是指施工需要的各种脚手架搭、拆、运输费用及脚手架的摊销（或租赁）费用。

⑩ 已完工工程及设备保护费：是指竣工验收前，对已完工工程及设备进行保护所需费用。

⑪ 施工排水、降水费：是指为确保工程在正常条件下施工，采取各种排水、降水措施所发生的各种费用。

2) 直接费计算

(1) 直接工程费

$$\text{直接工程费}=\text{人工费}+\text{材料费}+\text{施工机械使用费} \tag{2-1}$$

① 人工费

$$人工费=\sum(工日消耗量\times日工资单价) \tag{2-2}$$

$$日工资单价(G)=\sum_{i=1}^{5}G_i \tag{2-3}$$

ⅰ. 基本工资

$$(G_1)=\frac{生产工人平均月工资}{年平均每月法定工作日} \tag{2-4}$$

ⅱ. 工资性补贴

$$工资性补贴(G_2)=\frac{\sum 年发放标准}{全年日历日-法定假日}+\frac{\sum 月发放标准}{年平均每月法定工作日}+每工作日发放标准 \tag{2-5}$$

ⅲ. 生产工人辅助工资

$$生产工人辅助工资(G_3)=\frac{全年无效工作日\times(G_1+G_2)}{全年日历日-法定假日} \tag{2-6}$$

ⅳ. 职工福利费

$$职工福利费(G_4)=(G_1+G_2+G_3)\times福利费计提比例(\%) \tag{2-7}$$

ⅴ. 生产工人劳动保护费

$$生产工人劳动保护费(G_5)=\frac{生产工人年平均支出劳动保护费}{全年日历日-法定假日} \tag{2-8}$$

② 材料费

$$材料费=\sum(材料消耗量\times材料基价)+检验试验费 \tag{2-9}$$

ⅰ. 材料基价

$$材料基价=[(供应价格+运杂费)\times(1+运输损耗率(\%))]\times(1+采购保管费率(\%)) \tag{2-10}$$

ⅱ. 检验试验费

$$检验试验费=\sum(单位材料量检验试验费\times材料消耗量) \tag{2-11}$$

③ 施工机械使用费

$$施工机械使用费=\sum(施工机械台班消耗量\times机械台班单价) \tag{2-12}$$

$$\begin{aligned}机械台班单价=&台班折旧费+台班大修费+台班经常修理费+台班安拆费及场外运费\\&+台班人工费+台班燃料动力费+台班养路费及车船使用税\end{aligned} \tag{2-13}$$

(2) 措施费

措施费包括通用项目措施费和专业工程项目措施费两大类。

本书中只列通用项目措施费的计算方法,各专业工程的专用项目措施费的计算方法由各地区或国务院有关专业主管部门的工程造价管理机构自行制定。

① 环境保护

$$环境保护费=直接工程费\times环境保护费费率(\%) \tag{2-14}$$

$$环境保护费费率(\%)=\frac{本项费用年度平均支出}{全年建安产值\times直接工程费占总造价比例(\%)} \tag{2-15}$$

② 文明施工

$$文明施工费=直接工程费\times文明施工费费率(\%) \tag{2-16}$$

$$文明施工费费率(\%)=\frac{本项费用年度平均支出}{全年建安产值\times直接工程费占总造价比例(\%)} \tag{2-17}$$

③ 安全施工

$$安全施工费=直接工程费\times安全施工费费率(\%) \tag{2-18}$$

$$安全施工费费率(\%)=\frac{本项费用年度平均支出}{全年建安产值\times直接工程费占总造价比例(\%)} \tag{2-19}$$

④ 临时设施费

临时设施费包括周转使用临时建筑（如活动房屋）、一次性使用临时建筑（如简易建筑）和其他临时设施（如临时管线）。

$$临时设施费=(周转使用临时建筑费+一次性使用临时建筑费)\times(1+其他临时设施所占比例(\%)) \tag{2-20}$$

$$式中，周转使用临时建筑费=\sum\left[\frac{临建面积\times每平方米造价}{使用年限\times365\times利用率(\%)}\times工期(天)\right]+一次性拆除费 \tag{2-21}$$

$$一次性使用临时建筑费=\sum临时建筑面积\times每平方米造价\times[1-残值率(\%)]+一次性拆除费 \tag{2-22}$$

其他临时设施在临时设施费中所占比例，可由各地区造价管理部门依据典型施工企业的成本资料经分析后综合测定。

⑤ 夜间施工增加费

$$夜间施工增加费=\left(1-\frac{合同工期}{定额工期}\right)\times\frac{直接工程费中的人工费合计}{平均日工资单价}\times每工日夜间施工费开支 \tag{2-23}$$

⑥ 二次搬运费

$$二次搬运费=直接工程费\times二次搬运费费率(\%) \tag{2-24}$$

$$二次搬运费费率(\%)=\frac{年平均二次搬运费开支额}{全年建安产值\times直接工程费占总造价的比例(\%)} \tag{2-25}$$

⑦ 大型机械进出场费及安拆费

$$大型机械进出场费及安拆费=\frac{一次进出场费及安拆费\times年平均安拆次数}{年工作台班} \tag{2-26}$$

⑧ 混凝土、钢筋混凝土模板及支架

ⅰ. 模板费及支架费＝模板摊销量×模板价格＋支、拆、运输费 (2-27)

$$摊销量=一次使用量\times(1+施工损耗)\times\left[1+(周转次数-1)\times\frac{补损率}{周转次数}-\frac{(1-补损率)\times 50\%}{周转次数}\right] \quad (2\text{-}28)$$

ⅱ. 租赁费＝模板使用量×使用日期×租赁价格＋支、拆、运输费 (2-29)

⑨ 脚手架搭拆费

ⅰ. 脚手架搭拆费＝脚手架摊销量×脚手架价格＋搭、拆、运输费 (2-30)

$$脚手架摊销量=\frac{单位一次使用量\times(1-残值率)}{耐用期\div一次使用期} \quad (2\text{-}31)$$

ⅱ. 租赁费＝脚手架每日租金×搭设周期＋搭、拆、运输费 (2-32)

⑩ 已完工工程保护费及设备保护费

已完工工程保护费及设备保护费＝成品保护所需机械费＋材料费＋人工费 (2-33)

⑪ 施工排水、降水费

排水、降水费＝∑排水、降水机械台班费×排水、降水周期＋排水、降水使用材料费、人工费 (2-34)

2.2.1.2 间接费

1）间接费的组成

间接费由规费和企业管理费组成。

(1) 规费：是指政府和有关权力部门规定必须缴纳的费用(简称规费)，具体包括：

① 工程排污费：是指施工现场按规定缴纳的工程排污费。

② 工程定额测定费：是指按规定支付工程造价(定额)管理部门的定额测定费。

③ 社会保障费，具体包括：

ⅰ. 养老保险费：是指企业按国家规定标准为职工缴纳的基本养老保险费。

ⅱ. 失业保险费：是指企业按照国家规定标准为职工缴纳的失业保险费。

ⅲ. 医疗保险费：是指企业按照国家规定标准为职工缴纳的基本医疗保险费。

④ 住房公积金：是指企业按国家规定标准为职工缴纳的住房公积金。

⑤ 危险作业意外伤害保险：是指按照建筑法规定，企业为从事危险作业的建筑安装施工人员支付的意外伤害保险费。

(2) 企业管理费：是指建筑安装企业组织施工生产和经营管理所需费用。具体包括：

① 管理人员工资：是指管理人员的基本工资、工资性补贴、职工福利费、劳动保护费等。

② 办公费：是指企业管理办公用的文具、纸张、账表、印刷、邮电、书报、会议、水电、烧水和集体取暖(包括现场临时宿舍取暖)用煤等费用。

③ 差旅交通费：是指职工因公出差、调动工作的差旅费、住勤补助费，市内交通费和误餐补助费，职工探亲路费，劳动力招募费，职工离退休、退职一次性路费，工伤人员就医路费，工地转移费以及管理部门使用的交通工具的油料、燃料、养路费及牌照费。

④ 固定资产使用费：是指管理和试验部门及附属生产单位使用的属于固定资产的房屋、

设备仪器等的折旧、大修、维修或租赁费。

⑤ 工具、用具使用费：是指管理使用的不属于固定资产的生产工具、器具、家具、交通工具和检验、试验、测绘、消防用具等的购置、维修和摊销费。

⑥ 劳动保险费：是指由企业支付离退休职工的易地安家补助费、职工退职金、六个月以上的病假人员工资、职工死亡丧葬补助费、抚恤费、按规定支付给离休干部的各项经费。

⑦ 工会经费：是指企业按职工工资总额计提的工会经费。

⑧ 职工教育经费：是指企业为职工学习先进技术和提高文化水平，按职工工资总额计提的费用。

⑨ 财产保险费：是指施工管理用财产、车辆保险所支出的费用。

⑩ 财务费：是指企业为筹集资金而发生的各种费用。

⑪ 税金：是指企业按规定缴纳的房产税、车船使用税、土地使用税、印花税等。

⑫ 其他：包括技术转让费、技术开发费、业务招待费、绿化费、广告费、公证费、法律顾问费、审计费、咨询费等。

2）间接费的计算

（1）规费计算

规费计算可按下列公式进行：

$$规费=计算基数\times规费费率 \tag{2-35}$$

计算基数可采用“直接费”、“人工费和机械费合计”或“人工费”。投标人在投标报价时，规费的计算一般按国家及有关部门规定的计算公式及费率标准执行。

规费费率的计算公式

① 以直接费为计算基础

$$规费费率(\%)=\frac{\sum 规费缴纳标准\times每万元发承包价计算基数}{每万元发承包价中的人工费含量}\times人工费占直接费的比例(\%) \tag{2-36}$$

② 以人工费和机械费合计为计算基础

$$规费费率(\%)=\frac{\sum 规费缴纳标准\times每万元发承包价计算基数}{每万元发承包价中的人工费含量和机械费含量}\times100\% \tag{2-37}$$

③ 以人工费为计算基础

$$规费费率(\%)=\frac{\sum 规费缴纳标准\times每万元发承包价计算基数}{每万元发承包价中的人工费含量}\times100\% \tag{2-38}$$

（2）企业管理费计算

$$企业管理费=计算基数\times企业管理费费率 \tag{2-39}$$

其中，企业管理费费率的计算因计算基数不同，分为 3 种：

① 以直接费为计算基础

$$企业管理费费率(\%)=\frac{生产工人年平均管理费}{年有效施工天数\times人工单价}\times人工费占直接费比例(\%) \tag{2-40}$$

② 以人工费和机械费合计为计算基础

$$企业管理费费率(\%)=\frac{生产工人年平均管理费}{年有效施工天数\times(人工单价+每一工日机械使用费)}\times 100\% \tag{2-41}$$

③ 以人工费为计算基础

$$企业管理费费率(\%)=\frac{生产工人年平均管理费}{年有效施工天数\times 人工单价}\times 100\% \tag{2-42}$$

2.2.1.3 利润

利润是指施工企业完成所承包工程获得的盈利，按照不同的计价程序，利润的形成也有所不同。在编制概算和预算时，依据不同投资来源、工程类别实行差别利润率。随着市场经济的进一步发展，企业决定利润率水平的自主权将会更大。在投标报价时，企业可以根据工程的难易程度、市场竞争情况和自身的经营管理水平自行确定合理的利润率。

$$利润=计算基数\times 利润率 \tag{2-43}$$

2.2.1.4 税金

1）税金的组成

税金是指国家税法规定的应计入建筑安装工程造价内的营业税、城市维护建设税及教育费附加等。

(1) 营业税

营业税是按营业额乘以营业税税率确定。其中，建筑安装企业营业税税率为3%。

营业额是指从事建筑、安装、修缮、装饰及其他工程作业收取的全部收入，还包括建筑、修缮、装饰工程所用原材料及其他物资和动力的价款。当安装的设备的价值作为安装工程产值时，亦包括所安装设备的价款。但建筑安装工程总承包方将工程分包或转包给他人的，其营业额中不包括付给分包或转包方的价款。

(2) 城乡维护建设税

城乡维护建设税原名城市维护建设税，它是国家为了加强城乡的维护建设、稳定和扩大城市、乡镇维护建设的资金来源，而对有经营收入的单位和个人征收的一种税种。

城乡维护建设税是按应纳营业税额乘以适用税率确定：城乡维护建设税的纳税人所在地为市区的，其适用税率为营业税的7%；所在地为县镇的，其适用税率为营业税的5%，所在地为农村的，其适用税率为营业税的1%。

(3) 教育费附加

教育费附加是按应纳营业税额乘以3%确定。

建筑安装企业的教育费附加要与其营业税同时缴纳。即使办有职工子弟学校的建筑安装企业，也应当先缴纳教育费附加，教育部门可根据企业的办学情况，酌情返还给办学单位，作为对办学经费的补助。

2）税金的计算

税金计算可简化为式2-44所示。

$$税金=(直接费+间接费+利润)\times 税率(\%) \tag{2-44}$$

式中，税率（计税系数）分别如下：

(1) 纳税地点在市区的企业

$$税率(\%)=\left(\frac{1}{1-3\%-(3\%\times7\%)-(3\%\times3\%)}-1\right)\times100\%=3.41\% \tag{2-45}$$

(2) 纳税地点在县城、镇的企业

$$税率(\%)=\left(\frac{1}{1-3\%-(3\%\times5\%)-(3\%\times3\%)}-1\right)\times100\%=3.35\% \tag{2-46}$$

(3) 纳税地点不在市区、县城、镇的企业

$$税率(\%)=\left(\frac{1}{1-3\%-(3\%\times1\%)-(3\%\times3\%)}-1\right)\times100\%=3.22\% \tag{2-47}$$

2.2.2 建筑安装工程费用计价程序

由于当前存在工程量清单计价和施工图预算计价两种计价模式，所以，建筑安装工程费用的计价程序有工料单价法和综合单价法两种方法。工料单价法是概算和施工图预算的计价方法，综合单价法是为了配合工程量清单计价的计算方法。

2.2.2.1 工料单价法计价程序

工料单价法是以分部分项工程量乘以单价后的合计为直接工程费，直接工程费以人工、材料、机械的消耗量及其相应价格确定。直接工程费汇总后另加间接费、利润、税金生成工程发承包价，其计算程序分为 3 种：

(1) 以直接费为计算基础

以直接费为计算基础的工料单价法计价程序见表 2-1。

表 2-1　以直接费为计算基础的费用计算表

序　号	费用项目	计算方法
(1)	直接工程费	按预算定额
(2)	措施费	按规定标准计算
(3)	小计	(1)+(2)
(4)	间接费	(3)×相应费率
(5)	利润	((3)+(4))×相应利润率
(6)	合计	(3)+(4)+(5)
(7)	含税造价	(6)×(1+相应税率)

(2) 以人工费和机械费为计算基础

建筑安装工程费用计算也可以按人工费与机械费之和为计算基础，其计算程序见表2-2。

表 2-2　　以人工费和机械费为计算基础的费用计算表

序　号	费用项目	计算方法
(1)	直接工程费	按预算定额
(2)	其中人工费和机械费	按预算定额
(3)	措施费	按规定标准计算
(4)	其中人工费和机械费	按规定标准计算
(5)	小计	(1)+(3)
(6)	人工费和机械费小计	(2)+(4)
(7)	间接费	(6)×相应费率
(8)	利润	(6)×相应利润率
(9)	合计	(5)+(7)+(8)
(10)	含税造价	(9)×(1+相应税率)

(3) 以人工费为计算基础

以人工费为计算基础的工料单价法通常适用于清包工项目，其计价程序见表 2-3。

表 2-3　　以人工费为计算基础的费用计算表

序　号	费用项目	计算方法
(1)	直接工程费	按预算定额
(2)	直接工程费中人工费	按预算定额
(3)	措施费	按规定标准计算
(4)	措施费中人工费	按规定标准计算
(5)	小计	(1)+(3)
(6)	人工费小计	(2)+(4)
(7)	间接费	(6)×相应费率
(8)	利润	(6)×相应利润率
(9)	合计	(5)+(7)+(8)
(10)	含税造价	(9)×(1+相应税率)

2.2.2.2　综合单价法计价程序

综合单价是指完成一个规定计量单位工程所需的人工费、材料费、机械使用费、管理费和利润，并考虑了风险因素。

综合单价不是严格意义上的全费用单价。全费用单价还应包含措施费、规费和税金。

由于各分部分项工程的人工、材料、机械含量的比例不同，各分项工程可根据其材料费占人工费、材料费、机械费合计的比例(以字母“C”代表该项比值)在以下 3 种计算程序中选择一种计算其综合单价。

(1) 当 $C>C_0$(C_0 为本地区原费用定额测算所选典型工程材料费占人工费、材料费和机械费合计的比例)时，可采用以人工费、材料费、机械费合计为基数计算该分项的间接费和利润，其计算程序见表 2-4。

表 2-4　　以直接费为计算基础的计算程序

序　号	费用项目	计算方法	备　注
(1)	分项直接工程费	人工费＋材料费＋机械费	
(2)	间接费	(1)×相应费率	
(3)	利润	((1)＋(2))×相应利润率	
(4)	合计	(1)＋(2)＋(3)	综合单价
(5)	含税造价	(4)×(1＋相应税率)	全费用综合单价

(2) 当 $C<C_0$ 值的下限时，可采用以人工费和机械费合计为基数计算该分项的间接费和利润，其计算程序见表 2-5。

表 2-5　　以人工费和机械费为计算基础的计算程序

序　号	费用项目	计算方法	备　注
(1)	分项直接工程费	人工费＋材料费＋机械费	
(2)	其中人工费和机械费	人工费＋机械费	
(3)	间接费	(2)×相应费率	
(4)	利润	(2)×相应利润率	
(5)	合计	(1)＋(3)＋(4)	综合单价
(6)	含税造价	(5)×(1＋相应税率)	全费用综合单价

(3) 如该分项的直接费仅为人工费，无材料费和机械费时，可采用以人工费为基数计算该分项的间接费和利润，其计算程序见表 2-6。

表 2-6　　以人工费为计算基础的计算程序

序　号	费用项目	计算方法	备　注
(1)	分项直接工程费	人工费＋材料费＋机械费	
(2)	直接工程费中人工费	人工费	
(3)	间接费	(2)×相应费率	
(4)	利润	(2)×相应利润率	
(5)	合计	(1)＋(3)＋(4)	综合单价
(6)	含税造价	(5)×(1＋相应税率)	全费用综合单价

分部分项工程综合单价形成后，按照工程量清单计价程序形成工程承发包价格。

$$\text{分部分项工程费用合计}=\sum\text{分部分项工程数量}\times\text{综合单价} \tag{2-48}$$

$$\begin{aligned}\text{单位工程费用合计}=&\text{分部分项工程费合计}+\text{措施项目费合计}\\&+\text{其他项目费用合计}+\text{规费}+\text{税金}\end{aligned} \tag{2-49}$$

式中，规费如已在上述表格的间接费中考虑，则此公式中不再计算。若分部分项工程费用以全费用综合单价计算的，则此公式中不计算税金。

2.3 设备及工、器具购置费

设备及工、器具购置费用是由设备购置费和工具、器具及生产家具购置费组成的。其计算公式如式(2-50)。

$$\text{设备及工、器具购置费}=\text{设备购置费}+\text{工、器具及生产家具购置费} \tag{2-50}$$

2.3.1 设备购置费

设备购置费是指为建设项目购置或自制的达到固定资产标准的各种国产或进口设备、工具、器具的购置费用。它由设备原价和设备运杂费构成。

$$\text{设备购置费}=\text{设备原价}+\text{设备运杂费} \tag{2-51}$$

式中，设备原价是指国产设备或进口设备的原价；设备运杂费是指除设备原价之外的关于设备采购、运输、途中包装及仓库保管等方面支出费用的总和。

2.3.1.1 设备原价

(1) 国产设备原价的构成及计算

国产设备原价一般指的是设备制造厂的交货价，或订货合同价。它一般根据生产厂或供应商的询价、报价、合同价确定，或采用一定的方法计算确定。国产设备原价分为国产标准设备原价和国产非标准设备原价。

国产标准设备是按照主管部门颁布的标准图纸和技术要求，由我国设备生产厂批量生产的，符合国家质量检测标准的设备。国产标准设备原价有两种，即带有备件的原价和不带有备件的原价。在计算时，一般采用带有备件的原价。

国产非标准设备是指国家尚无定型标准，各设备生产厂不可能在工艺过程中采用批量生产，只能按一次订货，并根据具体的设计图纸制造的设备。非标准设备原价有多种不同的计算方法，如成本计算估价法、系列设备插入估价法、分部组合估价法、定额估价法等。但无论采用哪种方法，都应该使非标准设备计价接近实际出厂价，并且计算方法要简便。

(2) 进口设备原价的构成

进口设备的原价是指进口设备的抵岸价，即抵达买方边境港口或边境车站，且交完关税等税费后形成的价格。进口设备抵岸价的构成与进口设备的交货类别有关。抵岸价构成包括货价、国际运费、运输保险费、银行财务费、外贸手续费、关税、增值税、消费税和海关监督手续费。

2.3.1.2 设备运杂费

1) 设备运杂费内容

(1) 运费和装卸费　国产设备由设备制造厂交货地点起至工地仓库(或施工组织设计指定的需要安装设备的堆放地点)止所发生的运费和装卸费；进口设备则由我国到岸港口或边境

车站起至工地仓库(或施工组织设计指定的需安装设备的堆放地点)止所发生的运费和装卸费。

(2) 包装费　在设备原价中没有包含的为运输而进行的包装支出的各种费用。

(3) 设备供销部门的手续费　按有关部门规定的统一费率计算。

(4) 采购与仓库保管费　指采购、验收、保管和收发设备所发生的各种费用,包括设备采购人员、保管人员和管理人员的工资、工资附加费、办公费、差旅交通费,设备供应部门办公费和仓库所占固定资产使用费、工具用具使用费、劳动保护费、检验试验费等。这些费用可按主管部门规定的采购与保管费费率计算。

2) 设备运杂费的计算

设备运杂费按设备原价乘以设备运杂费率计算,其公式为

$$设备运杂费=设备原价\times设备运杂费率 \tag{2-52}$$

其中,设备运杂费率按各部门及省、市等的规定计取。

2.3.2　工具、器具及生产家具购置费的构成及计算

工具、器具及生产家具购置费,是指新建或扩建项目初步设计规定的,保证初期正常生产必须购置的没有达到固定资产标准的设备、仪器、工卡模具、器具、生产家具和备品备件等的购置费用。一般以设备购置费为计算基数,按照部门或行业规定的工具、器具及生产家具费率计算。计算公式为

$$工具、器具及生产家具购置费=设备购置费\times定额费率 \tag{2-53}$$

2.4　工程建设其他费用

工程建设其他费用,是指从工程筹建起到工程竣工验收交付使用止的整个建设期间,除建筑安装工程费用和设备及工、器具购置费用以外的,为保证工程建设顺利完成和交付使用后能够正常发挥效用而发生的各项费用。

工程建设其他费用,按其内容大体可分为三类。第一类是与土地有关的费用;第二类是与工程建设有关的其他费用;第三类是与未来企业生产经营有关的其他费用。

2.4.1　与土地有关的费用

土地使用费是指按照国家和地方人民政府的规定,建设项目征收或征用土地、租用土地应支付的费用。

2.4.1.1　土地征收或征用及迁移补偿费

土地征收或者征用及迁移补偿费系指建设项目通过划拨方式取得无限期的土地使用权,依照《中华人民共和国土地管理法》等规定所支付的费用。

1) 土地补偿费

征用耕地补偿费是指被征用土地附着物及青苗补偿费、菜地开发建设基金、土地使用税、征用管理费等。

2) 征用耕地安置补偿费

征用耕地安置补偿费是指征用耕地要安置农业人口的补助费。

3）征地动迁费

征地动迁费是指征用土地上房屋及构筑物的拆除、拆迁补偿费，企业因搬迁造成的减产停产补贴费、拆迁管理费。

土地征收、征用及迁移补偿费是根据批准的建设用地和临时用地面积，按工程所在地人民政府颁发的费用标准并结合实际情况计算。

2.4.1.2 土地使用出让金

土地使用出让金是指建设项目通过土地使用权出让方式，取得有限期的土地使用权，依照《中华人民共和国城镇国有土地使用权出让和转让暂行条例》规定所支付的土地使用权出让所发生的费用。

土地使用出让金是根据应征建设用地和临时用地面积按实际价格计算。

2.4.1.3 租地费用

租地费用是指建设项目采用“长租短付”方式租用土地使用权所支付的租地费用。

2.4.1.4 征地管理费

征地管理费主要用于征地拆迁、安置工作的办公费、会议费、交通工具费、福利费、借用人员的工资、旅费、业务培训、宣传教育、经验交流和改善办公条件等费用。

2.4.2 与建设项目有关的其他费用

根据项目的不同，与项目建设有关的其他费用的构成也不尽相同，一般包括下列项目，在进行工程估算及概算中可根据实际情况进行计算。

2.4.2.1 建设单位管理费

建设单位管理费是指建设项目从立项、筹建、设计与建造、联合试运转、竣工验收、交付使用及后评估等全过程管理所需的费用。内容包括：

（1）建设单位开办费。指新建项目为保证筹建和建设工作正常进行所需办公设备、生活家具、用具、交通工具等购置费用。

（2）建设单位经费。包括工作人员的基本工资、工资性补贴、职工福利费、劳动保护费、劳动保险费、办公费、差旅交通费、工会经费、职工教育经费、固定资产使用费、工具用具使用费、技术图书资料费、生产人员招募费、工程招标费、合同契约公证费、工程质量监督检测费、工程咨询费、法律顾问费、审计费、业务招待费、排污费、竣工交付使用清理及竣工验收费、后评估等费用。不包括应计入设备、材料预算价格的建设单位采购及保管设备、材料所需的费用。

建设单位管理费按照单项工程费用之和（包括设备工、器具购置费和建筑安装工程费用）乘以建设单位管理费率计算。

2.4.2.2 勘察设计及咨询费

勘察设计及咨询费包括建设项目前期工作咨询费和勘察设计费两部分。

建设项目前期工作咨询费是建设项目专题研究、编制和评估项目建议书、编制和评估可行性研究报告，以及其他与建设项目前期工作有关的咨询服务收费。

勘察设计费是指建设单位委托勘察设计单位为建设项目进行勘察、设计等所需费用。

（1）工程勘察费

工程勘察费是测绘、勘探、取样、试验、测试、检测、监测等勘察作业，以及编制工程勘探文件和岩土工程设计文件等收取的费用。

工程勘察费根据国家计委、建设部计价格[2002]10号文件《工程勘察设计收费管理规定》，按建筑物和构筑物占地面积10～20元/m^2计算。

(2) 工程设计费

工程设计费是编制初步设计文件、施工图设计文件、非标准设备设计文件、工程概算文件、施工图预算文件、竣工图文件等服务所收取的费用。

2.4.2.3 研究试验费

研究试验费是指为建设项目提供和验证设计参数、数据、资料等所进行的必要的试验费用以及设计规定在施工中必须进行的试验、验证所需费用。包括自行或委托其他部门研究试验所需人工费、材料费、试验设备及仪器使用费等。这项费用按照设计单位根据本工程项目的需要提出的研究试验内容和要求按实际计算。

研究试验费不包括应由科技三项费用(新产品试验费、中间试验费和重要科学研究补助费)开支的项目;不包括应由建筑安装费中列支的施工企业对建筑材料、构件和建筑物进行一般鉴定、检查所发生的费用及技术革新的研究试验费。

2.4.2.4 建设单位临时设施费

建设单位临时设施费是指建设期间建设单位所需临时设施的搭设、维修、摊销费用或租赁费用。

临时设施包括临时宿舍、文化福利及公用事业房屋与构筑物、仓库、办公室、加工厂以及规定范围内的道路、水、电、管线等临时设施和小型临时设施。

$$建设单位临时设施费=(建筑工程费+安装工程费)\times(0.5\%\sim1.0\%) \tag{2-54}$$

2.4.2.5 工程监理费

工程监理费是指建设单位委托工程监理单位对工程实施监理工作所需费用。包括施工监理和设计监理，根据国家物价局、建设部《关于发布工程建设监理费用有关规定的通知》([1992]价费字479号)的文件规定，选择下列方法之一计算：

(1) 一般情况应按工程建设监理收费标准计算，即按所监理工程概算或预算的百分比计算；

(2) 对于单工种或临时性项目可根据参与监理的年度平均人数按3.5～5万元/(人·年)计算。

2.4.2.6 工程保险费

工程保险费是指建设项目在建设期间根据需要实施工程保险所需费用，包括建筑工程及其在施工过程中的物料、机器设备为保险标的的建筑工程一切险，以安装工程中的各种机器、机械设备为保险标的的安装工程一切险以及机器损坏保险等。根据不同的工程类别，分别以其建筑、安装工程费乘以建筑、安装工程保险费率计算。

2.4.2.7 引进技术和进口设备其他费用

引进技术及进口设备其他费用，包括出国人员费用、国外工程技术人员来华费用、技术引进费、分期或延期付款利息、担保费以及进口设备检验鉴定费。

2.4.2.8 环境影响咨询服务费

环境影响咨询服务费系指按照《中华人民共和国环境保护法》、《中华人民共和国环境影响评价法》对建筑项目对环境影响进行全面评价所需的费用。

环境影响咨询服务费内容包括编制环境影响报告表、环境影响报告书(含大纲)和评估环境影响报告表、环境影响报告书(含大纲)。

2.4.3 与未来企业生产经营有关的费用

2.4.3.1 联合试运转费

联合试运转费是指新建企业或新增加生产工艺过程的扩建企业在竣工验收前,按照设计规定的工程质量标准,进行整个车间的负荷或无负荷联合试运转过程中发生的支出费用大于试运转收入的差额部分(即亏损部分)。费用内容包括:试运转所需的原料、燃料、油料和动力的费用,机械使用费用,低值易耗品及其他物品的购置费用和施工单位参加联合试运转人员的工资等。试运转收入包括试运转产品销售和其他收入。联合试运转费不包括应由设备安装工程费项下开支的单台设备调试费及试车费用。联合试运转费一般根据不同性质的项目按需要试运转车间的工艺设备购置费的百分比计算。

2.4.3.2 生产准备费

生产准备费是指新建企业或新增生产能力的企业,为保证竣工交付使用进行必要的生产准备所发生的费用。费用内容包括:

(1) 生产人员培训费,包括自行培训、委托其他单位培训的人员的工资、工资性补贴、职工福利费、差旅交通费、学习资料费、学习费、劳动保护费等。

(2) 生产单位提前进厂参加施工、设备安装、调试等以及熟悉工艺流程及设备性能等人员的工资、工资性补贴、职工福利费、差旅交通费、劳动保护费等。

生产准备费一般根据需要培训和提前进厂人员的人数及培训时间,按生产准备费指标进行估算。

应该指出,生产准备费在实际执行中是一笔在时间上、人数上、培训深度上很难划分的、活口很大的支出,尤其要严格掌握。

2.4.3.3 办公和生活家具购置费

办公和生活家具购置费是指为保证新建、改建、扩建项目初期正常生产、使用和管理所必须购置的办公和生活家具、用具的费用。改、扩建项目所需的办公和生活用具购置费,应低于新建项目。其范围包括办公室、会议室、资料档案室、阅览室、文娱室、食堂、浴室、理发室、单身宿舍和设计规定必须建设的托儿所、卫生所、招待所、中小学校等家具用具购置费。这项费用按照设计定员人数乘以综合指标计算,一般为600~800元/人。

2.5 预备费

按我国现行规定,预备费包括基本预备费和涨价预备费。

2.5.1 基本预备费

基本预备费是指在初步设计及概算内难以预料的工程费用,其内容包括:

(1) 在批准的初步设计范围内,技术设计、施工图设计及施工过程中所增加的工程费用;设计变更、局部地基处理等增加的费用。

(2) 一般自然灾害造成的损失和预防自然灾害所采取的措施费用。实行工程保险的工程项目费用应适当降低。

(3) 竣工验收时为鉴定工程质量对隐蔽工程进行必要的挖掘和修复费用。

基本预备费是按设备及工、器具购置费，建筑安装工程费用和工程建设其他费用三者之和为计取基础，乘以基本预备费率进行计算。

基本预备费=(设备及工、器具购置费+建筑安装工程费用+工程建设其他费用)×基本预备费率 (2-55)

基本预备费=(工程费+工程建设其他费)×基本预备费率 (2-56)

基本预备费率的取值应执行国家及部门的有关规定，一般为5%～8%。

2.5.2 涨价预备费

涨价预备费是指建设项目在建设期间内由于价格等变化引起工程造价变化的预测预留的费用。费用内容包括：人工、设备、材料、施工机械的价差费，建筑安装工程费及工程建设其他费用调整，利率、汇率调整等增加的费用。

涨价预备费的测算方法，一般根据国家规定的投资综合价格指数，按估算年份价格水平的投资额为基数，采用复利方法计算。计算公式为

$$PF=\sum_{t=1}^{n}I_t[(1+f)^t-1] \tag{2-57}$$

式中 PF——涨价预备费；

n——建设期年份数；

I_t——建设期中第 t 年的投资计划额，包括设备及工器具购置费、建筑安装工程费、工程建设其他费用及基本预备费；

f——年均投资价格上涨率。

[例 2-1] 某建设项目，建设期为3年，各年投资计划额如下：第一年投资计划额7 200万元，第二年投资计划额10 800万元，第三年投资计划额3 600万元，年均投资价格上涨率为6%，求建设项目建设期间涨价预备费。

[解] 第一年涨价预备费为

$$PF_1=I_1[(1+f)-1]=7\,200\times0.06$$

第二年涨价预备费为

$$PF_2=I_2[(1+f)^2-1]=10\,800\times(1.06^2-1)$$

第三年涨价预备费为

$$PF_3=I_3[(1+f)^3-1]=3\,600\times(1.06^3-1)$$

所以，建设期的涨价预备费为

$$PF=7\,200\times0.06+10\,800\times(1.06^2-1)+3\,600\times(1.06^3-1)=2\,454.54(\text{万元})$$

2.6 建设期贷款利息及固定资产投资方向调节税

2.6.1 建设期贷款利息

建设期贷款利息包括向国内银行和其他非银行金融机构贷款、出口信贷、外国政府贷款、国际商业银行贷款以及在境内外发行的债券等在建设期间内应偿还的贷款利息。

当总贷款是分年均衡发放时，建设期利息的计算可按当年借款在年中支用考虑，即当年贷款按半年计息，上年贷款按全年计息。计算公式为

$$q_j = \left(P_{j-1} + \frac{1}{2}A_j\right)i \tag{2-58}$$

式中 q_j——建设期第 j 年应计利息；

P_{j-1}——建设期第 $(j-1)$ 年末贷款累计金额与利息累计金额之和；

A_j——建设期第 j 年贷款金额；

i——年利率。

国外贷款利息的计算中，还应包括国外贷款银行根据贷款协议向贷款方以年利率的方式收取的手续费、管理费、承诺费以及国内代理机构经国家主管部门批准的以年利率的方式向贷款单位收取的转贷费、担保费、管理费等。

[例 2-2] 某新建项目，建设期为 3 年，第一年贷款 300 万元，第二年贷款 600 万元，第三年贷款 400 万元，年利率为 12%，建设期内利息只计息不支付，贷款年中支用，计算建设期贷款利息。

[解] 在建设期，各年利息计算如下：

$$q_1 = \frac{1}{2}A_1 i = \frac{1}{2} \times 300 \times 12\% = 18(\text{万元})$$

$$q_2 = (P_1 + \frac{1}{2}A_2)i = (300 + 18 + \frac{1}{2} \times 600) \times 12\% = 74.16(\text{万元})$$

$$q_3 = (P_2 + \frac{1}{2}A_3)i = (318 + 600 + 74.16 + \frac{1}{2} \times 400) \times 12\% = 143.06(\text{万元})$$

所以，建设期贷款利息 $= q_1 + q_2 + q_3 = 18 + 74.16 + 143.06 = 235.22$(万元)

2.6.2 固定资产投资方向调节税

为了贯彻国家产业政策，控制投资规模，引导投资方向，调整投资结构，加强重点建设，促进国民经济持续、稳定、协调发展，对在我国境内进行固定资产投资的单位和个人征收固定资产投资方向调节税(简称“投资方向调节税”)。

2.6.2.1 税率

投资方向调节税根据国家产业政策和项目经济规模实行差别税率，税率为 0，5%，10%，15%，30% 五个档次。差别税率按两大类设计，一是基本建设项目投资，二是更新改造项目投资。对前者设计了四档税率，即 0，5%，15%，30%；对后者设计了两档税率，即 0，10%。

(1) 基本建设项目投资适用的税率

① 国家急需发展的项目投资，如农业、林业、水利、能源、交通、通讯、原材料、科教、地质、勘探、矿山开采等基础产业和薄弱环节的部门项目投资，适用零税率。

② 对国家鼓励发展但受能源、交通等制约的项目投资，如钢铁、化工、石油、水泥等部分重要原材料项目，以及一些重要机械、电子、轻工工业和新型建材的项目，实行5%的税率。

③ 为配合住房制度改革，对城乡个人修建、购买住宅的投资实行零税率；对单位修建、购买一般性住宅投资，实行5%的低税率；对单位用公款修建、购买高标准独门独院、别墅式住宅投资，实行30%的高税率。

④ 对楼堂馆所以及国家严格限制发展的项目投资，课以重税，税率为30%。

⑤ 对不属于上述四类的其他项目投资，实行中等税负政策，税率为15%。

(2) 更新改造项目投资适用的税率

① 为了鼓励企事业单位进行设备更新和技术改造，促进技术进步，对国家急需发展的项目投资，予以扶持，适用零税率；对单纯工艺改造和设备更新的项目投资，适用零税率。

② 对不属于上述提到的其他更新改造项目投资，一律适用10%的税率。

2.6.2.2 计税依据

投资方向调节税以固定资产投资项目实际完成投资额为计税依据。实际完成投资额包括：设备及工器具购置费、建筑安装工程费、工程建设其他费用及预备费。

复习思考题

1. 建筑安装工程费用包括哪些组成部分？

2. 设备的原价如何确定？

3. 材料的检验试验费、研究试验费、联合试运转费有什么区别？

4. 间接费包括哪两部分费用？计算方法是什么？

5. 某建设项目，建设期为3年，计划总投资额为2400万元，每年均衡投入，其中，年均投资额上涨率为5%，试计算项目建设期间的涨价预备费。

6. 某新建项目，建设期为3年，计划总投资额为2000万元。其中，自有资金为1000万元，计划建设期内第一年贷款500万元，第二年贷款300万元，第三年贷款200万元，已知银行利率为10%，建设期内利息只计息不支付，贷款年中支用。试计算建设期贷款的利息。

3 建设工程定额

学习重点和目的 本章以用途为定额的分类主线，讲述了基础定额、预算定额、概算定额、概算指标、估算指标的组成、特点、作用、编制及使用等内容。本章简单介绍了建筑工程定额的概念、作用、发展、体系等内容；主要叙述了基础定额中人工、材料、机械台班消耗量定额的组成，预算定额的人工、材料、机械台班消耗量及相应单价的组成以及定额单位估价表的组成和作用，以《上海市建筑和装饰工程预算定额》(2000)为例介绍了定额的组成、特点、使用等内容；一般介绍了概算定额、概算指标的概念、作用、编制方法和项目表等；简单介绍了估算定额的概念、作用、内容等。

熟悉建筑工程定额的概念、作用、发展、分类体系，掌握基础定额中人工、材料、机械台班消耗量定额的组成，熟悉预算定额的分类、编制原则、依据及方法和程序，掌握预算定额的人工、材料、机械台班消耗量及相应单价的组成以及定额单位估价表的组成和作用，掌握《上海市建筑和装饰工程预算定额》(2000)的组成、特点、使用等内容，熟悉概算定额、概算指标的概念、作用、编制方法和项目表等，了解估算定额的概念、作用、内容等。

3.1 建设工程定额概述

在现代社会经济生活中，定额几乎是无处不在，它是一种规定的额度，是处理特定事物的数量界限。就生产领域来说，工时定额、原材料和成品及半成品储备定额、流动资金定额等，都是企业管理的重要基础。在工程建设领域中也存在多种定额，它是工程造价计价的重要依据。

3.1.1 定额的概念

定额是在合理的劳动组织和合理使用材料、机械的条件下，完成单位合格产品所消耗的资源数量的标准。

定额水平就是规定完成单位合格产品所需资源数量的多少。它随着社会生产力水平的变化而变化，是一定时期社会生产力的反映。

3.1.2 定额的作用

定额是管理科学的基础，也是现代管理科学中的重要内容和基本环节。我国要实现工业化和生产的社会化、现代化，就必须积极地吸收和借鉴世界上各发达国家的先进管理方法，必须充分认识定额在社会主义经济管理中的地位。

第一，定额是节约社会劳动、提高劳动生产率的重要手段。降低劳动消耗，提高劳动生产率，是人类社会发展的普遍要求和基本条件。节约劳动时间是最大的节约。定额为生产者和经营管理人员树立了评价劳动成果和经营效益的标准尺度，同时也使广大职工明确了自己在工作中应该达到的具体目标。

第二，定额是组织和协调社会化大生产的工具。随着生产力的发展，分工越来越细，生产社会化程度不断提高。任何一件产品都可以说是许多企业、许多劳动者共同完成的社会产品。因此必须借助定额实现生产要素的合理配置;以定额作为组织、指挥和协调社会生产的科学依据和有效手段,从而保证社会生产持续、顺利地发展。

第三,定额是宏观调控的依据。我国社会主义经济是以公有制为主体的,它既要充分发展市场经济,又要有计划的调节。这就需要利用一系列定额为预测、计划、调节和控制经济发展提供有技术根据的参数,提供出可靠的计量标准。

第四,定额在实现分配、兼顾效率与社会公平方面有巨大的作用。定额作为评价劳动成果和经营效益的尺度,也就成为资源分配和个人消费品分配的依据。

3.1.3 定额计价方法改革及发展方向

1949 年新中国成立后,我国引进了前苏联的一套定额计价制度。从 1949 年到 20 世纪 90 年代初期,定额计价制度在我国从发生到完善的数十年内,对我国的工程造价管理发挥了巨大作用。所有的工程项目均是按照事先编制好的国家统一颁发的各项工程建设定额标准进行计价,体现了政府对工程项目的投资管理。由于国内长期受"管制价格"的影响,各种建设要素(例如人工、材料、机械等)的价格和消耗量标准等长期保持固定不变,因此可以实行由政府主管部门统一颁布定额,实现对工程造价的有效管理。

随着我国计划经济向市场经济的转变、改革开放及商品经济的发展,我国建筑市场的各种建设要素价格随市场供求的变化而上下浮动,按照传统的静态计价模式计算工程造价已不再适应。为适应社会主义市场发展的要求,工程定额计价制度由静态转为动态,将过去完全由政府计划统一管理的定额计价改变为"控制量、指导价、竞争费",即根据全国统一基础定额,国家对定额中的人工、材料、机械等消耗"量"统一控制,他们的单"价"由当地造价管理部门定期发布市场信息价作为计价的指导或参考,"费"率的确定由市场情况竞争而定,从而确定工程造价。

20 世纪 90 年代中后期,是我国国内建设市场迅猛发展的时期,1999 年《中华人民共和国招投标法》的颁布标志着我国建设市场基本形成,政府已经不再是工程项目唯一或主要投资者,在建设市场的交易过程中,以往的定额计价制度与市场主体要求自主定价之间发生了矛盾和冲突,定额中采用的消耗量是根据社会平均水平测得,施工方法是综合取定,取费的费率是根据地区平均测算的,因此,定额计价模式不能真正反映施工企业的实际成本和各项费用的实际开支,不利于公平竞争。为此,政府主管部门推行了《建设工程量清单的计价规范》(GB50500—2003),以适应市场定价,从而,施工企业可以根据企业技术、管理水平的整体实力自行确定人工、材料、机械的消耗量及各分部分项工程的报价,以确定工程造价。这种工程量清单计价模式能充分发挥工程建设市场主体的主动性和能动性,是一种与市场经济相适应的工程计价方式。

应该注意的是,在我国建设市场逐步放开的改革过程中,虽然已经制定并推广了工程量清单计价制度,但是由于各地实际情况的差异,我国目前的工程造价计价方式又不可避免地出现双轨并行的局面。同时,由于我国各施工企业消耗量定额的长期缺乏,要全面建立企业内部定额尚需时日,因此,我国建筑工程定额还是工程造价管理的重要手段。随着我国工程造价管理体制改革的不断深入和对国际管理的进一步深入了解,市场自主定价模式将逐渐占主导地位。

3.1.4 定额体系

土木工程涉及的内容广泛，专业很多。土木工程定额按其内容和执行范围等，一般作如下分类：

3.1.4.1 按生产要素分类

(1) 劳动定额(又称人工定额)；

(2) 材料消耗定额；

(3) 机械台班使用定额。

劳动定额、材料消耗定额、机械台班使用定额是编制各种使用定额的基础，亦称为基础定额。

3.1.4.2 按定额用途分类

(1) 工期定额；

(2) 施工定额；

(3) 预算定额或综合预算定额；

(4) 概算定额；

(5) 概算指标；

(6) 估算指标。

3.1.4.3 按专业分类

(1) 建筑工程定额；

(2) 建筑装饰工程定额(有些地区将其含在建筑工程定额之中)；

(3) 安装工程定额；

(4) 市政工程定额；

(5) 房屋修缮工程定额；

(6) 仿古建筑及园林工程定额；

(7) 公路工程定额；

(8) 铁路工程定额；

(9) 井巷工程定额。

3.1.4.4 按定额执行范围分类

(1) 全国统一定额；

(2) 行业统一定额；

(3) 地区统一定额；

(4) 企业定额。

企业定额是建筑施工企业根据本企业的特点并参照国家、地区统一的水平编制而成、在本企业内部使用的定额，企业定额水平一般应高于国家和地区现行定额的水平，这样才能满足生产技术发展、企业管理和市场竞争的需要。随着我国工程量清单计价模式的推广，统一定额的应用份额将会进一步缩小，而企业定额的作用将会逐渐提高。

建设工程定额分类详见图 3-1。

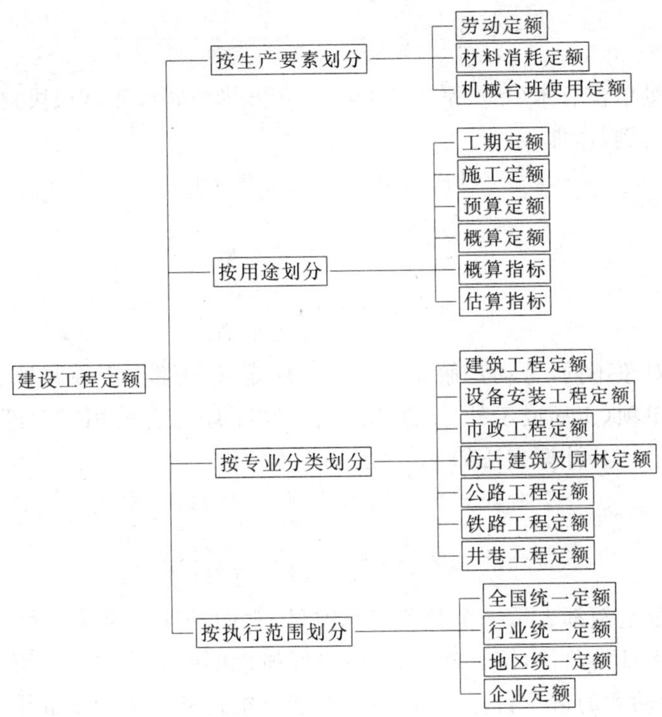

图 3-1　工程定额分类图

3.2　基础定额

3.2.1　劳动定额

劳动定额也称人工定额。它是在正常的施工技术组织条件下，完成单位合格产品所必需的劳动消耗量标准。这个标准是国家和企业对工人在单位时间内完成产品数量、质量的综合要求。

劳动定额由于其表现形式不同，可分为时间定额和产量定额两种。

3.2.1.1　时间定额

时间定额，就是某种专业、某种技术等级工人班组或个人在合理的劳动组织和合理使用材料的条件下完成单位合格产品所必需的工作时间，包括准备与结束时间、基本生产时间、辅助生产时间、不可避免的中断时间及工人必需的休息时间。时间定额以工日为单位，每一工日按八小时计算。其计算方法如下：

$$\text{单位产品时间定额(工日)}=\frac{1}{\text{每工产量}} \tag{3-1}$$

或

$$\text{单位产品时间定额(工日)}=\frac{\text{小组成员工日数总和}}{\text{机械台班产量}} \tag{3-2}$$

3.2.1.2　产量定额

产量定额，是在合理的劳动组织和合理地使用材料的条件下，某种专业、某种技术等级的工人班组或个人在单位工日中所应完成的合格产品的数量。其计算方法如下：

$$每工产量=\frac{1}{单位产品时间定额(工日)} \quad (3\text{-}3)$$

产量定额的计量单位有米(m)、平方米(m^2)、立方米(m^3)、吨(t)、块、根、件、扇等。时间定额与产量定额互为倒数,即

$$时间定额\times产量定额=1 \quad (3\text{-}4)$$

$$时间定额=\frac{1}{产量定额} \quad (3\text{-}5)$$

$$产量定额=\frac{1}{时间定额} \quad (3\text{-}6)$$

按定额的标定对象不同,劳动定额又分单项工序定额和综合定额两种。综合定额表示完成同一产品中的各单项(工序或工种)定额的综合。按工序综合的用"综合"表示,按工程综合的一般用"合计"表示。其计算方法如下:

$$综合时间定额=\sum各单项(工序)时间定额 \quad (3\text{-}7)$$

$$综合产量定额=\frac{1}{综合时间定额(工日)} \quad (3\text{-}8)$$

时间定额和产量定额都表示一个劳动定额项目,它们是同一定额项目的两种不同的表现形式。时间定额以工日为单位,综合计算方便,时间概念明确。产量定额则以产品数量为单位表示,具体、形象,劳动者的奋斗目标一目了然,便于分配任务。劳动定额用复式表同时列出时间定额和产量定额,以便于各部门、企业根据各自的生产条件和要求选择使用。

劳动定额的复式表示如下:

$$\frac{时间定额}{每工产量} \quad 或 \quad \frac{人工时间定额}{机械台班产量} \quad (3\text{-}9)$$

根据表 3-1,砌筑一砖厚(标准砖)混水内墙运输机械采用塔吊,该项定额属于综合定额,它由砌砖、运输、调制砂浆三个单项工序组成,其时间定额为 0.972(工日/m^3)=0.458+0.418+0.096,其产量定额为 1.03(m^3/工日)=1/0.972,时间定额×产量定额=0.972×1.03=1。

表 3-1　　每立方米砌体的劳动定额

项目		混水内墙					混水外墙				
		0.25 砖	0.5 砖	0.75 砖	1 砖	1.5 砖及1.5 砖以外	0.25 砖	0.5 砖	0.75 砖	1 砖	1.5 砖及1.5 砖以外
综合	塔吊	2.05/0.488	1.32/0.758	1.27/0.787	0.972/1.03	0.945/1.06	1.42/0.704	1.37/0.73	1.04/0.962	0.985/1.02	0.955/1.05
	机吊	2.26/0.442	1.51/0.662	1.47/0.68	1.18/0.847	1.15/0.87	1.62/0.617	1.57/0.637	1.24/0.806	1.19/0.84	1.16/0.862
砌砖		1.54/0.65	0.822/1.22	0.774/1.29	0.458/2.18	0.426/2.35	0.931/1.07	0.869/1.15	0.522/1.92	0.466/2.15	0.435/2.3
运输	塔吊	0.433/2.31	0.412/2.43	0.415/2.41	0.418/2.39	0.418/2.39	0.412/2.43	0.415/2.41	0.418/2.39	0.418/2.39	0.418/2.39
	机吊	0.64/1.56	0.61/1.64	0.613/1.63	0.621/1.61	0.61/1.64	0.621/1.61	0.613/1.63	0.619/1.62	0.619/1.62	0.619/1.62
调制砂浆		0.081/12.3	0.081/12.3	0.085/11.8	0.096/10.4	0.101/9.9	0.081/12.3	0.085/11.8	0.096/10.4	0.101/9.9	0.102/9.8
编号		13	14	15	16	17	18	19	20	21	22

注:表中数字分子表示时间定额,单位为工日/m^3;分母表示产量定额,单位为 m^3/工日。

3.2.2 材料消耗定额

材料消耗定额是在合理和节约使用材料的条件下，生产单位合格产品所消耗的一定规格的材料、成品、制品、半成品、水电资源等的数量。材料消耗定额包括主要材料消耗定额和周转性材料消耗定额。

3.2.2.1 主要材料消耗定额

主要材料消耗定额包括直接使用在工程上的材料净用量和在施工现场的运输、堆放及操作过程中的不可避免的损耗。其损耗一般以损耗率表示，损耗率是损耗量占净用量的百分比，材料的消耗量的计算公式如下：

$$消耗量=净用量+损耗量=净用量\times(1+损耗率)$$

3.2.2.2 周转性材料的消耗定额

周转性材料指在施工过程中多次使用、周转的工具材料，如供粉刷用的梯子、脚手架等。

周转性材料消耗定额一般考虑下列四个因素：

(1) 第一次制造时的材料消耗量(一次使用量)；

(2) 每周转使用一次材料的损耗量(第二次使用时需要补充)；

(3) 周转使用次数；

(4) 周转材料的最终回收及其回收折价。

定额中周转材料消耗量指标的表示，应当用一次使用量和摊销量两个指标表示。一次使用量是指周转材料在不重复使用时的一次使用量，供施工企业组织施工用，摊销量是指周转材料直至退出使用应分摊到每一定计量单位的结构构件的周转材料消耗量，供施工企业成本核算或预算用。

材料消耗定额的组成见图 3-2 所示。

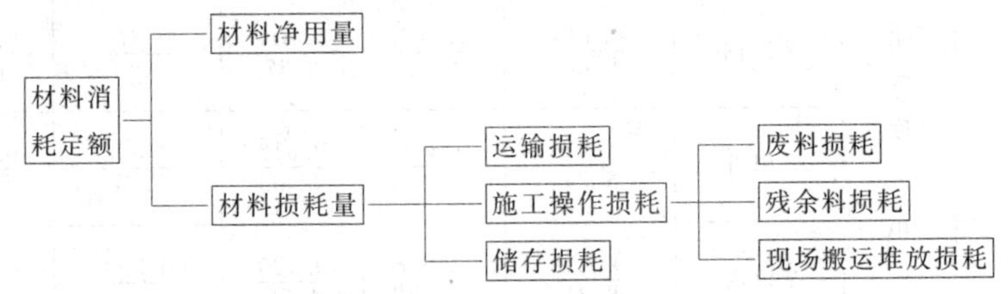

图 3-2 材料消耗定额的组成图

3.2.3 机械台班使用定额

机械台班使用定额，也称机械台班定额。它反映了施工机械在正常的施工条件下合理均衡地组织劳动和使用机械时该机械在单位时间内的生产效率。按其表现形式不同，可分为时间定额和产量定额。

3.2.3.1 机械时间定额

机械时间定额，是指在合理的劳动组织与合理地使用机械的条件下完成单位合格产品所必须的工作时间，包括有效工作时间(正常负荷下的工作时间和降低负荷下的工作时间)、不可避免的中断时间和不可避免的无负荷工作时间。机械时间定额以“台班”表示，即一台机械工作一个作业班时间。一个作业班时间为八小时。

$$单位产品机械时间定额(台班)=\frac{1}{台班产量} \tag{3-10}$$

由于机械必须由工人小组配合，所以，完成单位合格产品的时间定额同时列出了人工时间定额。即

$$单位产品人工时间定额(工日)=\frac{小组成员总人数}{台班产量} \tag{3-11}$$

3.2.3.2 机械产量定额

机械产量定额，是指在合理的劳动组织与合理地使用机械的条件下机械在每个台班时间内完成合格产品的数量。与劳动定额一样，机械产量定额与其时间定额互为倒数关系。

根据表 3-2，挖一、二类土，挖土深度在 1.5m 以外，且需装车的情况下，若采用斗容量 0.5m^3 的正铲挖土机，其台班产量定额为 4.5(100m^3/台班)，配合挖土机施工的工人小组的人工时间定额为 0.444(工日/100m^3)，同时，可以推算出挖土机的时间定额＝1/4.5＝0.222(台班/100m^3)，还能推算出配合挖土机施工的工人小组人数$=\frac{人工时间定额}{机械时间定额}=\frac{0.444}{0.222}=2$(人)，或人数＝人工时间定额×机械台班产量定额＝0.444×4.5＝2(人)。

表 3-2　　每一台班的劳动定额　　计量单位：100m^3

项目				装车			不装车		
				一、二类土	三类土	四类土	一、二类土	三类土	四类土
正铲挖土机斗容量/m^3	0.5	挖土深度/m	1.5 以内	$\frac{0.466}{4.29}$	$\frac{0.539}{3.71}$	$\frac{0.629}{3.18}$	$\frac{0.442}{4.52}$	$\frac{0.490}{4.08}$	$\frac{0.578}{3.46}$
			1.5 以外	$\frac{0.444}{4.5}$	$\frac{0.513}{3.90}$	$\frac{0.612}{3.27}$	$\frac{0.422}{4.74}$	$\frac{0.466}{4.29}$	$\frac{0.563}{3.55}$
	0.75		2 以内	$\frac{0.400}{5.00}$	$\frac{0.454}{4.41}$	$\frac{0.545}{3.67}$	$\frac{0.370}{5.41}$	$\frac{0.420}{4.76}$	$\frac{0.512}{3.91}$
			2 以外	$\frac{0.382}{5.24}$	$\frac{0.431}{4.64}$	$\frac{0.518}{3.86}$	$\frac{0.353}{5.67}$	$\frac{0.400}{5.00}$	$\frac{0.485}{4.12}$
	1.00		2 以内	$\frac{0.322}{6.21}$	$\frac{0.369}{5.42}$	$\frac{0.420}{4.76}$	$\frac{0.299}{6.69}$	$\frac{0.351}{5.70}$	$\frac{0.420}{4.76}$
			2 以外	$\frac{0.307}{6.51}$	$\frac{0.351}{5.69}$	$\frac{0.398}{5.02}$	$\frac{0.285}{7.01}$	$\frac{0.334}{5.99}$	$\frac{0.398}{5.02}$
序号				一	二	三	四	五	六

注：分母表示机械的台班产量定额(台班)；分子表示配合机械挖土工人的时间定额(工日)。

3.3 预算定额

3.3.1 预算定额概述

预算定额是确定一定计量单位的分项工程或结构构件的人工、材料、施工机械台班消耗量的标准。它是工程建设中一项重要的技术经济文件。它的各项指标，反映了在完成计量单位

符合设计标准和施工及验收规范要求的分项工程消耗的劳动和物化劳动的数量限度。这种限度最终决定着单项工程和单位工程的成本和造价。

3.3.1.1 预算定额的分类

预算定额的分类，根据标准的不同，可以分为以下三类：

(1) 按专业性质分，预算定额有建筑工程定额和安装工程定额两大类。建筑工程定额按专业对象分为建筑工程预算定额、市政工程预算定额、铁路工程预算定额、公路工程预算定额、房屋修缮工程预算定额、矿山井巷预算定额等。

安装工程预算定额按专业对象分为电气设备安装工程预算定额、机械设备安装工程预算定额、通信设备安装工程预算定额、化学工业设备安装工程预算定额、工业管道安装工程预算定额、工艺金属结构安装工程预算定额、热力设备安装工程预算定额等。

(2) 从管理权限和执行范围划分，预算定额可以分为全国统一定额、行业统一定额和地区统一定额等。全国统一定额由国务院建设行政主管部门组织制定发布，行业统一定额由国务院行业主管部门制定发布，地区统一定额由省、自治区、直辖市建设行政主管部门制定发布。

(3) 预算定额按物资要素分为劳动定额、机械定额和材料消耗定额，但是它们相互依存，形成一个整体，作为编制预算定额的依据，各自不具有独立性。

3.3.1.2 预算定额的编制原则

预算定额的编制原则包括：

(1) 按社会平均水平确定预算定额的原则

预算定额不同于施工定额，它不是企业内部使用的定额，不具有企业定额的性质。预算定额是一种具有广泛用途的计价定额，因此，须按照价值规律的要求，以社会必要劳动时间来确定预算定额的定额水平，即以本地区、现阶段社会正常的生产条件及社会平均劳动熟练程度和劳动强度来确定预算定额水平。这样的定额水平，使大多数施工企业经过努力能够用产品的价格收入来补偿生产中的消费，并取得合理的利润。

预算定额以施工定额为基础，二者有着密切的联系。但预算定额绝不是简单地套用施工定额。首先，预算定额是若干项施工定额的综合。一项预算定额不仅包括了若干项施工定额的内容，还应包括更多的可变因素。因此，需考虑合理的幅度差，如人工幅度差，机械幅度差，材料超运距，辅助用工及材料堆放、运输、操作损失等，以及由细到粗综合后产生的量差。其次，要考虑两定额的不同的定额水平。预算定额的水平是社会平均水平，而施工定额则是平均先进水平。二者相比较，预算定额的水平相对低一些，但应限制在一定的范围内。

(2) 简明适用的原则

预算定额项目是在施工定额的基础上进一步综合，通常将建筑物分解为分部、分项工程。简明适用是指在编制预算定额时，对于那些主要的、常用的、价值量大的项目，分项工程划分宜细；次要的、不常用的、价值量相对较小的项目则可以放粗一些。

预算定额要项目齐全，要注意补充因采用新技术、新结构、新材料而出现的新的定额项目。对定额的活口也要设置适当，所谓活口，是指在定额中规定当符合一定条件时，允许该定额进行调整，在编制中应尽量不留活口，即使留有活口，也要注意尽量规定换算方法，避免采取按实调整。合理取定计量单位，简化工程量的计算，尽可能避免同一材料用不同的计量单位和一量多用，尽量减少定额附注和换算系数。

(3) 坚持统一性与差别性相结合的原则

所谓统一性，就是从培育全国统一市场规范计价行为出发，计价定额的制定规划和组织实施由国务院建设行政主管部门归口，并负责全国统一定额的制定或修订，颁发有关工程造价管理的规章制度办法等。这样就有利于通过定额和工程造价的管理实现建筑安装工程价格的宏观调控。通过编制全国统一定额，使建筑安装工程具有一个统一的计价依据，也使考核设计和施工的经济效果具有一个统一尺度。

所谓差别性，就是在统一新的基础上，各部门和省、自治区、直辖市主管部门可以在自己的管辖范围内，根据本部门和地区的具体情况，制定部门和地区性定额、补充性制度和管理办法，以适应我国幅员辽阔、地区间部门发展不平衡和差异大的实际情况。

3.3.1.3 预算定额的编制依据

预算定额的编制依据包括以下内容：

（1）现行的设计规范、施工及验收规范、质量评定标准及安全操作规程等技术法规，以确定工程质量标准和工程内容以及应包括的施工工序和施工方法。

（2）现行全国统一劳动定额、本地区补充的劳动定额以及材料消耗定额、机械台班使用定额，以供计算人工、材料、机械消耗量之用。

（3）通用的标准图集和定型设计图纸、有代表性的设计图纸或图集，据以测定定额的工程含量。

（4）新技术、新结构、新材料和先进经验资料，使定额能及时反映社会生产力水平。

（5）有关科学试验、测定、统计和经验分析资料，使定额建立在科学的基础上。

（6）国家和地方最新的和过去颁发的编制预算定额的文件规定和定额编制过程的基础资料，使定额能跟上飞速发展的经济形势需要。

3.3.1.4 预算定额的编制方法及程序

预算定额编制程序一般分为准备工作阶段、收集资料阶段、编制阶段、报批阶段和修改定稿阶段等五个阶段。预算定额编制中的主要工作包括：

（1）确定预算定额编制的计量单位

预算定额的计量单位应根据分部分项工程的形体特征和变化规律来确定。一般来说，分项工程的三个度量中有两个度量经常发生变化，选用平方米（m^2）为计量单位比较适宜，如地面、墙面、门、窗等。当物体截面形状基本固定或呈规律性变化，选用延长米（m）为计量单位比较适宜，如扶手、拉杆、窗帘盒等。如工程量主要取决于设备或材料的重量，还可以按吨（t）、千克（kg）作为计量单位。个别也有以个、座、套、台为计量单位的。

定额中人工、材料、机械的计量单位选择比较简单和固定。人工、机械分别按“工日”和“台班”计量，各种材料的计量单位，或按体积、面积和长度，或按吨（t）、千克（kg）和升（L），或按块、个、根等。总之，要能达到准确地计量。

（2）按典型设计图纸和资料计算工程数量

计算工程数量，就是计算出典型设计图纸所包括的施工过程的工程量。在编制预算定额时，有可能利用施工定额的人工、机械和材料消耗指标确定预算定额所含工序的消耗量。

（3）确定预算定额各项目人工、材料和机械台班消耗指标

确定预算定额人工、材料、机械台班消耗指标时，必须先按施工定额的分项逐项计算出消耗指标，然后，再按预算定额的项目加以综合。但是，这种综合不是简单的合并和相加，而需要在综合过程中增加两种定额之间的适当的水平差。预算定额的水平，首先取决于这些消耗量

的合理确定。

人工、材料和机械台班消耗量指标，应根据定额编制原则和要求，采用理论与实际相结合、图纸计算与施工现场测算相结合、编制人员与现场工作人员相结合等方法进行计算和确定，使定额既符合政策要求，又与客观情况一致，便于贯彻执行。

(4) 编制定额表和拟定有关说明

定额项目表的一般格式是：横向排列为各分项工程的项目名称，竖向排列为分项工程的人工、材料和施工机械消耗量指标。有的项目表下部还有附注以说明设计有特殊要求时，怎样进行调整和换算。

表 3-3 为《上海市建筑和装饰工程预算定额》(2000)中砌筑工程分部多孔砖内墙的项目表。

表 3-3　　多孔砖内墙

定额编号			3-3-1	3-3-2	3-3-3	3-3-4
项　目		单位	多孔砖内墙			
			$1\frac{1}{2}$砖及以上	1 砖	1/2 砖平砌	1/2 砖侧砌
			m^3	m^3	m^3	m^3
人工	砖瓦工	工日	0.8646	0.8956	1.2164	1.2625
	其他工	工日	0.3652	0.3650	0.3875	0.3703
	人工工日(合计)	工日	1.2298	1.2606	1.6039	1.6328
材料	多孔砖(20 孔)240×115×90	块	332.0000	337.0000	351.0000	359.5600
	混合砂浆	m^3	0.2370	0.2260	0.1930	0.1182
	水	m^3	0.1050	0.1060	0.1120	0.1120
	其他材料费	%	0.2300	0.3500	0.7000	0.9000
机械	灰浆搅拌机 200L	台班	0.0296	0.0283	0.0241	0.0148

注：工作内容：调运砂浆，运砌砖，门窗套，安放木砖、铁件等全部操作过程。

建筑工程预算定额一般由总说明、目录、各分部工程项目表和附录四个部分组成，见图3-3所示。

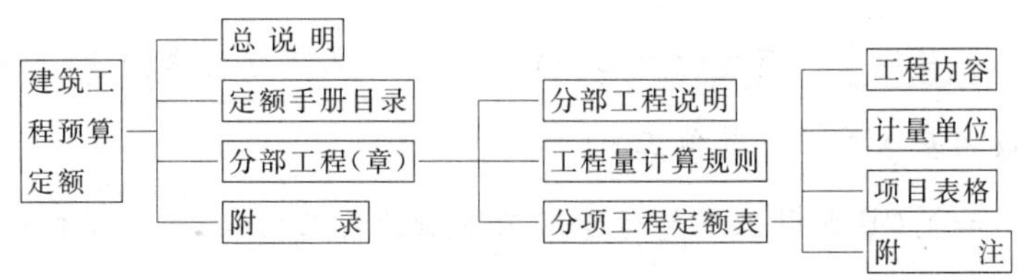

图 3-3　建筑工程预算定额的组成图

预算定额的说明包括定额总说明、分部工程说明及各分项工程说明。涉及各分部需说明的共性问题列入总说明，属某一分部需说明的事项列入章节说明，具体某一分项工程需说明的工作内容、主要工序及操作方法等列在项目表的表头。说明要求简明扼要，但是必须分门别类注明，尤其是对特殊的变化，力求使用简便，避免争议。

3.3.2 人工定额消耗指标的确定

3.3.2.1 人工的组成

(1) 基本工——指完成单位合格产品所必须消耗的技术工种用工。在预算定额中以不同工种列出定额工日。

(2) 其他工——指技术工种劳动定额内不包括而预算定额内又必须考虑的工时，其内容包括辅助工、超运距用工、人工幅度差。

辅助工主要指材料加工所用的工时，如筛砂子、洗石子、整理模板等用工。

超运距是指预算定额规定的运距与劳动定额规定的运距之差，超运距用工是指超距离运输所增加的用工。预算定额的水平运距是综合施工现场一般必须的各技术工种的平均运距。技术工种劳动定额内的运距是按其项目本身基本的运距计入的，因此，预算定额取定的运距往往要大于劳动定额包括的运距，超运距用工数量可按劳动定额相应材料超运距定额计算。

人工幅度差是指在劳动定额中未包括而在预算定额中又必须考虑的用工，也是在正常施工条件下所必须发生的各种零星工序用工。内容如下：

① 各工种间的工序搭接及交叉作业、互相配合所发生的间歇用工；

② 施工机械的转移及临时水、电线路移动所造成的停工；

③ 质量检查和隐蔽工程验收工作的影响时间；

④ 班组操作地点转移用工；

⑤ 工序交接时对前一工序不可避免的修正用工；

⑥ 施工中不可避免的其他零星用工。

3.3.2.2 计算公式

工日数计算：

$$\text{基本用工} = \sum(\text{工序工程量} \times \text{时间定额}) \tag{3-12}$$

$$\text{超运距} = \text{预算定额规定的运距} - \text{劳动定额已包括的运距} \tag{3-13}$$

$$\text{超运距用工} = \sum(\text{超运距材料数量} \times \text{时间定额} \times \text{超运距}) \tag{3-14}$$

$$\text{辅助用工} = \sum(\text{加工材料数量} \times \text{时间定额}) \tag{3-15}$$

$$\text{人工幅度差用工} = (\text{基本用工} + \text{超运距用工} + \text{辅助用工}) \times \text{人工幅度差系数} \tag{3-16}$$

$$\text{其他工} = \text{超运距用工} + \text{辅助用工} + \text{人工幅度差用工} \tag{3-17}$$

$$\begin{aligned}\text{人工工日数} &= \text{基本用工} + \text{其他工} \\ &= \sum(\text{基本用工} + \text{超运距用工} + \text{辅助用工}) \times (1 + \text{人工幅度差系数})\end{aligned} \tag{3-18}$$

以表 3-3 为例，砌筑 $1m^3$ 的 1 砖厚多孔砖内墙，其基本工为砖瓦工，用工为 0.8956 工日，其他工为 0.365 工日，人工工日数=0.8956+0.365=1.2606 工日。

3.3.3 材料消耗量指标的确定

材料消耗量是指在正常条件下使用合格材料完成单位合格产品所必须消耗的材料数量标准，包括主要材料、辅助材料、零星材料、周转性材料等。

凡能计量的材料、成品、半成品，定额均按品种、规格逐一列出数量，并计入了相应损耗，其内容包括：从工地仓库或现场集中堆放地点至现场加工地点或操作地点以及加工地点至安装地点的运输损耗、施工操作损耗、施工现场堆放损耗。难以计量的材料(零星材料)以其他材料费的形式列出，并以占该材料之和的百分率表示。以表 3-3 为例，砌筑 1m^3 的 1 砖厚多孔砖内墙，消耗多孔砖 337 块，混合砂浆 0.226m^3，水 0.106m^3，其他材料费占上述材料费的 0.35%。

定额内材料、成品、半成品的消耗量确定，主要是根据现行规范、规程、标准图集和有关规定，按理论计算，个别项目通过调查、试验确定。

对于施工周转性材料，定额项目按不同施工方法、不同材质列出一次使用摊销量。

混凝土、砌筑砂浆、抹灰砂浆等均按半成品，以立方米(m^3)表示，其配合比是按现行规范(或常用资料)计算的，各地区可按当地的材质及地方标准进行调整。

施工工具性消耗材料及单位价值在 2 000 元以下的小型机具，应列入建筑安装工程费用定额中工具用具使用费项目内，不再列入定额消耗量之中。

3.3.4 机械台班消耗量指标的确定

施工机械台班消耗量，是指在正常施工条件下完成单位合格产品所必须消耗的施工机械工作时间(台班)。

定额分别按机械功能和容量，区别单机或主机配合辅助机械作业，包括机械幅度差，以台班表示，未列机械的其他机械费以占项目机械费之和的百分率列出。以表 3-3 为例，砌筑 1m^3 的 1 砖厚多孔砖内墙，消耗灰浆搅拌机(200L)0.0283 台班。

定额根据机械类型、功能及作业对象不同，分别确定机械幅度差，幅度差包括的内容如下：

(1) 配套机械相互影响的时间损失；

(2) 工程开工或结尾时工作量不饱满的时间损失；

(3) 临时停水停电的影响时间；

(4) 检查工程质量的影响时间；

(5) 施工中不可避免的机械故障排除、维修及工序间交叉影响的时间间歇。

机械台班消耗量确定的主要方法如下：

(1) 以手工操作为主的工人班组所配备的施工机械，如砂浆、混凝土搅拌机，垂直运输用的塔式起重机，为小组配用，应以小组日产量作为机械的台班产量，不另增加机械幅度差。

按工人小组日产量计算：

$$\text{机械台班数量}=\frac{\text{定额计量单位}}{\text{每工产量}\times\text{小组成员}} \tag{3-19}$$

(2) 以机械施工为主的，如打桩工程、吊装工程等应增加机械幅度差。机械幅度差在定额中以机械幅度差系数的形式表示，系数值一般根据测定和统计资料取定。大型机械的机械幅度差系数分别如下：土方机械 1.25；打桩机械 1.33；吊装机械 1.3；其他分部工程的机械，如蛙式打夯机、水磨石机等专用机械，均为 1.1。

按机械台班产量定额计算：

$$\text{机械台班数量}=\frac{\text{定额计量单位}}{\text{台班产量}}\times\text{机械幅度差系数} \tag{3-20}$$

3.3.5 预算定额单位估价表中人工单价、材料基价与机械费单价的确定

3.3.5.1 单位估价表的概念和作用

(1) 概念

建筑工程预算定额单位估价表也称建筑工程预算单价，是根据建筑工程预算定额规定的人工、材料、施工机械台班的消耗数量，按照工程所在地的工资标准、材料预算价格和机械台班预算单价计算的、以货币形式表示的分项工程定额计量单位价格的价目表。

$$单位估价=\sum(人工消耗量\times相应人工单价)+\sum(材料消耗量\times相应材料基价)+\sum(机械台班消耗量\times相应机械台班单价) \tag{3-21}$$

表 3-4 和表 3-5 是某地区水磨石楼地面预算定额和相对应的单位估价表。

表 3-4 水磨石楼地面预算定额 计量单位：100m²

定额编号			8-28	8-29	8-30	6-31
项目		单位	水磨石楼地面			
			不嵌条	嵌条	分格调色	彩色镜面
				15mm		20mm
人工	综合工日	工日	47.12	56.46	60.10	92.84
材料	水泥白石子浆 1∶2.5	m³	1.73	1.73	—	—
	白水泥色石子浆 1∶2.5	m³	—	—	1.73	2.49
	素水泥浆	m³	0.10	0.10	0.10	0.10
	水泥	kg	26.0	26.0	26.0	26.0
	金刚石三角	块	30.0	30.0	30.0	45.0
	金刚石 200mm×75mm×50mm	块	3.0	3.0	3.0	3.0
	玻璃 3mm	m²	—	5.38	5.38	5.38
	草酸	kg	1.00	1.00	1.00	1.00
	硬白蜡	kg	2.65	2.65	2.65	2.65
	煤油	kg	4.00	4.00	4.00	4.00
	油漆溶剂油	kg	0.53	0.53	0.53	0.53
	清油	kg	0.53	0.53	0.53	0.53
	棉纱头	kg	1.10	1.10	1.10	1.10
	草袋子	m²	22.00	22.00	22.00	22.00
	油石	块	—	—	—	63.00
	水	m³	5.60	5.60	5.60	12.42
机械	灰浆搅拌机 200L	台班	0.29	0.29	0.29	0.42
	平面磨石机	台班	10.78	10.78	10.78	28.5

注：彩色镜面磨石指高级水磨石，除质量要求达到规范要求外，其操作工序一般应按“五浆五磨”研磨、七道“抛光”工序施工。

表 3-5　　　　　　　　　某地区水磨石楼地面单位估价表

工作内容：清理基层、调制石子浆、刷素水泥浆、找平抹面、磨光、补砂眼、理光、上草酸、打蜡、擦光、嵌条、调色，彩色镜面水磨石，包括油石抛光。

计量单位：100m²

定额编号				8-29		8-30		8-31		8-32	
项目		单位	单价（元）	水磨石楼地面							
				不嵌条		嵌条		分格调色		彩色镜面	
				厚 15mm						厚 20mm	
				数量	合价	数量	合价	数量	合价	数量	合价
基价		元		2350.86		2647.80		3208.72		5278.01	
其中	人工费	元		1036.64		1242.12		1322.20		2042.48	
	材料费	元		1071.27		1162.73		1643.57		2599.53	
	机械费	元		242.95		242.95		242.95		636.00	
人工	综合工日	工日	22.00	47.12	1036.64	56.46	1242.12	60.10	1322.20	92.84	2042.48
材料	水泥白石子浆 1∶2.5	m³	321.32	1.73	555.88	1.73	555.88				
	白水泥色石子浆 1∶2.5	m³	590.92					1.73	1022.29	2.49	1471.39
	氧化铁红	kg	4.81					3.00	14.43	3.00	14.43
	素水泥浆	m³	379.76	0.10	37.98	0.10	37.98	0.10	37.98	0.10	37.98
	水泥#425	kg	0.25	26.00	6.5	26.00	6.5	26.00	6.5	26.00	6.50
	金刚石三角	块	12.34	30.00	370.20	30.00	370.20	30.00	370.20	45.00	555.30
	金刚石 200mm×75mm×50mm	块	8.96	3.00	26.88	3.00	26.88	3.00	26.80	3.00	26.88
	玻璃 3mm	m²	17.00			5.38	91.46	5.38	91.46	5.38	91.46
	草酸	kg	7.50	1.00	7.50	1.00	7.50	1.00	7.50	1.00	7.50
	硬白蜡	kg	4.88	2.65	12.93	2.65	12.93	2.65	12.93	2.65	12.93
	煤油	kg	2.49	4.00	9.96	4.00	9.96	4.00	9.96	4.00	9.96
	油漆溶剂油	kg	3.51	0.53	1.86	0.53	1.86	0.53	1.86	0.53	1.86
	清油	kg	12.30	0.53	6.52	0.53	6.52	0.53	6.52	0.53	6.52
	棉纱头	kg	6.04	1.10	6.64	1.10	6.64	1.10	6.64	1.10	6.64
	草袋子	m²	1.04	22.00	22.88	22.00	22.88	22.00	22.88	22.00	22.88
	油石	块	5.00							63.00	315.00
	水	m³	0.99	5.60	5.54	5.60	5.54	5.60	5.54	12.42	12.3
机械	灰浆搅拌机 200L	台班	45.00	0.29	13.05	0.29	13.05	0.29	13.05	0.42	18.90
	平面磨石机	台班	22.00	10.45	229.90	10.45	229.90	10.45	229.90	28.05	617.10

注：① 彩色镜面磨石系指高级水磨石，除质量要求达到规范要求外，其操作工序一般应按“五浆五磨”研磨、七道“抛光”工序施工。

② 水磨石面层厚度设计要求与定额规定不符时，水泥石子浆数量换算，其他不变（下同）。

③ 水磨石面层嵌条采用金属嵌条时，取消玻璃数量，另增加水磨石嵌铜条。

④ 彩色水磨石按氧化铁红 4.81 元/kg 编制。如采用氧化铁黄（5.85 元/kg）或氧化铬绿（37.64 元/kg），可调整。

从表中可以看出，单位估价表中的人工、材料、机械用量基本上是按照预算定额中相应的用量计算的，只是平面磨石机的用量根据该地区的实际情况作了调整。

单位估价表通常由编制地区的建设行政主管部门负责组织编制，一经颁发实施，即成为法定的单价，凡在规定区域范围内的所有建筑工程，都必须按单位估价表编制工程预算或进行工程结算，如需补充修改，应得到批准机关的同意，未经批准，不得任意变动。

(2) 单位估价表的作用

建筑工程预算定额单位估价表有以下主要作用：

① 单位估价表是确定工程造价的基本依据之一，按施工图计算出各种分项工程量，乘以相应的预算单价，就可以得出一个单位工程的直接费，再按规定计取各项费用，即得出单位工程的全部预算造价。

② 单位估价表在设计方案的技术经济分析工作中也有着重要的作用，它是方案设计阶段进行技术经济分析的基础资料。

③ 单位估价表是施工企业进行核算的依据，即企业为了考核成本执行情况，必须按单位估价表中所规定的单价进行比较。

④ 单位估价表是进行已完工程结算的依据之一。即建设单位和施工单位按单位估价表核对已完工程的单价是否正确，以便进行分部分项工程结算。

⑤ 单位估价表是审价机构进行审价工作的重要依据。根据单位估价表来审核施工图预算和工程决算，就可以判断该工程预决算是否合理，是否有高估冒算的现象。

3.3.5.2 单位估价表中人工单价、材料基价与机械费单价的确定

(1) 人工单价

人工单价是指一个建筑安装工人一个工作日在预算中应计入的全部人工费用，它基本上反映了建筑安装工人的工资水平和一个工人在一个工作日中可得到的报酬。

(2) 材料基价

列入单位估价表的材料单价也称材料预算价格或材料基价，是指材料由来源地或发货地运至工地仓库或施工现场存放地后的出库价格。

(3) 施工机械单价

施工机械单价也称施工机械台班预算价格，是指各种用途类别、能力的施工机械在正常运转情况下所支出和分摊的各项费用，以每运行一个台班为计算单位，8h 为一个台班。

人工单价、材料基价与施工机械单价的各组成部分具体概念和计算方法等，详见第 2 章第 1 节相应部分内容。

3.3.6 预算定额(2000 定额)的使用简介

下面介绍《上海市建筑和装饰工程预算定额》(2000)及其使用，以便使读者能正确利用预算定额计算工程造价。

3.3.6.1 预算定额的组成内容

(1) 总说明

① 预算定额的编制依据(主要文件规定)、指导思想、基本作用、使用范围；

② 使用本定额必须遵循的规则及条件；

③ 定额所采用的材料规格、材料标准；

④ 定额在编制过程中已包括及未包括的内容，定额换算的原则；
⑤ 各分部工程共性问题的有关统一规定；
⑥ 定额的使用方法及其他。
(2) 分部工程定额说明
① 分部工程所包括的定额项目内容说明；
② 分部工程定额内容允许换算和不得换算的界定及其规定；
③ 分部工程允许增减系数范围的界定及其规定。
(3) 分项工程定额表头说明
① 分项工程工作内容；
② 分项工程包括的主要工序及操作方法。
(4) 定额项目表
(5) 附录(主要材料损耗率表)
(6) 章、节、项目的划分(部分专业按分册划分)
章——按施工顺序、分部工程划分；
节——按分项工程划分；
项——按工程结构、材料品质、机械类型、使用要求不同划分。
《上海市建筑和装饰工程预算定额》(2000)，共划分为十三章，章节排列如表 3-6 所示。

表 3-6　　章、节、项目一览表

章　号	各章名称	各节名称	项数
第一章	土　　方	第一节　人工土方	14
		第二节　机械土方	28
		第三节　强夯土方	40
		第四节　基坑钢管支撑	2
		第五节　截凿桩	3
		第六节　土方排水	19
		第七节　逆作法	13
第二章	打　　桩	第一节　预制钢筋混凝土桩	29
		第二节　临时性钢板桩	11
		第三节　钢管桩	18
		第四节　灌注桩	13
		第五节　地基加固	18
		第六节　地下连续墙	14
第三章	砌　　筑	第一节　砖基础	2
		第二节　外墙及柱	10
		第三节　内墙	7
		第四节　砌块及隔墙	20
		第五节　构筑物	18
		第六节　其他	4

续表

章　号	各章名称	各节名称	项数
第四章	混凝土及钢筋混凝土	第一节　现浇混凝土模板	50
		第二节　预制混凝土模板	24
		第三节　构筑物模板	43
		第四节　现浇混凝土钢筋	45
		第五节　预制混凝土钢筋	17
		第六节　构筑物钢筋	29
		第七节　现浇现拌混凝土	27
		第八节　现浇泵送混凝土	17
		第九节　现浇非泵送混凝土	17
		第十节　现场预制混凝土	18
		第十一节　构筑物现浇现拌混凝土	30
		第十二节　构筑物现浇泵送混凝土	19
		第十三节　构筑物现浇非泵送混凝土	19
		第十四节　泵管及输送泵	6
		第十五节　钢筋混凝土构件接头灌缝	19
第五章	钢筋混凝土及金属结构驳运、吊装	第一节　金属构件驳运	8
		第二节　混凝土构件驳运	10
		第三节　构件卸车	2
		第四节　钢筋混凝土构件安装及拼装	43
		第五节　金属构件拼装及安装	22
		第六节　构件安装安全护栏	5
		第七节　高层金属构件拼装及安装	16
第六章	门窗及木结构	第一节　木门窗	60
		第二节　特种门	31
		第三节　铝合金门窗	17
		第四节　彩钢板门窗	3
		第五节　塑钢门窗	4
		第六节　钢门窗	17
		第七节　屋架	14
		第八节　屋面木基层	13
		第九节　隔断及其他	22
		第十节　五金安装	29
		第十一节　五金配件表	38

续表

章　号	各章名称	各节名称	项数
第七章	楼地面	第一节　垫层	11
		第二节　找平层	8
		第三节　整体面层	31
		第四节　块料面层	80
		第五节　栏杆、扶手	16
第八章	屋面及防水	第一节　屋面	9
		第二节　屋面防水	31
		第三节　平、立面防水	37
		第四节　变形缝	18
		第五节　屋面排水	10
第九章	防腐、保温、隔热	第一节　防腐	183
		第二节　保温、隔热	32
第十章	装　　饰	第一节　墙柱面基层	93
		第二节　墙柱面块料面层	90
		第三节　墙柱面龙骨基层	24
		第四节　墙柱面面层	19
		第五节　装饰隔断	14
		第六节　幕墙	5
		第七节　天棚面抹灰	21
		第八节　天棚龙骨抹灰	44
		第九节　天棚面层	49
		第十节　木材面油漆	183
		第十一节　抹灰面油漆	39
		第十二节　喷涂、裱糊	44
		第十三节　金属面油漆	28
		第十四节　其他	41
第十一章	金属结构制作及附属工程	第一节　现场制作金属构件	18
		第二节　道路	15
		第三节　排水管辅设	11
		第四节　砖砌窨井及化粪池	8
第十二章	建筑物超高降效及建筑物(构筑物)垂直运输	第一节　建筑物超高人工降效	17
		第二节　建筑物超高其他机械降效	17
		第三节　建筑物垂直运输机械	20
		第四节　建筑物层高超过 3m 每增 1m	18
		第五节　构筑物垂直运输机械	14
		第六节　建筑物基础垂直运输机械	3

续表

章　号	各章名称	各节名称	项数
第十三章	脚手架	第一节　外脚手架	21
		第二节　里脚手架及满堂脚手架	11
		第三节　电梯井脚手架	22
		第四节　防护脚手架	11
		第五节　构筑物脚手架	10
合计		2 393 项	

3.3.6.2　《上海市建设和装饰工程预算定额》(2000)的主要特点

(1) 实现了量价完全分离

"量价分离"的含义是,预算定额的定额消耗量作为计算工程量的基础,工程施工费用直接费中的人工费、材料费和机械使用费,其消耗数量按定额对应的工程量计算规则和定额消耗量确定,而人工、材料和机械台班的实际价格按市场竞争确定。在《上海市建设和装饰工程预算定额》(2000)中,消耗量预算定额及工程量计算规则相对稳定,与动态市场价格及费率参考信息配套,通过计算机运算组成工料单价或综合单价,由此形成工程造价。

(2) 为实现"统一规则、参照耗量、放开价格、合同定价"奠定基础

《上海市建设和装饰工程预算定额》(2000)对工程量计算规则进行了重点调整并将其单列,以强调其作为计算依据的重要性,是必须共同遵守的规则。而消耗量定额逐步向参照性过渡,从而引导建设市场参与各方以工程量计算规则为依据,参照消耗量定额,并参考市场信息价及综合费率,结合市场行情,以自主报价、合同定价模式,适应市场经济发展需求,同时与国际惯用做法靠拢,并为我国加入 WTO 后进一步开放建筑市场做好准备。

3.3.6.3　预算定额的手册的使用

(1) 学习、理解、熟记定额

为了正确运用预算定额编制施工图预算、进行设计技术经济分析以及办理竣工结算,应认真地学习预算定额。

首先,要浏览一下目录,了解定额分部、分项工程是如何划分的,不同的预算定额其分部、分项工程的划分方法是不一样的。有的以材料、工种及施工顺序划分;有的以结构性质和施工顺序划分。且分项工程的含义也不完全相同。掌握定额分部、分项工程划分方法,了解定额分项工程的含义,是正确计算工程量、编制预算的前提条件。

其次,要学习预算定额的总说明、分部工程说明。说明中指出的编制原则、依据、适用范围、已经考虑和尚未考虑的因素以及其他有关问题的说明,是正确套用定额的前提条件。由于建筑安装产品的多样性,且随着生产力的发展,新结构、新技术、新材料不断涌现,现有定额已不能完全适用,就需要补充定额或对原有定额作适当修正(换算),总说明、分部工程说明则为补充定额、换算定额提供依据,指明路径。因此,必须认真学习,深刻理解。

再次,要熟悉定额项目表,能看懂定额项目表内的"三个量"和"三个价"的确切含义(如材料消耗量是指材料总的消耗量,包括净用量和损耗量或摊销量。又如材料单价是指材料预算价格的取定价等),对常用的分项工程定额所包括的工程内容,要联系工程实际,逐步加深印象,对项目表下的附注,要逐条阅读,不求背出,但求留痕。

最后，要认真学习，正确理解，实践练习，掌握建筑面积计算规则和分部、分项工程量的计算规则。

只有在学习、理解、熟记上述内容的基础上，才会依据设计图纸和预算定额，不遗漏、也不重复地确定工程量计算项目，正确计算工程量，准确地选用预算定额或正确地换算预算定额或补充预算定额，以编制工程预算，这样，才能运用预算定额作好其他各项工作。

(2) 预算定额的选用

使用定额，包含两方面的内容：一是根据定额分部、分项工程划分方法和工程量计算规划，列出需计算的工程项目名称，并且正确计算出其工程量。这方面内容将在以后章节中详细介绍。另一是正确选用预算定额(套定额)，并且在必要时换算定额或补充定额，这是本节要重点介绍的内容。

当根据设计图纸和预算定额，列出了工程量计算项目，并计算完工程量后，接下去便是套定额计算直接费，编制预算书。

要学会正确选用定额，必须首先了解定额分项工程所包括的工程内容。应该从总说明、分部工程说明、项目表表头工程内容栏中去了解分项工程的工程内容，甚至应该并且可以从项目表中的工、料消耗量中去琢磨分项工程的工程内容，只有这样，才能对定额分项工程的含义有深刻的了解。

《上海市建筑和装饰工程预算定额》(2000)里的定额 1-1-5 为深度 1m 以内人工挖地坑项目，包括挖地坑、抛于槽边 1m 以外，修整底边，工作面的排水等全部操作过程；定额 1-3-12 为水磨石地面项目，包括清理基层、刷浆、抹灰、找平、磨光、擦浆、理光、养护全部操作过程。

在选用定额时，常碰到以下 3 种情况：

① 施工图设计要求和施工方案与定额工程内容完全一致时，采用“对号入座，选用定额”。

例如，设计要求采用平铺毛石垫层，查定额可套用 7-1-2 子目；如设计要求采用灌浆毛石垫层，则查定额应套用 7-1-3 子目。

② 施工图设计要求或施工方案与定额工程内容基本一致，但有部分不同，此时，又有两种情况：

ⅰ. 定额规定不允许换算，则应“生搬硬套，强行执行”选用规定的定额。例如，现浇钢筋混凝土矩形柱定额 4-1-14 采用钢模板，现浇钢筋混凝土圆形柱定额 4-1-16 采用木模板，实际施工方案采用模板与定额模板不相符时，仍按定额规定套用，不予换算。

ⅱ. 定额规定允许换算，则应按定额规定的原则、依据和方法进行换算，换算后，再进行套用。对换算定额，套用时，仍采用原来的定额编号，只在原编号下注一个“换”字，以示经过换算之定额。如广场砖铺贴环形，定额规定其人工乘以系数 1.2，可将定额编号成 $7\text{-}4\text{-}62_{换}$，以示其为 7-4-62 换算、调整后得到。

定额换算的基本公式如下：

$$换算后的预算定额\left\{\begin{matrix}人工\\材料\\机械台班\end{matrix}\right\}消耗量=换算前的预算定额\left\{\begin{matrix}人工\\材料\\机械台班\end{matrix}\right\}用量$$

$$-\sum 应换出的分项工程\left\{\begin{matrix}人工\\材料\\机械台班\end{matrix}\right\}消耗量$$

$$+\sum \text{应换入的分项工程}\left\{\begin{array}{l}\text{人工}\\\text{材料}\\\text{机械台班}\end{array}\right\}\text{消耗量} \quad (3\text{-}22)$$

③ 施工图设计要求或施工工艺、施工机具在定额中没有时，或是结构设计采用了新的结构做法，这些是定额中没有的，是定额的缺项，则应先编制补充定额，然后套用。补充定额的编号一般需写上"补"字。

补充定额的编制原则、编制依据和编制方法均应与现行预算定额的编制相同。预算定额是国家、省市建委委托定额管理部门编制的，而补充预算定额更多的是由施工单位编制的。在编制补充预算定额时应注意以下几个方面：

ⅰ. 定额的分部工程范围划分、分项工程的内容及计量单位，应与现行定额中的同类项目保持一致；

ⅱ. 材料消耗必须符合现行定额的规定；

ⅲ. 数据计算必须实事求是。

3.4 概算定额和概算指标

3.4.1 概算定额

3.4.1.1 概算定额的概念

概算定额是确定一定计量单位扩大分项工程（或扩大结构构件）的人工、材料和施工机械台班消耗量的标准。它是在预算定额的基础上，在合理确定定额水平的前提下，进行适当扩大、综合和简化编制而成的（实际上综合预算定额已具有概算定额的性质和功能）。

3.4.1.2 概算定额的作用

（1）概算定额是初步设计阶段编制建设项目概算的依据

建设程序规定，采用两阶段设计时，其初步设计必须编制概算；采用三阶段设计时，其技术设计必须编制修正概算，对拟建项目进行总估价。

（2）概算定额是设计方案比较的依据

所谓设计方案比较，目的是选择出技术先进可靠、经济合理的方案，在满足使用功能的条件下，达到降低造价和资源消耗。概算定额采用扩大综合后可为设计方案的比较提供方便条件。

（3）概算定额是编制主要材料需要量的计算基础

根据概算定额所列材料消耗指标计算工程用料数量可在施工图设计之前提出供应计划，为材料的采购、供应做好施工准备，提供前提条件。

（4）概算定额是编制概算指标的依据

概算指标是从设计概算或施工图预（决）算文件中取出有关数据和资料进行编制的，而概算定额又是编制概算文件的主要依据。因此，概算定额又是编制概算指标的重要依据。

（5）概算定额在实行工程总承包时，也可作为已完工工程价款结算的依据。

3.4.2 概算指标

3.4.2.1 概算指标的概念

概算指标是以每 m^2 或每 $100m^2$、或每幢建筑物、或每座构筑物、或每 km 道路为计量单位，规定完成相应计量单位的建筑物或构筑物所需人工、材料和施工机械台班消耗量和相应费用的指标。建筑安装工程概算定额与概算指标的主要区别如下：

(1) 确定各种消耗量指标的对象不同

概算定额是以单位扩大分项工程或单位扩大结构构件为对象，而概算指标则是以整个建筑物(如 $100m^2$ 或 $1000m^2$ 建筑物)和构筑物为对象。因此，概算指标比概算定额更加综合与扩大。

(2) 确定各种消耗量指标的依据不同

概算定额以现行预算定额为基础，通过计算后才综合确定出各种消耗量指标，而概算指标中各种消耗量指标的确定，则主要来自各种预算或结算资料。

3.4.2.2 概算指标的作用

概算指标与概算定额、预算定额一样，都是与各个设计阶段相适应的多次性计价的产物，它主要用于投资估价、初步设计阶段，其作用主要有：①概算指标可以作为编制投资估算的参考；②概算指标中的主要材料指标可以作为匡算主要材料用量的依据；③概算指标是设计单位进行设计方案比较、建设单位选址的一种依据；④概算指标是编制固定资产投资计划、确定投资额和主要材料计划的主要依据。

3.5 估算指标

3.5.1 投资估算指标的概念

投资估算指标是在项目建议书和可行性研究阶段编制投资估算、计算投资需要量时使用的一种定额。是一种非常概略的定额，往往以独立的单项工程或完整的工程项目为计算对象，编制内容是所有项目费用之和。它的概略程度应与可行性研究阶段相适应。投资估算指标往往根据历史的预、决算资料和价格变动等资料编制，但其编制基础仍然离不开预算定额、概算定额。

3.5.2 投资估算指标的作用

工程建设投资估算指标是编制建设项目建议书、可行性研究报告等前期工作阶段投资估算的依据，也可以作为编制固定资产长远规划投资额的参考。投资估算指标为完成项目建设的投资估算提供依据和手段，它在固定资产的形成过程中起着投资预测、投资控制、投资效益分析的作用，是合理确定项目投资的基础。投资估算指标中的主要材料消耗量也是一种扩大材料消耗量指标，可以作为计算建设项目主要材料消耗量的基础。估算指标的正确制定对于提高投资估算的准确度，对建设项目的合理评估、正确决策具有重要意义。

复习思考题

1. 简述土木工程定额的分类。

2. 劳动定额中的时间定额与产量定额有何联系？

3. 材料消耗定额包括哪两种？消耗量的计算是否相同？

4. 简述预算定额的编制原则、依据和方法。

5. 如何确定预算定额中的人工、材料、机械台班消耗量？人工幅度差、机械幅度差的含义是什么？

6. 简述单位估价表的概念、作用。人工费单价、材料费单价与机械费单价包括哪些内容？

7. 预算定额选用时常碰到的 3 种情况是怎样的？

8. 简述概算定额、概算指标、估算指标的概念及作用。

9. 已知铝合金隔断每 m^2 的定额单位消耗量和单价如表内所示，试按表 3-5 的形式在表内填写完成铝合金隔断单位估价表。

工作内容：……　　**某地区隔断单位估价表**　　计量单位：m^2

定额编号				……	
项　目		单位	单价(元)	铝合金隔断	
				数量	合价
基　　价			元		
其中	人工费		元		
	材料费		元		
	机械费		元		
人工	综合工日	工日	38.00	1.21	
材　料	水泥砂浆	m^3	280.00	0.0006	
	玻　璃	m^2	80.00	1.23	
	玻璃硅胶	支	18.00	0.6	
	膨胀螺栓 MB	套	1.00	3.3864	
	自攻螺钉	个	0.05	19.13	
	铝合金型材	m	7.50	3.7983	
	其他铁件	kg	3.90	0.4	
机械	管子切割机	台班	15.00	0.094	

注：……

4 工程计量

学习重点和目的 本章阐述了工程量的含义及工程计量的依据与一般方法，较为详细地介绍了工程量清单项目的工程计量规则、预算定额项目的工程计量规则及建筑面积计算规则，通过本章学习，要求掌握建筑面积计算规则，熟悉工程量清单项目内容与工程量清单计量规则，熟悉建筑工程预算工程量计算规则，能应用工程计量的一般方法。

4.1 工程计量概述

4.1.1 工程量的含义

工程量是指按照事先约定的工程量计算规则计算所得的、以物理计量单位或自然计量单位表示的分部分项工程的数量。物理计量单位是指须经量度的、具有物理属性的单位，如长度单位为m、面积单位为m^2、体积单位为m^3、质量单位为t或kg；自然计量单位是指个、只、套、组、台、樘、座等。

应该注意的是：工程量≠实物量。实物量是实际完成的工程数量，而工程量是按照工程量计算规则计算所得的工程数量。工程量计算规则是建筑产品交易各方进行思想交流和表达的共同语言。为了简化工程量计算，在工程量计算规则中，往往对某些零星的实物量作出不扣除或扣除、不增加或增加的规定；更有甚者，还可以改变其计量单位，如现浇混凝土及钢筋混凝土的模板工程量，一般按混凝土与模板的接触面积，以m^2为单位；但现浇混凝土小型池槽，却按构件外围体积，以m^3为单位。

4.1.2 工程计量的内容与依据

4.1.2.1 工程计量内容

工程计量是工程造价中主要工作内容之一，它是工程造价的基础，计量正确与否，直接影响工程造价的正确性。工程计量包括以下三个方面的内容：

(1) 工程量清单项目的工程计量

清单项目的工程计量是依据《建设工程量清单计价规范》GB50500—2003(以下简称《计价规范》)中的计算规则，对清单项目确定其工程数量和单位的过程。它是招标文件的组成部分，由招标人或招标代理机构编制。

(2) 预算定额项目的工程计量

在目前两种计价模式(清单计价和定额计价)的情况下，预算定额项目工程计量是编制施工图预算的基础，也是清单计价模式下工程投标报价的基础(主要是因我国很多企业都没有自己的企业定额，只能暂且用预算定额充当)。

(3) 建筑面积计算

建筑面积是工程造价计算的某些结构工程量、装饰装修工程量的基础，如建筑物的底层建筑面积，可以作为计算场地平整、地面室内回填土、建筑面层等依据；建筑面积还是确定某些费用指标的依据，如超高费用、成品保护费用等。

4.1.2.2 工程量计算的依据

工程量计算的依据一般有：施工图纸及设计说明；施工组织设计或施工方案；《计价规范》；定额说明及其工程量计算规则。

4.1.3 工程计量的一般方法

4.1.3.1 工程计量的顺序

工程计量的特点是工作量大、头绪多，可用“繁”和“烦”两个字来概括。工程计量要求做到既不遗漏又不重复，既要快又要准确，就应按照一定的顺序有条不紊地依次进行。这样，既能节省看图时间，加快计算速度，又能提高计算的准确性。

（1）单位工程各分项工程计量的顺序

一项单位工程要包含数十项乃至上百项分项工程，如果东一棒、西一槌，看到什么，想到什么，就计算什么，往往会产生遗漏或重复，而且心中无底，不知是否计算完毕。所以，在工程计量前，应先设定一个明确的计算顺序。

① 按施工顺序计算法　即按照工程施工工艺流程的先后次序计算工程量。如一般土建工程从平整场地、挖土、垫层、基础、填土、墙柱、梁板、门窗、楼地屋面、内外墙装修等顺序进行。这种方法要求对施工工艺流程相当熟悉。

② 按定额顺序计算法　就是按照预算定额的章、节、子目的编排顺序来计算工程量。

③ 按统筹法原理设计顺序计算法　实践表明，任何事物都有其内在的规律性。计算工程量没有必要去牵强附会施工的顺序或定额编排的顺序要求。对工程计量进行分析，可以看出各分项工程之间有着各自的特点，也存在一定的联系。如外墙地槽挖土、垫层、带形基础、墙体等工程量计算都离不开外墙的长度；墙体工程量要扣除门窗洞口所占体积，那么，墙体工程量与门窗工程量又有着一定的关联。运用统筹法原理，就是根据分项工程的工程量计算规则，找出各分项工程的工程量之间的内在联系，统筹安排计算顺序，做到利用基数（常用数据）连续计算；一次算出，多次使用；结合实际，机动灵活。这种计算顺序实质上是对预算工作精益求精的探索，适用于具有一定预算工作经验的人。不同的工程，不同的定额，应有不同的计算顺序，要因地制宜，灵活善变。

（2）分项工程中各部位工程的计算顺序

一个分项工程分布在施工图纸的各个部位上，如砖基础分项工程，包括外墙砖基础、内墙砖基础。其中外墙砖基础有横向、纵向，各段首尾相连形成闭合图形；内墙砖基础更是横七竖八、纵横交错。计算砖基础工程量，需要逐段计算后相加汇总。为了防止遗漏和重复，必须按一定的顺序来计算。常用顺序如下：

① 按顺时针方向计算法　就是自平面图左上角开始向右进行计算，绕一周后回到左上角为止。这种顺时针方向转圈、依次分段计算工程量的方法，适用于计算外墙的挖地槽、垫层、基础、墙体、圈过梁、楼地面、天棚、外墙面粉刷等工程量。见图 4-1 所示。

② 按先横后竖、从上到下、从左到右的计算法　此法适用于计算内墙的挖地槽、垫层、基础、墙体、圈过梁等工程量。见图 4-2 所示。

③ 按构件代号顺序计算法　此法适用于计算钢筋混凝土柱、梁、屋架及门、窗等的工程量。如图 4-3 所示，可依次计算柱 Z1×4，Z2×4 和梁 L1×2，L2×2，L3×6。

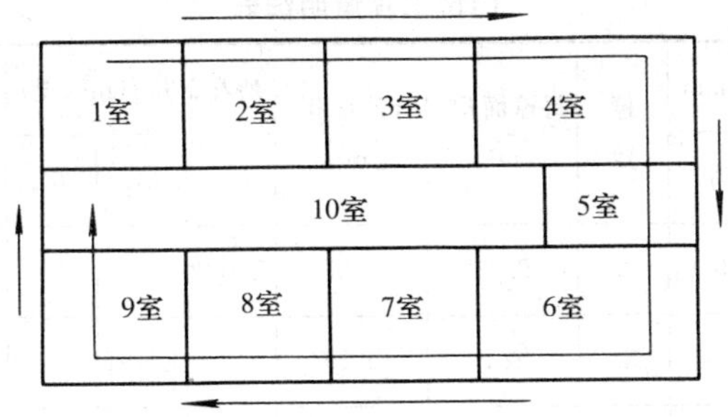

图 4-1 按顺时针方向计算法

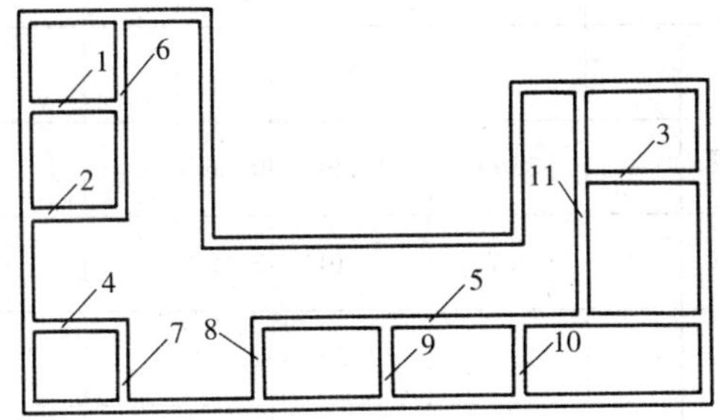

图 4-2 按先横后竖、先上后下、先左后右顺序计算

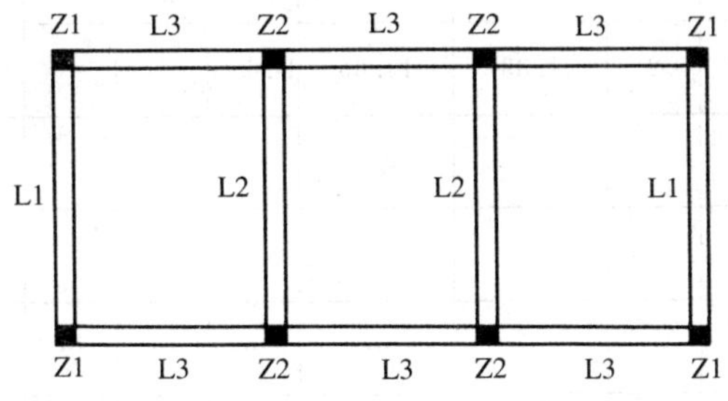

图 4-3 按构件代号顺序计算示意图

4.1.3.2 列表计算工程量

对于门窗、预制构件等大量标准构件，可用列表法计算其工程量。表格的设计应考虑一表多用，一次计算，多处使用。

门窗工程量明细表中可汇总出门、窗的制作、安装、油漆的工程量；钢窗、铁栅、门窗、五金(如锁、拉手、定位器、地弹簧、闭门器等)的工程量。门窗洞口所在部位的面积经汇总可作为计算墙身工程量、墙面粉刷工程量时应扣除部分的数据资料，如表 4-1 所示。

4.1.3.3 规范计算式书写，并标记出构件的代号或所在的部位

工程量计算式应力求简单明了，并按一定的次序排列，以便日后审查核对。一般面积计算式为宽×高、体积计算式为长×宽×高或长×截面积。在计算式旁应标记出构件的代号，如 Z1，Z2，…，J1，J2，…等。没有代号的，如带形基础、墙体等，可标记出其所在的部位。如①；Ⓐ；Ⓑ，①～②；⑤，Ⓐ～Ⓒ，分别表示：在①轴上；在Ⓐ轴上；在Ⓑ轴的①轴到②轴段上；在⑤轴的Ⓐ轴到Ⓒ轴段上。

表 4-1　　　　　　　　　　门窗工程量明细表

序号	门窗代号	所在图集	洞口尺寸/mm		樘数	每樘面积/m^2	合计面积/m^2	所在部位/(m^2/樘)			筒子板周长		窗台板长		备注
			宽	高				$L_中$	$L_内$	$L'_内$	每樘	合计	每樘	合计	
1	M1		1200	2100	2	2.52	5.01	5.04/2							
2	M2		1000	2100	2	2.1	4.20		4.20/2		5.20	10.40			
3	M3		900	2100	10	1.89	18.90	3.78/2	7.56/4	7.56/4	5.10	20.40			
…	…	…	…	…	…	…	…	…	…	…	…	…	…	…	
	小计						Σ								
11	SC1		2100	1900	4	3.99	15.96	15.96/4			5.90	23.60	2.30	9.20	
12	SC2		1500	1800	2	2.7	5.40	5.04/2			5.10	10.20	1.70	3.40	
13	SC3		900	1500	2	1.35	2.70	2.7/2			3.90	7.80	1.10	2.20	
…	…	…	…	…	…	…	…	…	…	…	…	…	…	…	
	小计						Σ								
21	空圈 1		2820	2600	2	7.33	14.66	14.66/2							
22	空圈 2														
23	空圈 3														
…	…	…	…	…	…	…	…	…	…	…	…	…	…	…	
n	合计							Σ	Σ	Σ		Σ		Σ	

4.1.3.4　装饰工程计算方法

对于装饰工程，不同楼层、不同房间的装饰要求差异较大。为便于审核与校核，应按楼层、按房间分别计算工程量，且不宜汇总。

4.1.3.5　利用基本数据——“三线一面”计算工程量

“三线一面”的“三线”是指外墙中心线长度($L_中$)、外墙外包线长度($L_外$)和内墙净长线长度($L_内$)；“一面”是指底层建筑面积($S_底$)。

建筑工程的诸多分项工程的工程量计算与这“三线一面”有关，因此，将“三线一面”称为基本数据。首先计算“三线一面”，以后计算各分项工程工程量时，可多次应用“三线一面”基本数据，以减少大量翻阅图纸的时间，达到简捷、准确、高效的目的。

4.2 建筑工程量清单项目的工程计量

4.2.1 工程量清单内容

工程量清单包括分部分项工程量清单、措施项目清单和其他项目清单。

4.2.1.1 分部分项工程量清单

《计价规范》中分部分项工程量清单见表 4-2。

表 4-2 分部分项工程量清单项目概况表

附录名称	专业名称	分部工程	节	分项工程
附录 A	建筑工程	8	43	177
附录 B	装饰与装修工程	6	47	214
附录 C	安装工程	13	110	1111
附录 D	市政工程	8	38	432
附录 E	园林绿化工程	3	12	87

分部分项工程量清单包括项目编码、项目名称、计量单位和工程数量。

项目编码用 12 位阿拉伯数字表示，前 9 位数为统一编码，后 3 位为根据清单项目的特征等不同，由编制人设置，一般要求从 001 起顺序编制，项目编码见图 4-4 所示。

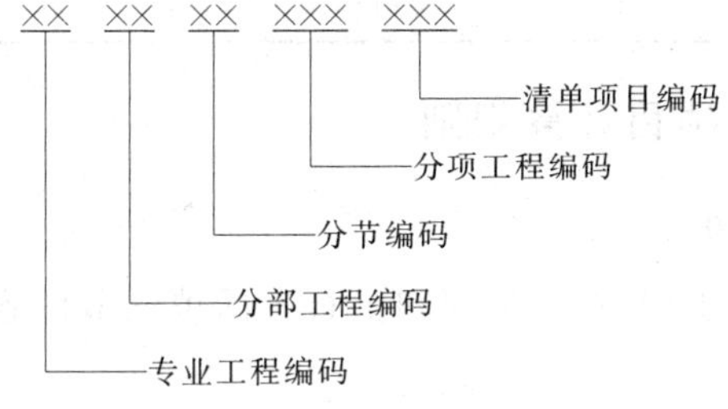

图 4-4 清单项目编码图

4.2.1.2 措施项目清单

措施项目是指为完成工程项目施工，发生于该项目施工前准备、施工过程中技术、生活、安全等方面的非工程实体项目。措施项目应根据拟建项目的具体情况，参照表 4-3 的列项，编制人可作增减。

4.2.1.3 其他项目清单

（1）其他项目清单应根据拟建工程的具体情况，可列出预留金、材料购置费、总承包服务费、零星工作项目费等。

（2）零星工作项目表应根据拟建工程的具体情况，详细列出人工、材料、机械的名称、计量单位和相应数量，并随工程量清单发至投标人。

表 4-3　　措施项目表

序　号	项　目　名　称
1	通用项目
1.1	环境保护
1.2	文明施工
1.3	安全施工
1.4	临时设施
1.5	夜间施工
1.6	二次搬运
1.7	大型机械设备进出场及安拆
1.8	混凝土、钢筋混凝土模板及支架
1.9	脚手架
1.10	已完工程及设备保护
1.11	施工排水、降水
2	建筑工程
2.1	垂直运输机械
3	装饰装修工程
3.1	垂直运输机械
3.2	室内空气污染测试

4.2.2　建筑工程量清单项目计算规则

4.2.2.1　土(石)方工程(0101)

土(石)方工程包括土方工程、石方工程和土石方回填三节内容，项目见表 4-4。主要项目工程量计算规则如下：

表 4-4　　土(石)方工程项目组成表

章	A1　土(石)方工程(0101)		
节	A1.1　土方工程(010101)	A1.2 石方工程(010102)	A1.3　土石方回填(010103)
项目	平整场地 挖土方 挖基础土方 冻土开挖 挖淤泥、流砂 管沟土方	预裂爆破 石方开挖 管沟石方	土石方回填

(1) 土方工程(010101)

① 场地平整(010101001)

“场地平整”是指建筑场地内厚度在±30cm 以内的挖方、填方、运土和土方找平等施工内容。其工程量按设计图示尺寸以建筑物首层面积计算。

② 挖土方(010101002)

“挖土方”适用于±30cm 以上的竖向布置的挖土或山坡切土，是指设计室外地坪标高以上的挖土，并包括指定范围内的土方运输。其工程量按设计图示尺寸以体积计算。即

$$V=\text{挖土方面积}\times\text{挖方平均厚度}$$

式中，平均厚度是指按自然地面测量标高至设计地坪标高间的平均厚度。

③ 挖基础土方(010101003)

“挖基础土方”适用于带形基础、独立基础、满室基础、箱形基础、基础梁及人工挖孔桩等土方开挖，并包括指定范围内的土方运输。其工程量按设计图示尺寸以基础垫层底面积乘挖土深度计算。挖土深度是指基础垫层底面标高至交付的施工场地标高有效值，无场地标高值时，应按自然地面标高确定。

挖基础土方的编码应根据不同基础类型列项，带形基础根据其不同的底宽和深度编码列项；独立和满堂基础则按不同底面积和深度分别编码立项。

④ 管沟土方(010101006)

“管沟土方”适用于管沟土方的开挖和回填。管沟土方工程量不论其有无管沟设计，均按管沟的长度(m)计算。

(2) 石方工程(010102)

① 石方开挖(010102002)

“石方开挖”适用于人工凿石、人工打眼爆破、机械打眼爆破等，并包括指定范围内的石方清除运输。其工程量按图示尺寸以体积(m^3)计算。

② 土(石)方回填(010103001)

“土(石)方回填”适用于场地回填、室内回填和基础回填，并包括指定范围内的运输以及借土回填的土方开挖。其工程量计算如下：

场地回填： $V=\text{回填面积}\times\text{平均回填厚度}$

室内回填： $V=\text{主墙间净面积}\times\text{回填厚度}$

基础回填： $V=\text{挖方体积}-\text{设计室外地坪以下所埋的基础体积}$

(3) 土石方工程共性问题的说明

① 为使得投标人在编制投标价时更能反映工程实际状况的报价，招标人应对项目特征进行必要和充分的描述，如土壤类别、弃土运距、取土运距、挖土(平均)厚度、回填要求等。

② “指定范围内的运输”是指由招标人指定的弃土地点或取土地点的运距；若招标文件规定由投标人确定弃土地点或取土地点时，则此条件不必在工程量清单中进行描述。

③ 土石方体积按挖掘前的天然密实体积计算，如需计算虚方体积、夯实后体积或松填体积时，可按表 4-5 所列系数换算。

④ 桩间挖土方工程量不扣除桩所占体积。

⑤ 因地质情况变化或设计变更而引起的土石方工程量的变更，由业主与承包人双方现场认证，依据合同条件进行调整。

⑥ 湿土的划分应按地质资料提供的地下常水位分界，地下常水位以下为湿土。

表 4-5　　　　　　　　　　　　　土(石)方体积折算系数表

天然密实度体积	虚方体积	夯实后体积	松填体积
1.00	1.30	0.87	1.08
0.77	1.00	0.67	0.83
1.15	1.49	1.00	1.24
0.93	1.20	0.81	1.00

［例 4-1］　某工程土壤类别为三类土，基础为钢筋混凝土带形基础（外墙下）和砖大方脚带形基础。基础平面图及剖面图见图 4-5 所示，挖土深度为 1.8m，弃土运距 4km。室内外高差为 0.6m，求：(1) 场地平整工程量；(2) 挖基础土方工程量；(3) 室内回填土工程量（地面垫层与面层总厚度为 150mm）；(4) 基础回填土工程量（钢筋混凝土带基 6.04m³，室外地坪以下砖基础为 7.55m³）。

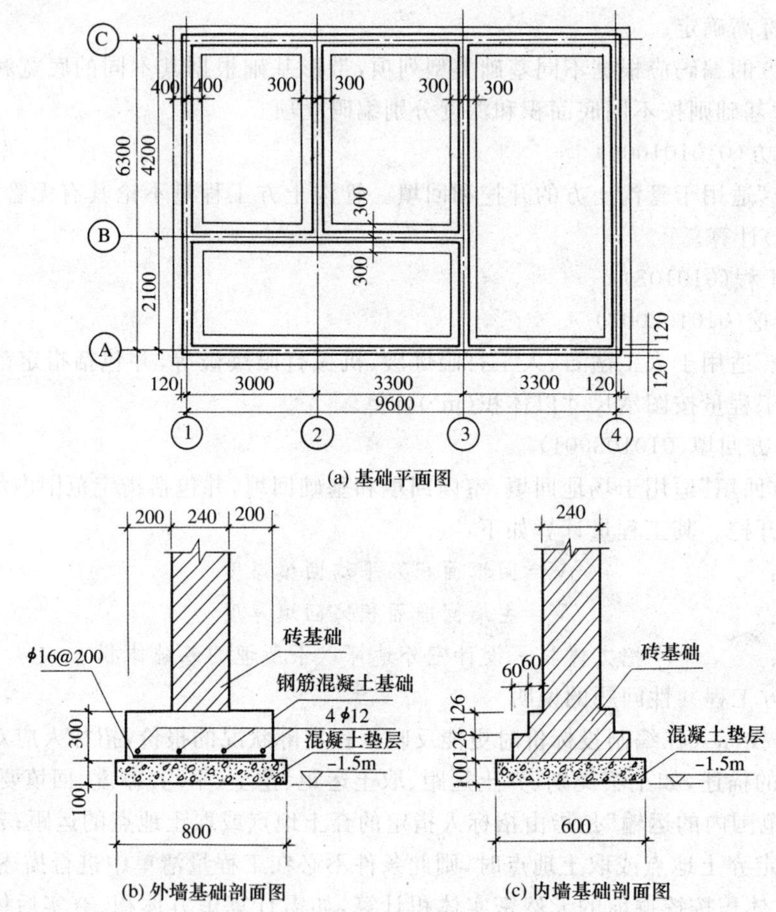

图 4-5　基础面图(单位:mm)

［解］　(1) 场地平整：$S=(9.6+0.24)\times(6.3+0.24)=64.35\text{m}^2$

(2) 挖基础土方：

外墙下垫层：$S_1=(9.6+0.4\times2)\times(6.3+0.4\times2)-(9.6-0.4\times2)\times(6.3-0.4\times2)$

$=10.4\times7.1-8.8\times5.5$

$=25.44\text{m}^2$

内墙下垫层：$S_2=(3.0+3.3-0.4-0.3)\times0.6+(4.2-0.4-0.3)\times0.6$

$+(6.3-0.4\times2)\times0.6$

$=3.36+2.10+3.30$

$=8.76\text{m}^2$

挖基础土方：$V=(25.44+8.76)\times1.8=61.56\text{m}^3$

(3) 室内回填土：

主墙净面积：$S=[(3.0-0.24)+(3.3-0.24)]\times(4.2-0.24)$

$+(3.3-0.24)\times(6.3-0.24)$

$+(3.0+3.3-0.24)\times(2.1-0.24)$

$=23.05+18.54+11.27=52.86\text{m}^2$

$V=Sh=52.86\times(0.6-0.15)=23.79\text{m}^3$

(4) 基础回填土：

室外地坪(−0.6m)下基础实物量：

① 垫层：$V=(25.44+8.94)\times0.1=3.44\text{m}^3$

② 钢筋混凝土带基：$V=6.04\text{m}^3$

③ 砖带形基础：$V=7.55\text{m}^3$

$V=$挖方体积−室外地坪以下基础实物量

$=61.88-(3.44+6.04+7.55)$

$=44.85\text{m}^3$

4.2.2.2 桩与地基基础工程(0102)

本分部工程包括混凝土桩、其他桩和地基与边坡的处理等三节，项目见表 4-6。

表 4-6 桩与地基基础工程项目组成表

章	A2 桩与地基基础工程(0102)		
节	A2.1 混凝土桩	A2.2 其他桩	A2.3 地基与边坡处理
项目	预制钢筋混凝土桩 接桩 混凝土灌注桩	砂石灌注桩 灰土挤密桩 旋喷桩 喷粉桩	地下连续墙 振冲灌注碎石 地基强夯 锚杆支护 土钉支护

主要项目的工程量计算规则表述如下：

（1）混凝土桩

①“预制钢筋混凝土桩”适用于预制混凝土方桩、管桩和板桩等。其工程内容包括桩的制作与运输、打桩与送桩、试桩、填桩孔等。试桩按“预制钢筋混凝土桩”项目编码单独立项。本项目工程量计算规则为：按设计图示尺寸以桩长（含桩尖）或根数计算。

②“接桩”适用于预制钢筋混凝土方桩、管桩和板桩的接桩。接桩材料应在项目描述中说明。其工程量计算如下：方桩、管桩按接头个数计算；板桩按接头长度计算。

③“混凝土灌注桩”适用于人工挖孔灌注桩、钻孔灌注桩、爆扩灌注桩、打管灌注桩、振动管灌注桩等。其计算规则如下：按图示尺寸以桩长（含桩尖）或根数计算。

混凝土灌注桩投标报价时，应包括人工挖孔桩的护壁费用、钻孔护壁泥浆的搅拌运输、泥浆池、泥浆沟槽的砌筑、拆除等费用。

（2）其他桩

①“砂石灌注桩”适用于各种成孔方式（振动沉管、锤击沉管等）的砂石灌注桩。应注意：灌注桩的砂石级配、密实系数均应包括在报价内。

②“挤密桩”适用于各种成孔方式的灰土、石灰、水泥粉、煤灰、碎石等挤密桩。应注意：挤密桩的灰土级配、密实系数均应包括在报价内。

③“旋喷桩”适用于水泥浆旋喷桩。

④“喷粉桩”适用于水泥、生石灰粉等喷粉桩。

其他桩的上述 4 个项目的工程量均按设计图示规定以桩长（含桩尖）或根数计算。

（3）地基与边坡处理

①“地下连续墙”项目的工程内容包括挖土成槽、余土运输、导墙施工、销口管吊拨、混凝土浇筑等。其工程量按下式计算：

$$V=LBH$$

式中 L——地下连续墙的中心线长度（m）；

B——地下连续墙的厚度（m）；

L——地下连续墙的成槽的深度（m）。

②“振冲灌注碎石”项目的工程内容包括成孔、碎石运输及灌注与振实。其工程量按孔截面积乘以孔深计算。

③“地基强夯”工程量计算以设计图示强夯的面积（m^2）确定。

④“锚杆支护”项目的工程内容包括锚杆钻孔与张拉，浆液制作、运输与压浆，混凝土及砂浆的制作、运输、喷射与养护等，其工程量按设计图示尺寸以支护面积计算。

锚杆支护施工过程中需搭设的脚手架，应列入措施项目中。锚杆应按混凝土及钢筋混凝土（A4）相关项目编码立项。

⑤“土钉支护”工程内容包括钉土钉、挂网、混凝土及砂浆的制作、运输、喷射和养护等过程。其工程量按设计图示尺寸以支护面积计算。

桩与地基基础工程共性问题的说明：

（1）本分部工程各项目用于工程实体。如地下连续墙适用于构成建（构）筑物地下结构部分的永久性的复合型地下连续墙，若仅作为深基坑支护结构，则应列入清单措施项目中，不应该在分部分项工程量清单中反映。

(2) 各类桩的混凝土充盈量，在报价时应考虑。

(3) 沉管灌注桩若使用预制混凝土桩尖时，报价时应予计算。

(4) 爆扩桩扩大头的混凝土量，应包括在报价内。

(5) 桩的钢筋，如灌注桩的钢筋笼、地下连续墙的钢筋网、锚杆支扩、土钉支护的钢筋网锚杆、土钉及预制桩头钢筋等，应按《计价规范》中混凝土或钢筋混凝土的有关项目编码列项。

[例 4-2] 某工程主楼为预制混凝土管桩，上节桩长为 8m，下节桩如图 4-6(b)所示，桩数为 300 根。附房采用预制钢筋混凝土方桩(图 4-6(a))40 根。土壤类别为四类土，混凝土强度等级为 C40；桩接头为焊接。求此工程的预制方桩和管桩的工程量。

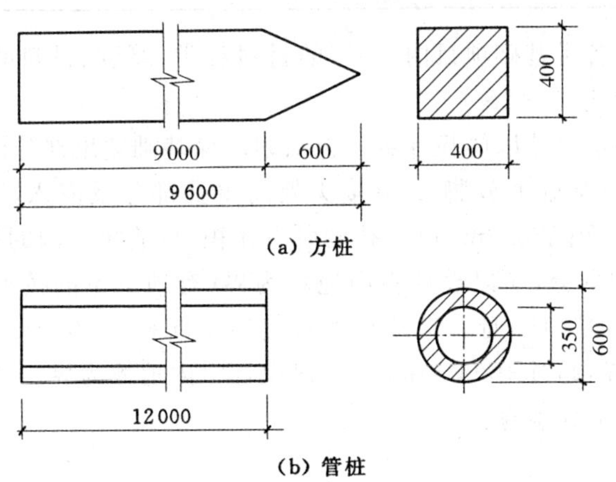

图 4-6　预制钢筋混凝土桩(单位:mm)

[解] ① 预制钢筋混凝土方桩：土壤类别为四类土，长为 9.6m，断面为 400mm ×400mm，混凝土强度为 C40：

$$L=9.6\times 40=384.0\text{m}$$

或

$$N=40\text{ 根}$$

② 预制钢筋混凝土管桩：土壤类别为四类土，两节桩 8m + 12m，截面为 ϕ600mm ×125mm：

$$L=(8.0+12.0)\times 300=6\,000\text{m}$$

或

$$N=300\text{ 根}$$

③ 管桩接头：焊接接头

$$N=300\text{ 个}$$

4.2.2.3　砌筑工程(0103)

砌筑工程包括 6 节 25 个项目，6 节依次为砖基础，砖砌体，砖构筑物，砌块砌体，石砌体，砖散水、地坪和地沟等各节，项目详见表 4-7 所示。

(1) “砖基础”

砖基础适用于各种类型砖基础，如墙基础、柱基础、烟囱基础、水塔基础、管道基础等。对基础类型，应在工程量清单的项目特征中进行描述。

表 4-7　　　　砌筑工程项目组成表

<table>
<tr><th>章</th><th>节</th><th>项　目</th></tr>
<tr><td rowspan="6">A3
砌
筑
工
程</td><td>A3.1　砖基础</td><td>砖基础</td></tr>
<tr><td>A3.2　砖砌体</td><td>实心砌墙、空斗墙、空心墙、填充墙、实心砖柱、零星砌体</td></tr>
<tr><td>A3.3　砖构筑物</td><td>烟囱与水塔、烟道、窨井与检查井、水池与化粪池</td></tr>
<tr><td>A3.4　砌块砌体</td><td>空心砖墙与砌块墙、空心砖柱与砌块柱</td></tr>
<tr><td>A3.5　石砌体</td><td>石基础、石勒脚、石墙、石挡土墙、石柱、石栏杆、石护坡、石台阶、石坡道、石地沟与明沟</td></tr>
<tr><td>A3.6　砖散水、地坪、地沟</td><td>砖散水与地坪、砖地沟与明沟</td></tr>
</table>

砖基础垫层包括在各类基础项目内，垫层的材料种类、厚度、材料的强度等级、配合比，应在工程量清单中进行描述。

“砖基础”按设计图示尺寸以体积计算。包括附墙垛基础宽出部分体积，扣除地梁（圈梁）、构造柱所占体积，不扣除基础大放脚 T 形接头处的重叠部分及嵌入基础内的钢筋、铁件、管道、基础防潮层和单个面积在 $0.3m^3$ 以内孔洞所占体积，靠墙暖气沟的挑檐不增加。

砖基础与砖墙身的划分，应以设计室内地坪为界（有地下室的按地下室室内设计地坪为界），以下为基础，以上为墙（柱）身。基础与墙身使用不同材料，位于设计室内地坪＋300mm 以内时，以不同材料为界，超过＋300mm 时，应以设计室内地坪为界。砖围墙应以设计室外地坪为界，以下为基础，以上为墙身。

① 带形砖砖基础

$$V=L(BH+S_{大方脚})+V_{垛}-V_{柱、梁、洞}$$

式中　L——外墙砖基础按外墙中心线计算；内墙墙基础按内墙净长线计算；

B、H——分别为砖基础墙的厚度和高度；

$S_{大方脚}$——大方脚面积，根据大方脚采用等高式或间隔式分别查表 4-8 选用。

表 4-8　　　　带形砖基础大方脚增加断面表　　　　计量单位：m^2

放脚层数	一层	二层	三层	四层	五层	六层
间隔式	0.016	0.039	0.079	0.126	0.189	0.260
等高式	0.016	0.047	0.095	0.157	0.236	0.331

[例 4-3]　试计算[例 4-1]中基础墙的工程量。

[解]　外墙下砖基础：

$$L_{中}=(9.6+6.3)\times 2=31.8m$$

$$H=1.5-0.1-0.3=1.1m$$

$$V=31.8\times 0.24\times 1.1=8.40m^3$$

内墙下砖基础：

$$L_{内}=(3.0+3.3-0.24)+(4.2-0.24)+(6.3-0.24)=16.08m$$

$$H=1.5-0.1=1.4\text{m}$$

$$S_{大方脚}=0.047\text{m}^2（二阶等高）$$

$$V=16.08\times(0.24\times1.4+0.047)=6.16(\text{m}^3)$$

基础墙工程量为

$$8.40+6.16=14.56(\text{m}^3)$$

② 独立柱基础见图 4-7 所示。其工程量计算式为

$$V=S_{柱基}H+V_{大方脚}$$

式中，$V_{大方脚}$为柱大方脚增加的体积，根据其放脚层数及放脚类型（间隔式或等高式）查表确定。

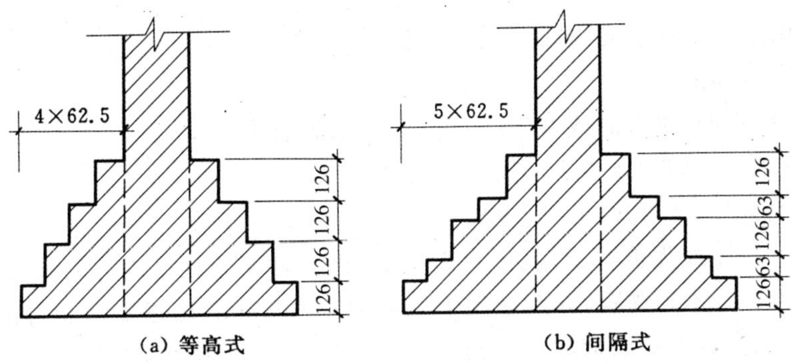

图 4-7　大放脚砌筑法

［例 4-4］　如图 4-8 所示，柱基截面为 370mm×370mm，大方脚为二层等高式，垫层面至±0.00 处高度为 1.5m，求独立柱基础工程量。

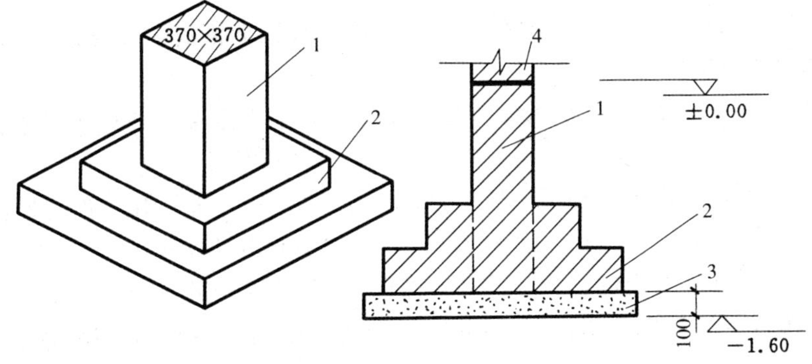

图 4-8　独立柱砖基础

1—柱基础；2—柱大放脚；3—垫层；4—柱身

［解］　查表得柱大方脚的体积为 0.044m^3，则

$$V=0.37\times0.37\times1.5+0.044=0.25\text{m}^3$$

（2）砖砌体

① “实心砖墙”适用于各种类型砖墙，可分为外墙、内墙、围墙、双面混水墙、双面清水墙、单面清水墙、直形墙、弧形墙等，墙具有不同厚度，砌筑砂浆分水泥砂浆、混合砂浆以及不同的强度，不同的砖强度等级，加浆勾缝、原浆勾缝等，应在工程量清单项目中一一进行描述。

实心砖墙工程量计算规则：按设计图示尺寸以体积计算。应扣除过人洞、空圈、门窗洞口面积和每个面积在 $0.3m^2$ 以上的孔洞所占的体积，嵌入墙身的钢筋混凝土柱、梁（包括过梁、圈梁、挑梁）及凹进墙内的壁龛、管槽、暖气槽、消火栓箱所占体积。但不扣除梁头、板头、梁垫、檩木、垫木、木楞头、沿椽木、木砖、门窗走头、砖墙内的加固钢筋、木筋、铁件的体积及单个面积在 $0.3m^2$ 以内的孔洞所占体积。突出墙面的窗台虎头砖、压顶线、山墙泛水、烟囱根、门窗套、三砖以内的腰线和挑檐等体积亦不增加。突出墙面的砖垛并入墙体体积内计算。其计算通式为

$$V=(L\times H-S_{洞})\times 墙厚\pm\Delta V$$

式中 L——外墙中心线长度或内墙净长线长度；

H——墙身高度；

$S_{洞}$——门窗孔洞、过人洞或 $0.3m^2$ 以上的空圈等面积；

ΔV——按规定需增加或减少的实心砖墙体积。

实心砖墙墙身高度 H 可按如下规定确定：

- 外墙：斜（坡）屋面无檐口天棚者，算至屋面板底；有屋架且室内外均有天棚者，算至屋架下弦底另加 200mm；无天棚者，算至屋架下弦底另加 300mm，出檐宽度超过 600mm 时，按实砌高度计算；平屋面算至钢筋混凝土板底。
- 内墙：位于屋架下弦者，算至屋架下弦底；无屋架者，算至天棚底另加 100mm；有钢筋混凝土楼板隔层者，算至楼板顶；有框架梁时，算至梁底。
- 内外山墙按图尺寸计算。
- 围墙：高度算至压顶上表面（如有混凝土压顶时算至压顶下表面），围墙柱并入围墙体积内。
- 女儿墙：自屋面板上表面至图示女儿墙砖压顶面或钢筋混凝土压顶底面高度，分别根据不同墙厚并入外墙计算。

② “填充墙”适用于框架结构、剪力墙等处的填充。其工程量按设计尺寸以填充墙外形体积计算。

③ “实心砖柱”项目适用于各种类型柱、矩型柱、异形柱、圆柱等。其工程量按设计图示尺寸以体积计算。扣除混凝土及钢筋混凝土梁垫、梁头、板头所占的体积。

④ “零星砌砖”项目适用于台阶、台阶挡墙、梯带、锅台、炉灶、蹲台等。

台阶工程量可按水平投影面积计算（不包括梯带或台阶挡墙）；小型池槽、锅台、炉灶可按个计算，以长×宽×高的顺序标明外形尺寸；砖砌小便槽等可按长度计算。

［例 4-5］ 某建筑物平面，底层平面图如图 4-9 所示，墙为 M2.5 混合砂浆。M-1 为 1200mm×2500mm，M-2 为 900mm × 2 400mm，C-1 为 1 500mm × 1 500mm，过梁断面为 240mm × 120mm，长为洞口宽加 500mm，构造柱断面 240mm × 240mm，圈梁断面为 240mm×200mm，雨篷梁为 240mm×400mm，钢筋混凝土压顶断面为 300mm×80mm。根据施工图计算墙身及零星砌体工程量（二、三层平面图仅 M_1 改为 C-1）。

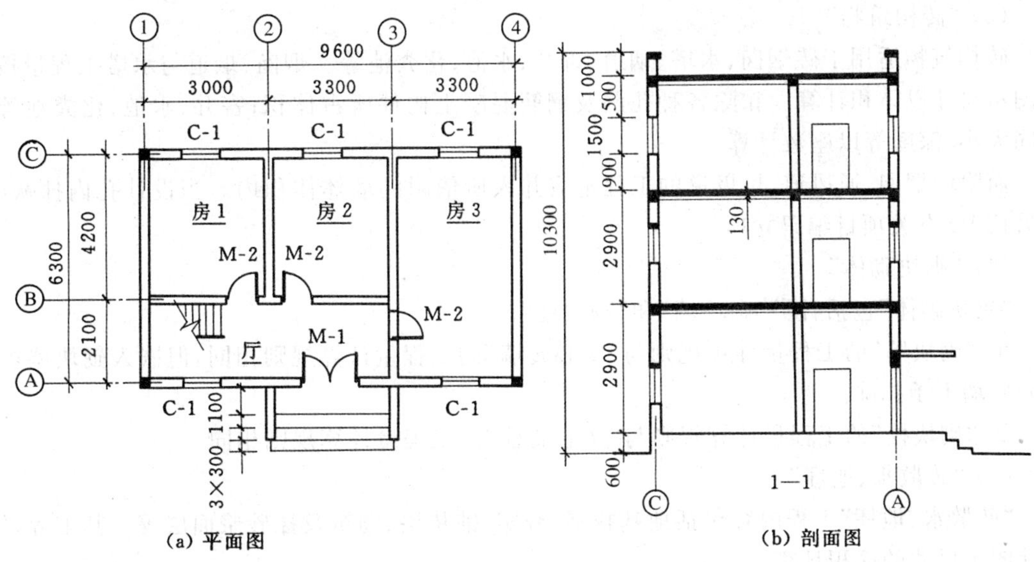

图 4-9 某建筑物底层平面图(单位:mm)

[解] ① 外墙工程量:

$$L_{中}=31.8\text{m}(\text{由[例 4-3]计算所得})$$

$$H=2.9\times3+1.0-0.08=9.62\text{m}$$

扣门窗洞: $1.2\times2.5+1.5\times1.5\times17=41.25\text{m}^2$

扣构造柱: $\left(0.24\times0.24\times9.62+0.24\times0.06\times\dfrac{9.62}{2}\times2\right)\times4=2.77\text{m}^3$

或 $0.24\times0.24\times9.7\times1.25\times4=2.79\text{m}^3$

扣圈梁: $0.24\times0.2\times31.8\times3=4.58\text{m}^3$

扣过梁、雨篷梁: $0.24\times0.12\times(1.5+0.5)\times17+0.24\times0.4\times3.3=1.30\text{m}^3$

$$V=(L_{中}\ H-S_{门窗})\times B-V_{柱梁}$$

故外墙工程量为

$$(31.8\times9.62-41.25)\times0.24-(2.77+4.58+1.30)=54.87(\text{m}^3)$$

② 内墙工程量:

$$L_{内}=16.08\text{m}(\text{由[例 4-3]计算所得})$$

$$H=2.9\times3=8.7\text{m}$$

扣门窗洞口: $0.9\times2.4\times9=19.44\text{m}^2$

扣圈梁: $0.24\times0.2\times16.08\times3=2.32\text{m}^3$

扣过梁: $0.24\times0.12\times(0.9+0.5)\times9=0.36\text{m}^3$

故内墙工程量为

$$V=(L_{内}\ H-S_{门})\times B-V_{梁}$$

$$=(16.08\times8.7-19.44)\times0.24-(0.77+0.36)=27.78(\text{m}^3)$$

③ 零星砌体工程量:

砖砌台阶: $S=(3.3+0.12\times2)\times(1.1+3\times0.3)=7.08\text{m}^2$

(3)“砖构筑物”

砖构筑物适用于砖烟囱、水塔、烟道、窨井、水池、化粪池等。烟囱、烟道与水塔工程量按设计图示尺寸以体积计算。扣除各种孔洞及钢筋混凝土构件所占体积;窨井、水池、化粪池等按不同大小、深度等以座数计算。

而附墙烟囱、通风道、垃圾道的工程量应并入所依附的墙体体积内。当设计孔内抹灰时,应另按 B2 有关项目编码立项。

(4)“砌块砌体”

“砌块砌体”包括各类“砌块墙”和“砌块柱”。

①“砌块墙”的工程量计算规则与“实心砖墙”的工程量计算规则相同,但嵌入砌块墙内的实心砖墙不予扣除。

②“砌块柱”的工程量计算规则与“实心砖柱”的工程量计算规则相同。

(5)“砖散水、地坪”

“砖散水、地坪”工程内容包括地基找平、夯实、铺垫层、砌筑及抹砂浆面层等。其工程量按设计图示尺寸的面积计算。

“砖地沟、明沟”工程量按设计图示以中心线长度计算。在项目特征说明中,应描述沟截面尺寸、垫层材料与厚度、混凝土强度等级、砂浆强度等级等。

4.2.2.4 混凝土及钢筋混凝土工程(0104)

混凝土及钢筋混凝土工程共有 17 节 69 个项目,项目组成见表 4-9 所示。

表 4-9　　混凝土及钢筋混凝土工程项目组成表

章	节		项目
混凝土及钢筋混凝土工程	现浇	4.1　混凝土基础	带形基础、独立基础、满堂基础、设备基础、桩承台基础
		4.2　混凝土柱	矩形柱、异形柱
		4.3　混凝土梁	基础梁、矩形梁、异形梁、圈梁、过梁、弧(拱)形梁
		4.4　混凝土墙	直形墙、弧形墙
		4.5　混凝土板	有梁板、无梁板、平板、拱板、薄壳板、栏板、天沟与挑檐板,雨篷与阳台板、其他板
		4.6　混凝土楼梯	直形楼梯、弧形楼梯
		4.7　其他构件	其他构件、散水与坡道、电缆沟与地沟
		4.8　后浇带	后浇带
	预制	4.9　混凝土柱	矩形柱、异形柱
		4.10　混凝土梁	矩形梁、异形梁、过梁、拱形梁、鱼腹式吊车梁、风道梁
		4.11　混凝土屋架	折线型屋架、组合屋架、薄腹屋架、门式刚架、屋架、天窗架屋架
		4.12　混凝土板	平板、空心板、槽形板、网架板、折线板、带肋板、大型板、沟盖板与井盖板
		4.13　混凝土楼梯	楼梯
		4.14　其他预制构件	烟道、垃圾道与通风道、其他构件、水磨石构件
		4.15　混凝土构筑物	贮水(油)池、贮仓、水塔、烟囱
		4.16　钢筋工程	现浇混凝土钢筋、预制构件钢筋、钢筋网片、钢筋笼、先张法预应力钢筋、后张法预应力钢筋、预应力钢丝、预应力钢绞线
		4.17　螺栓、铁件	螺栓、预埋铁件

(1)“现浇混凝土基础”适用于带形基础(图 4-10)、独立基础(图 4-11)、满堂基础(图 4-12)、设备基础与桩承台基础(图 4-13)。其工程量按设计图示尺寸以体积计算。不扣除构件内钢筋、预埋件和伸入承台基础的桩头所占体积。

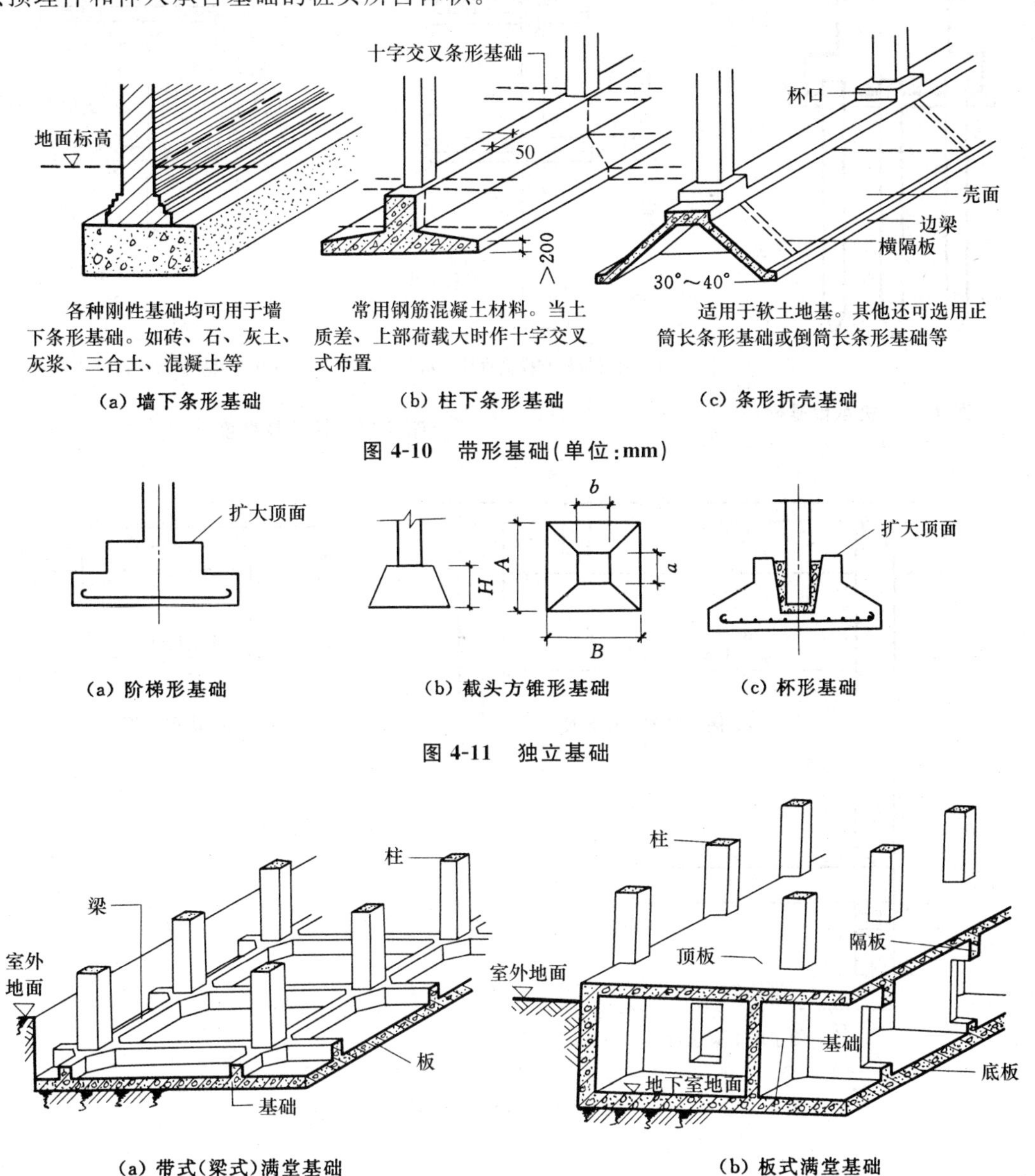

(a) 墙下条形基础　(b) 柱下条形基础　(c) 条形折壳基础

图 4-10　带形基础(单位:mm)

(a) 阶梯形基础　(b) 截头方锥形基础　(c) 杯形基础

图 4-11　独立基础

(a) 带式(梁式)满堂基础　(b) 板式满堂基础

图 4-12　满堂基础

(2)“现浇混凝土柱”适用各种截面形式的柱。其工程量为柱的截面乘以柱的计算高度。计算高度按以下要求确定:

① 有梁板自柱基上表面或楼板上表面至上一楼层上表面(图 4-14(a));

② 无梁板自柱基上表面或楼板上表面至柱帽底之间的高度(图 4-14(b));

③ 框架柱自柱基上表面至柱顶高度;

④ 构造柱按全高计算,嵌接墙体部分并入柱身体积。

柱上牛腿和升板柱帽的混凝土量并入柱身体积内计算。

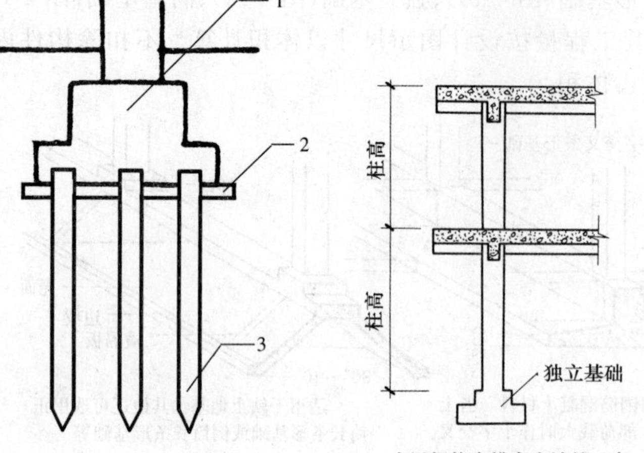

(a) 有梁板柱支模高度计算示意

柱高
无梁板
柱高
柱帽
独立基础

(b) 无梁板柱支模高度计算示意

图 4-13 桩承台基础

1—桩承台基础；2—垫层；3—桩

图 4-14 柱计算高度

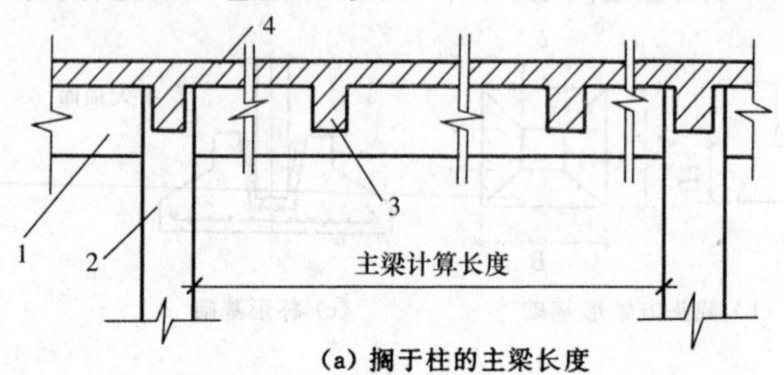

(a) 搁于柱的主梁长度

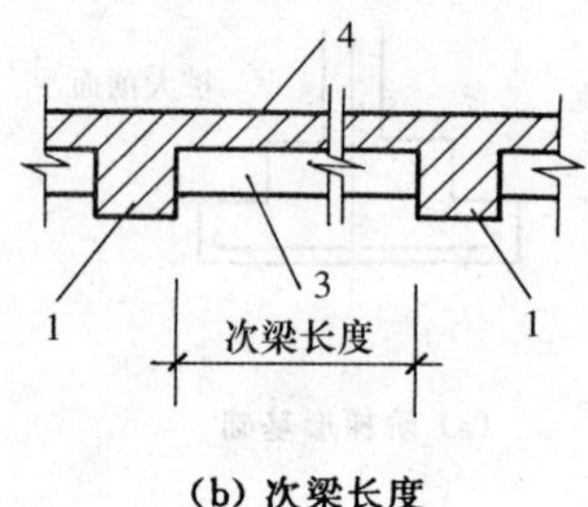

(b) 次梁长度

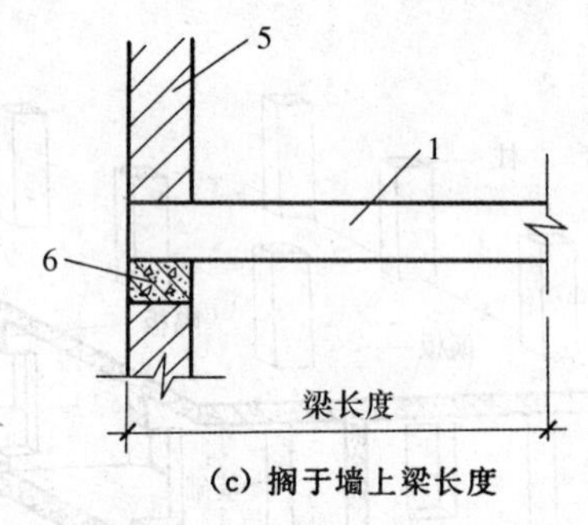

(c) 搁于墙上梁长度

图 4-15 梁计算长度

1—主梁；2—柱；3—次梁；4—板；5—墙；6—梁垫

(3)“现浇混凝土梁”包括基础梁、矩形梁、异形梁、圈梁、过梁、弧形梁、拱形梁等。按设计图示尺寸以体积计算。伸入墙内的梁头、梁垫并入梁体积内，其工程计算式可用下式表示：

$$V = 梁长 \times 梁断面积$$

梁的长度按下述规定确定：

· 梁与柱连接时，则梁长算至柱内侧面；

· 介入墙内的梁应计算至墙外侧；

· 与主梁连接的次梁，长度算至主梁的内侧面。

· 外墙圈梁长按外墙的中心线长度，内墙圈梁按其净长线长度。梁计算长度示意见图 4-15。现浇梁搁置处有现浇垫块者，垫块体积可并入梁内计算。

(4) 现浇混凝土墙包括直形墙和弧形墙。其工程量按设计图示尺寸以体积计算。扣除门窗洞口及单个面积 $0.3m^2$ 以上的孔洞所占体积，墙垛及突出墙面部分并入墙体体积。墙垛是指在墙身高度连续凸出的部分，见图 4-16 所示。

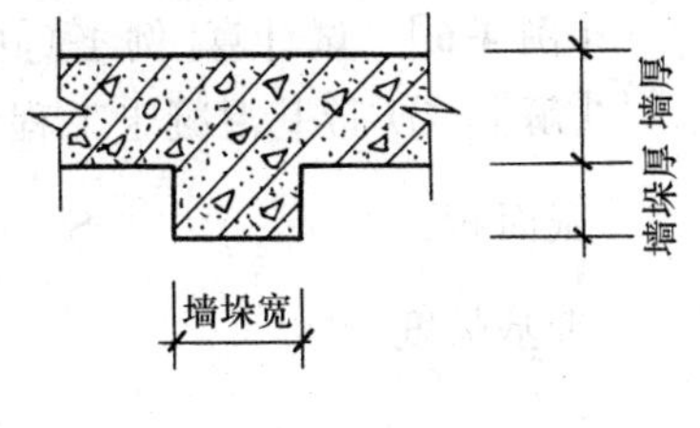

图 4-16

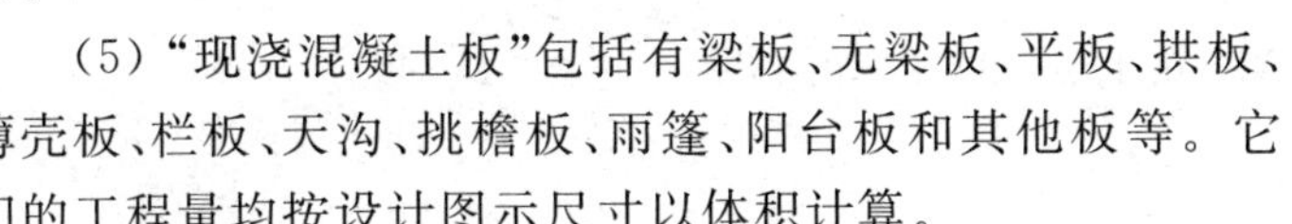

(5)“现浇混凝土板”包括有梁板、无梁板、平板、拱板、薄壳板、栏板、天沟、挑檐板、雨篷、阳台板和其他板等。它们的工程量均按设计图示尺寸以体积计算。

① 有梁板(包括主、次梁与板)按梁板体积之和计算；

② 无梁板按板和柱帽之和计算；

③ 各类板(雨篷、阳台板除外)伸入墙内的板头并入板体积内；

④ 薄壳板的肋、基梁并入薄壳体积内；

⑤ 雨篷、阳台板以伸出墙外部分体积计算，包括挑梁和雨篷反挑檐的体积。

有梁板是指密肋板、井字梁板的梁板结构构件。

(6)“现浇混凝土楼梯”包括直形楼梯和弧形楼梯两个项目。工程量按设计图示尺寸以水平投影面积计算。水平投影面积应包括休息平台、平台梁、斜梁和楼梯与板的连接梁。当现浇梯与板无梯梁连接时，以最上一个踏步边加 300mm 为界。不扣除宽度小于 0.5m 的楼梯井，伸入墙内部分不计算。

(7)“现浇混凝土其他构件”包括其他构件、散水与坡道和电缆沟、地沟等三个项目。

① 其他构件按设计图示尺寸以体积(m^3)或面积(m^2)或长度(m)计算；

② 散水、坡道按设计图示尺寸面积计算；

③ 电缆沟、地沟按设计图示以中心线长度计算。

(8) 后浇带按设计图示尺寸以体积计算。

(9) 各类预制构件(包括梁、柱、屋架、板、楼梯等)均按设计图示尺寸以体积或根、榀、块、套等计算。

(10)“钢筋工程”分为现浇混凝土钢筋、预制混凝土钢筋、钢筋网片、钢筋笼、先张法预应力钢筋、后张法预应力钢筋、预应力钢丝和预应力钢绞线等 8 个项目。工程量计算均以其质量(t)计算：

① 钢筋网片：钢筋网面积×单位面积理论质量；

② 其余：(钢筋设计图示长度 $\pm\Delta L$)×单位长度理论质量。

其中，ΔL 是对预应力钢丝、钢绞线和后张法预应力筋而言，考虑到锚具锚固因素，应按《计价规范》表 A4.16 的有关规定确定。

(11)“螺栓、铁件”按设计图示尺寸以质量(t)计算。

混凝土及钢筋混凝土工程中共性内容说明：

(1) 所有钢筋混凝土构件的工程量中，均不扣除钢筋、铁件的体积。

(2) 在现浇板、墙及散水坡道中，不扣除单个孔洞 $0.3m^2$ 以内的体积。

(3) 在预制混凝土板及其他预制构件中，不扣除 300mm×300mm 以内的孔洞所占的体积。

(4) 现浇构件中固定位置的支撑钢筋、双层钢筋用的“铁马”、伸出构件的锚固钢筋、预制构件的吊钩等，应并入钢筋工程量内。

［例 4-6］ 试计算［例 4-1］中带形基础工程量。

［解］ ① 带基混凝土工程量

截面积： $S=(0.2+0.24+0.2)\times 0.3=0.192\text{m}^2$

带基长度： $L=L_{中}=31.8\text{m}$

故 $V=0.192\times 31.8=6.11\text{m}^3$

② 带基钢筋

ϕ16@200，单根长度：$640-25\times 2=590\text{mm}=0.59\text{m}$

根数：$\dfrac{31.8+4\times 0.64}{0.2}=172$ 根

总长度：$0.59\times 172=101.48\text{m}$

质量：$101.48\times 1.58\times 10^{-3}=0.160\text{t}$

ϕ12，Ⓐ，Ⓒ轴下：单根长度：$9.6+0.64-0.025\times 2=10.19\text{m}$

①，④轴下：单根长度：$6.3+0.64-0.025\times 2=6.89\text{m}$

总长度：$10.19\times 8+6.89\times 8=136.64\text{m}$

质量：$136.64\times 0.888\times 10^{-3}=0.121\text{t}$

带基钢筋的用量为：$0.160+0.121=0.281\text{t}$

［例 4-7］ 计算［例 4-5］（图 4-9）所示的构造柱混凝土工程量。

［解］ 构造柱截面积： $S=0.24\times 0.24=0.058\text{m}^2$

构造柱高度： $L=1.1+2.9\times 3+1.0=10.8\text{m}$，

构造柱凸出部分体积： $0.24\times 0.06\times \dfrac{10.8}{2}\times 2=0.156\text{m}^3$

$V=(0.058\times 10.8+0.156)\times 4=3.13\text{m}^3$

或 $V=0.058\times 10.8\times 1.25\times 4=3.13\text{m}^3$

4.2.2.5 厂库房大门、特种门、木结构工程(0105)

本分部工程包括 3 节 11 个项目，详见表 4-10 所示。

表 4-10 厂库房大门、特种门、木结构工程项目组成表

章	厂库房大门、特种门、木结构工程		
节	A5.1 厂库房大门、特种门	A5.2 木屋架	A5.3 木构件
项目	木板大门、钢木大门、全钢板大门、特种门、围墙铁丝门	木屋架、钢木屋架	木柱、木梁、木楼梯、其他木构件

(1) 厂库房大门、特种门按设计图示数量以樘计算。在项目特征中，招标人应描述每樘门的开启方式、有否门框、门扇数量、材料、五金、油漆品种及刷漆遍数，以便投标人合理报价。

(2) 木屋架按设计图示数量以榀计量。与屋架相连接的挑檐木、钢夹板、连接螺栓应包含在木屋架报价内；钢木屋架报价应包括钢拉杆(下弦)、受拉腹杆、钢夹板及连接螺栓等费用。

(3) 木构件中柱、梁按设计图示尺寸以体积计算；木楼梯按设计图示尺寸以水平投影面积计算。不扣除宽度小于 300mm 的楼梯井，伸入墙内部分不增加；其他木构件按设计图示尺寸以体积或长度计算。

本分部工程中"特种门"适用于各种防射线门、密闭门、保温门、隔音门、冷藏库门、冷藏冻结车间厂房等使用功能门，"其他木构件"适用于斜撑、传统民居的花格窗、封檐板等。

4.2.2.6 金属结构工程(0106)

金属结构工程包括 7 节 24 个项目，项目组成见表 4-11。

表 4-11　　金属结构工程项目组成表

章	节	项目
金属结构工程	6.1 钢屋架、钢网架	钢屋架、钢网架
	6.2 钢托架、钢桁架	钢托架、钢桁架
	6.3 钢柱	实腹柱、空腹柱、钢管柱
	6.4 钢梁	钢梁、钢吊车梁
	6.5 压型钢板楼板、墙板	压型钢板楼板、压型钢板墙板
	6.6 钢构件	钢支撑、钢檩条、钢天窗架、钢平台、钢梯、钢栏杆、钢支架、零星铁件等
	6.7 金属网	金属网

(1) 工程量计算规则

金属网按设计图示以面积计算；压型钢板楼板、墙板按图示尺寸以铺设投影面积计算。不扣除柱、垛及单个 $0.3m^2$ 以内的孔洞所占面积；其余的金属结构件均按设计图示尺寸以质量(t)计算。不扣除孔眼、切变、切肢的质量，焊条、铆钉、螺栓等不另增加质量，不规则或多变形钢板以其外接矩形面积乘以厚度乘以单位理论质量计算。

(2) 对本分部工程有关项目的说明

① "钢屋架"项目适用于一般钢屋架和轻屋架、冷弯薄壁型钢屋架。

② "钢网架"项目适用于一般钢网架和不锈钢网架。不论节点形式(球形节点、板式节点等)和节点联结方式(焊结、丝结)等，均使用该项目。

③ "实腹柱"项目适用于实腹钢柱和实腹式型钢混凝土柱。

④ "空腹柱"项目适用于空腹钢柱和空腹式型钢混凝土柱。

⑤ "钢管柱"项目适用于钢管柱和钢管混凝土柱。应注意：钢管混凝土柱的盖板、底板、穿心板、横隔板、加强环、明牛腿、暗牛腿，应包括在报价内。

⑥ "钢梁"项目适用于钢梁和实腹式型钢混凝土梁。

⑦ "钢吊车梁"项目适用于钢吊车梁及吊车梁的制动梁、制动板、制动桁架，车挡应包括在报价内。

⑧ "压型钢板楼板"项目适用于现浇混凝土楼板，使用压型钢板作永久性模板，并与混凝土叠合后组成共同受力的构件。压型钢板采用镀锌或经防腐处理的薄钢板。

⑨ "钢栏杆"适用于工业厂房平台钢栏杆。

(3) 本分部工程共性问题的说明

① 钢构件的除锈刷漆应包括在报价内。

② 钢构件的拼装台的搭拆和材料摊销，应列入措施项目费。

③ 钢构件需探伤(包括射线探伤、超声波探伤、磁粉探伤、金相探伤、着色探伤、荧光探伤等)，应包含在报价内。

4.2.2.7 屋面及防水工程(0107)

本分部工程共3节12个项目，其内容见表4-12。

(1) 瓦型材膜结构屋面

"瓦屋面"适用于小青瓦、平瓦、筒瓦、石棉水泥瓦、玻璃钢波形瓦等；"型材屋面"适用于压型钢板、金属压型夹心板、阳光板、玻璃钢等；膜结构屋面是指以膜布与支撑(柱、网架等)和拉结结构(拉杆、钢丝绳等)组成的屋盖、篷顶结构形式的屋面。瓦与型材屋面的工程量按设计图示尺寸以斜面积计算。不扣除房上烟囱、风帽、底座、风道、小气窗、斜沟等体积，小气窗的出檐部分不按设计图示以需要覆盖的水平面积计算其工程量。

表 4-12　屋面及防水工程项目组成表

章	节	项　目
屋面及防水工程	7.1 瓦、型材屋面	瓦屋面、型材屋面、膜结构屋面
	7.2 屋面防水	屋面卷材防水、屋面涂膜防水、屋面刚性防水、屋面排水沟、屋面天沟沿沟
	7.3 墙地面防水防潮	卷材防水、涂膜防水，砂浆防水、变形缝

(2) 屋面防水

① 屋面卷材防水、涂膜防水和刚性防水的工程量计算规则为按设计图示尺寸以面积计算：

ⅰ. 斜屋顶按斜面积计算，平屋顶按水平投影面积计算。

ⅱ. 不扣除房上烟囱、风帽、底座、风道、小气窗、斜沟等面积，小气窗的出檐部分不增加面积。

ⅲ. 屋面的女儿墙、伸缩缝和天窗等处的弯起部分，并入屋面工程量内。

"屋面刚性防水"适用于细石混凝土、补偿收缩混凝土、块体混凝土、预应力混凝土和钢纤维混凝土刚性防水屋面。投标人报价中应包括刚性防水屋面的分格缝、泛水、变形缝部位的防水卷材、密封材料、背衬材料、沥青麻丝等费用。

② "屋面排水管"按设计图示尺寸以长度计算。如设计未标注尺寸，以檐口到设计室外散水上表面垂直距离计算。

③ "屋面天沟、沿沟"适用于水泥砂浆天沟、细石混凝土天沟、预制混凝土天沟板、卷材天沟、玻璃钢天沟、镀锌铁皮天沟以及塑料沿沟、镀锌铁皮沿沟、玻璃钢沿沟等。其工程量按设计图示尺寸以面积计算。铁皮和卷材天沟按展开面积计算。

(3) 墙、地面防水、防潮

① "卷材防水，涂膜防水"项目适用于基础、楼地面、墙面等部位的防水。"砂浆防水"(潮)项目适用于地下、基础、楼地面、墙面等部位的防水防潮。防水、防潮层的外加剂应包括在报价内。工程量计算规则为按设计图示尺寸以面积计算：

ⅰ. 地面防水：按主墙间净面积计算。扣除凸出地面的构筑物设备基础所占面积，不扣除墙及单个0.3m^2以内的柱、垛、烟囱和孔洞所占面积。

ⅱ. 墙基防水：外墙按中心线，内墙按净长线，分别乘以宽度计算。

② “变形缝隙”项目适用于基础、墙体、屋面等部位的抗震缝、温度缝(伸缩缝)、沉降缝。应注意止水带安装、盖板制作安装应包括在报价内。

[例 4-8] 计算图 4-9 屋面卷材防水工程量及图 4-18 的屋面天沟工程量。

[解] ① 屋面卷材防水工程量按平屋面的水平投影面积计算,即

$$S=(9.6+0.24)\times(6.3+0.24)=64.35\text{m}^2$$

② 屋面天沟工程量按设计图示尺寸以面积计算,即

$$S=(6.49+1.8\times2)\times(4.73+1.8\times2)-6.49\times4.73=53.35\text{m}^2$$

4.2.2.8 防腐、隔热、保温工程(0108)

本分部工程有 3 节 14 个项目,项目组成见表 4-13。

表 4-13　　防腐隔热保温工程项目组成表

章	节	项　目
防腐隔热保温工程	8.1　防腐面层	防腐混凝土面层、防腐砂浆面层、防腐胶泥面层、玻璃钢防腐面层、聚氯乙烯板面层、块料防腐面层
	8.2　其他防腐	隔离层、砌筑沥青、浸渍砖、防腐涂料
	8.3　隔热、保温	保温隔热屋面、保温隔热天棚、保温隔热板、保温柱、隔热楼地坪

(1) 防腐面层

“防腐混凝土面层”、“防腐砂浆面层”适用于平面或立面的水玻璃混凝土、水玻璃砂浆、水玻璃胶泥、沥青混凝土、沥青胶泥、树脂砂浆、树脂胶泥以及聚合物水泥砂浆等的防腐工程;“玻璃钢防腐面层”适用于树脂胶料与增强材料(如玻璃纤维丝(布)、玻璃纤维表面毡、玻璃纤维短切毡或涤纶布、涤纶毡、丙纶布等)复合塑制而成的玻璃钢防腐;“聚氯乙烯板面层”适用于地面、墙面的软、硬聚氯乙烯板防腐工程。应注意:聚氯乙烯板的焊接应包括在报价内;“块料防腐面层”适用于地面、沟槽、基础的各类块料防腐工程。

由于防腐材料不同,价格也不同,故清单项目必须列出防腐材料的种类如“水玻璃混凝土、树脂玻璃钢等)及其黏结材料和勾缝材料的种类,另外,尚需说明防腐部位。防腐面层的工程量按设计图示尺寸以面积计算:

① 平面防腐:扣除凸出地面的构筑物、设备基础等所占面积;

② 立面防腐:砖垛等凸出部分按展开面积并入墙面积内;

③ 踢脚板防腐:扣除门洞所占面积并相应增加门洞侧壁面积。

(2) 其他防腐

“隔离层”适用于楼地面的沥青类、树脂玻璃钢类防腐工程隔离层。其工程量计算规则与“防腐面层”计算规则相同;“砌筑沥青浸渍砖”适用于浸渍标准砖。工程量以体积计算,立砌按厚度为 115mm 计算,平砌以厚度为 53mm 计算。

“防腐涂料”适用于建筑物、构筑物以及钢结构的防腐。在清单中对其基层(混凝土、抹灰面)进行描述,对涂料底漆层、中间漆层、面漆涂刷(或刮)的遍数进行描述。在投标报价中,应包括需刮腻子的费用。

(3) 隔热保温屋面

“保温隔热屋面”项目适用于各种材料的屋面隔热保温；“保温隔热天棚”项目适用于各种材料的下贴式或吊顶上搁置式的保温隔热的天棚；“保温隔热墙”项目适用于工业与民用建筑物外墙、内墙保温隔热工程。

工程量计算：

① 保温隔热屋面、天棚及隔热楼地面：按设计图示尺寸以面积计算。不扣除柱、垛所占面积；

② 保温隔热墙：按设计图示尺寸以面积计算。扣除门窗洞口所占面积，门窗洞口侧壁需做保温时，并入保温墙体工程量内；

③ 保温柱：按设计图示以保温层中心线展开长度乘以保温层高度计算。

4.3 装饰装修工程清单项目的工程计量

随着人们物质生活的提高，建筑装饰越来越被重视，装饰工程造价已接近甚至超过土建工程造价，专业的建筑装饰企业逐渐增多、日益壮大，成为建筑行业一大支柱产业。为此，《计价规范》将装饰装修工程工程量清单项目及计算规则单独列为附录B(以下简称“附录B”)。

附录B清单项目包括楼地面工程、墙柱面工程、天棚工程、门窗工程、油漆涂料工程、裱糊工程和其他工程共6章47节214个项目。

4.3.1 楼地面工程(0201)

楼地面工程共有9节42个项目，其组成见表4-14。

表4-14　　楼地面工程项目组成表

章	节		项　目
楼地面工　程	B1.1	整体面层	水泥砂浆楼地面、现浇水磨石楼地面、细石混凝土楼地面、菱苦土楼地面
	B1.2	块料面层	石材面层、块料面层
	B1.3	橡塑面层	橡胶楼地板、塑料卷材楼地面、塑料板楼地面、塑料卷材楼地面
	B1.4	其他材料面层	地毯、竹木地板、防静电活动地板、金属复合地板
	B1.5	踢脚线	水泥砂浆、石材、块料、现浇水磨石、塑料板、木质、金属、防静电踢脚线
	B1.6	楼梯装饰	石材楼梯面层、块料楼梯面层、水泥砂浆楼梯面层、现浇水磨石楼梯面层、地毯面层、木板面层
	B1.7	扶手、栏杆、栏板装饰	金属扶手带栏杆(板)、硬木扶手带栏杆(板)、塑料扶手带栏杆(板)、金属靠墙扶手、硬木靠墙扶手、塑料靠墙扶手
	B1.8	台阶装饰	石材面层、块料面层、水泥砂浆面层、现浇水磨石面层、斩假石面层
	B1.9	零星装饰项目	石材零星项目、碎拼石材零星项目、块料零星项目、水泥砂浆零星项目

4.3.1.1 工程量计算规则

(1) 整体面层、块料面层

“整体面层”和“块料面层”工程量按设计图示尺寸以面积计算，扣除凸出地面的构筑物、设备基础、室内铁道、地沟等所占面积，不扣除间壁墙和0.3m^2以内的柱、垛、附墙烟囱及孔洞所占面积。门洞、空圈、暖气包槽、壁龛的开口部分不增加面积。地笼墙上地找平层按地笼墙长度乘以地笼墙宽度以平方米计算。

楼地面工程量计算方式为

楼地面面层＝建筑面积－内外主墙(承重墙)面积－其他应扣除的面积

(2) 橡塑面层、其他材料面层

“橡塑面层”和“其他材料面层”工程量按设计图示尺寸以面积计算。门洞、空圈、暖气包槽壁笼的开口部分并入相应的工程量内。

(3) “踢脚线”工程量均按设计图示长度乘以高度以面积计算。

(4) 楼梯装饰工程量按设计图示尺寸以楼梯(包括踏步、休息平台及500mm以内的楼梯井)水平投影面积计算。楼梯与楼地面相连时,算至梯口梁内侧边沿;无梯口梁者,算至最上一层踏步边沿另加300mm。

(5) 扶手、栏杆、栏板装饰,工程量按设计图示尺寸扶手中心线长度(包括弯头)计算。

(6) 台阶装饰工程量按设计图示尺寸以台阶(包括最上层踏步边沿加300mm)水平投影面积计算。

(7) 零星装饰项目工程量按设计图示尺寸以面积计算。

4.3.1.2 有关注意事项

(1) 零星装饰适用小面积($0.5m^2$以内)、少量分散的楼地面装饰,其工程部位或名称应在清单项目中进行描述。

(2) 楼梯、台阶侧面装饰,可按零星装饰项目编码列项,并在清单项目中进行描述。

(3) 扶手、栏杆、栏板适用于楼梯、阳台、走廊、回廊及其他装饰性扶手栏杆、栏板。

(4) 单跑楼梯不论其中间是否有休息平台,其工程量与双跑楼梯同样计算。

(5) 台阶面层与平台面层为同一种材料时,平台计算面层后,台阶不再计算最上一层踏步面积;如台阶计算最上一层踏步(加30cm),平台面层中必须扣除该面积。

(6) 包括垫层的地面和不包括垫层的楼面应分别计算工程量,分别编码(第五级编码)列项。

(7) 有填充层和隔离层的楼地面往往有二层找平层,注意报价时不要遗漏。

(8) 当台阶面层与找平层材料相同而最上一步台阶投影面积不计算时,应将最后一步台阶的踢脚线面层考虑在报价内。

(9) 在“整体面层”和“块料面层”工程量中,不扣除的间壁墙占地面积指的是墙厚180cm及以内的砖墙、砌块墙和墙厚100mm及以内的钢筋混凝土墙(非承重墙)的所占楼地面面积。

[例4-9] 见图4-9所示。房3的各层地坪做法如表4-15所述。试计算房3的三个房间地坪工程量与底层厅的地坪(塑料地板)工程量(门安装在墙中心线上)。

表4-15 **楼地坪做法**

底层	素土夯实,70厚道碴垫层,100厚素混凝土垫层,20厚1∶2水泥砂浆找平层,玻化砖面层
二层	140厚钢筋混凝土楼板,30厚1∶2水泥砂浆找平层,50×70@300木龙骨,18厚实木地板(漆板)面层
三层	140厚钢筋混凝土楼板,40厚C20细石混凝土面层,地毯面层

[解] ① 底层玻化砖工程量

$$S=(3.3-0.24)\times(6.3-0.24)=18.54m^2$$

② 二层木地板工程量

$$S=18.54+0.9\times0.12=18.65\text{m}^2$$

③ 三层地毯工程量(按计算门开口部分面积)

$$S=18.65\text{m}^2$$

④ 底层厅塑料地板工程量

$$S=(2.1-0.24)\times(6.3-0.24)+0.9\times0.12\times3+1.2\times0.12=11.74\text{m}^2$$

⑤ 一层房 3 的玻化砖踢脚线(踢脚线高为 150mm)工程量

长度 $L=[(3.3-0.24)+(6.3-0.24)]\times2-0.9+0.12+0.12=17.58\text{m}$

$$S=17.58\times0.15=2.64\text{m}^2$$

[例 4-10] 试计算图 4-17 所示台阶与平台地坪面层。台阶宽 300mm,高 150mm。80mm 厚混凝土 C10 基层,平台为大理石面层,台阶为石材面层。挡墙为砖墙,其三侧及顶面均贴石材。

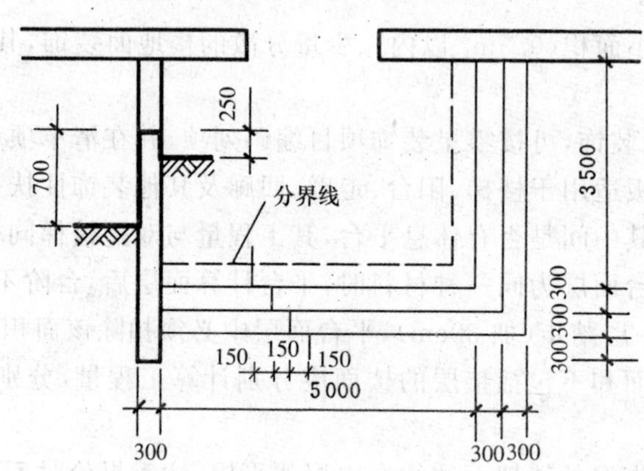

图 4-17 台阶(单位:mm)

[解] 根据台阶与平台的分界线为最上一级台阶边外 300mm 处的规定:

① 台阶

$$S=(5.0+0.3\times2)\times(3.5+0.3\times2)-(5.0-0.3)\times(3.5-0.3)=7.92\text{m}^2$$

② 平台 $S=(5.0-0.3)\times(3.5-0.3)=15.04\text{m}^2$

③ 石材零星装饰

外侧: $0.7\times(3.5+0.3\times3)=3.08\text{m}^2$

内侧: $0.25\times3.5+(0.25+0.15)\times0.3+(0.25+0.15\times2)\times0.3+0.7\times0.3=1.37\text{m}^2$

立面: $0.7\times0.3=0.21\text{m}^2$

平面 $0.3\times(3.5+0.3\times3)=1.32\text{m}^2$

小计: $S=3.08+1.37+0.21+1.32=5.98\text{m}^2$

4.3.2 墙柱面工程(0202)

墙柱面工程共有 10 节 25 个项目，其内容组成见表 4-16。

表 4-16 墙柱面工程项目组成表

章	节	项目
墙、柱面工程	B2.1 墙面抹灰	一般抹灰、装饰抹灰、勾缝
	B2.2 柱面抹灰	一般抹灰、装饰抹灰、勾缝
	B2.3 零星抹灰	一般抹灰、装饰抹灰、勾缝
	B2.4 墙面镶贴块料	石材墙面、碎拼石材墙面、块料墙面、干挂石材钢管架
	B2.5 柱面镶贴块料	石材柱面、碎拼石材柱面、块料柱面、石材梁面、块料梁石
	B2.6 零星镶贴块料	石材、碎拼石材、块料
	B2.7 墙饰面	装饰板墙面
	B2.8 柱(梁)饰面	柱面装饰、梁面装饰
	B2.9 隔断	隔断
	B2.10 幕墙	带骨架幕墙、全玻幕墙

4.3.2.1 工程量计算规则

(1)“墙面抹灰”工程量按设计图示尺寸以面积计算。扣除墙裙、门窗洞口面积及单个 0.3m^2 以外的孔洞面积，不扣除踢脚线、挂镜线和墙与构件交接处的面积，门窗洞口和孔洞的侧壁及顶面不增加面积。附墙柱、梁、垛、烟囱侧壁面积并入相应的墙面面积内。

① 外墙抹灰面积按外墙垂直投影面积计算；

② 外墙裙抹灰面积按其长度乘以高度计算；

③ 内墙抹灰面积按主墙间的净长乘以高度计算，其高度如下：无墙裙的，按室内楼地面至天棚底面计算；有墙裙的，按墙裙顶至天棚底面计算。

④ 内墙裙抹灰面积按内墙净长乘以高度计算。

(2) 柱面抹灰、零星抹灰、墙面镶贴块料、柱面镶贴块料以及零星镶贴块料工程量均按设计图示尺寸以面积计算。

(3) 墙面镶贴块料中石材钢骨架工程量按设计图示尺寸以质量(t)计算。

(4) 墙饰面工程量按设计图示墙净长乘以净高以面积计算。扣除门窗洞口及单个 0.3m^2 以上的孔洞所占面积。

(5) 柱(梁)饰面工程量按设计图示饰面外围尺寸以面积计算，柱帽、柱墩并入相应柱饰面工程量内。

(6) 隔断工程量按设计图示的框外围尺寸以面积计算。扣除单个 0.3m^2 以上的孔洞所占的面积；浴厕门的材质与隔断相同时，门的面积并入隔断面积内。

(7) 幕墙工程量分两种：带骨架的幕墙工程量按设计图示框外围尺寸以面积计算。与幕墙同种材质的窗所占面积不扣除；全玻璃幕墙工程量按设计图示尺寸以面积计算。带肋全玻璃幕墙按展开面积计算。

4.3.2.2 工程量计算注意事项

(1) 零星抹灰和零星镶贴块料面层项目适用于小面积($0.5m^2$)以内少量分散的抹灰和块料面层。

(2) 设置在隔断、幕墙上的门窗,可包括在隔墙、幕墙项目报价内,也可单独编码列项,并在清单项目中进行描述。

(3) 墙面抹灰不扣除与构件交接处的面积,是指墙与梁的交接处所占面积,不包括墙与楼板的交接面积。

(4) 外墙裙抹灰面积,按外墙裙长度乘以高度计算。

(5) 柱的一般抹灰和装饰抹灰及沟缝,以柱断面周长乘以高度计算。柱断面周长是指结构断面周长。

(6) 装饰板柱(梁)面按设计图示外围饰面尺寸乘以高度(长度)以面积计算。外围饰面尺寸是指饰面层表面尺寸。

(7) 带肋全玻璃幕墙是指玻璃幕墙带玻璃肋,玻璃肋的工程量应合并在玻璃幕墙工程量中计算。

4.3.2.3 有关项目特征说明

在项目特征说明中,通常应描述墙体类型、抹灰层厚度、勾缝类型、块料饰面板材质及其施工方法、嵌缝材料、防护材料和基层材料等内容。

(1) 墙体类型指砖墙、石墙、混凝土墙、砌块墙以及内墙、外墙等。

(2) 抹灰层底层、面层的厚度应根据设计规定(一般采用标准设计图)确定。

(3) 勾缝类型指清水砖墙、砖柱的加浆勾缝(平缝或凹缝),石墙、石柱的勾缝(如平缝、平凹缝、平凸缝、半圆凹缝、半圆凸缝和三角凸缝等)。

(4) 块料饰面板是指石材饰面板(天然花岗石、大理石、人造大理石、预制水磨石饰面板等),陶瓷面砖(内墙彩釉面瓷砖、外墙面砖、陶瓷锦砖、大型陶瓷锦面板等),玻璃面砖(玻璃锦砖、玻璃面砖等),金属饰面板(彩色涂色钢板、彩色不锈钢板、镜面不锈钢饰面板、铝合金板、复合铝板、铝塑板等),塑料饰面板(聚氯乙烯塑料饰面板、玻璃钢饰面板、塑料贴面饰面板、聚酯装饰板、复塑中密度纤维板等),木质饰面板(胶合板、硬质纤维板、细木工板、刨花板、建筑纸面草板、水泥木屑板、灰板条等)。

(5) 挂贴方式是对大规格的石材(大理石、花岗石、青石等)使用先挂后灌浆的方式固定于墙、柱面。

(6) 干挂方式有直接干挂法和间接干挂法两种。直接干挂法是通过不锈钢膨胀螺栓、不锈钢挂件、不锈钢连接件、不锈钢钢针等,将外墙饰面板连接在外墙墙面;间接干挂法是通过固定在墙、柱、梁上的龙骨,再通过各种挂件固定外墙饰面板。

(7) 嵌缝材料指嵌缝砂浆、嵌缝油膏、密封水材料等。

(8) 防护材料指石材等防碱背涂处理剂和面层防酸涂剂等。

(9) 基层材料指面层内的底板材料,如木墙裙、木护墙、木板隔墙等,在龙骨上,粘贴或铺钉一层加强面层的底板。

[例 4-11] 本项目室内 1200mm 高为硬质纤维板墙裙、上部为一般抹灰刷乳胶漆墙面,在 2.6m标高处设吊顶(图 4-18)。外立面勒脚为石块,檐口为水刷石层,墙面为面砖贴面。

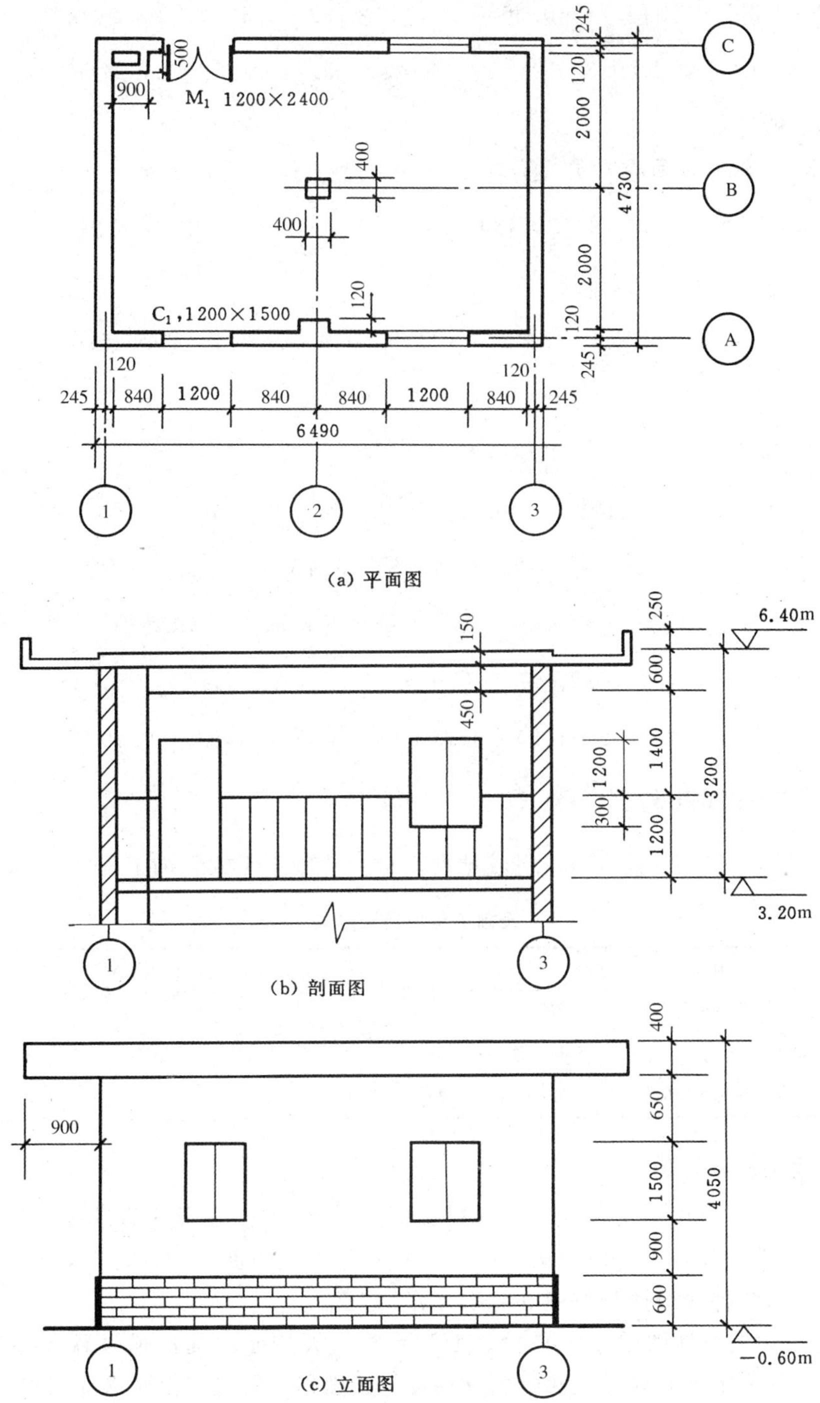

图 4-18 项目平面图、剖面图和立面图(单位:mm)

[解] 内墙面:

① 内墙裙饰面

设计净长×净高+垛侧、门窗侧面积−门窗洞口面积

$[(6.49-0.365\times2+(4.73-0.365\times2)]\times2\times1.2+0.12\times1.2\times2+0.12\times0.3\times6$

$-(1.2\times1.2+1.2\times0.3\times3)=19.52\times1.2+5.04-2.52=25.94m^2$

② 内墙一般抹灰

设计净长×(墙裙顶面至吊顶标高之差)+垛侧面－门窗洞口面积

$$19.52\times1.4+0.12\times2\times1.4-(1.2\times1.2+1.2\times1.2\times3)=21.9m^2$$

③ 外墙:装饰抹灰(水刷石)

$$L=[(6.49+0.9\times2)+(4.73+0.9\times2)]\times2=29.64m$$

$$S=29.64\times0.4=11.86m^2$$

④ 镶贴块料面层

$$石材\ L=(6.49+4.73)\times2=22.44m$$

$$S=22.44\times0.6=13.46m^2$$

面砖:外墙面投影面积－门窗孔洞口面积＋门窗洞口侧壁面积(设门、窗置于墙中心线)

则 $S=22.44\times(0.9+1.5+0.65)-(1.2\times2.4+1.2\times1.5\times3)$

$+(2.4\times2+1.2)\times0.19+(1.2\times2+1.5\times2)\times0.19\times3=64.38m^2$

4.3.3 天棚工程(0203)

天棚工程共3节9个项目,项目组成见表4-17。适用于天棚装饰工程。

表4-17　　天棚工程项目组成表

章	节	项　目
天棚工程	B3.1　天棚抹灰	天棚抹灰
	B3.2　天棚吊顶	天棚吊顶、格栅吊顶、吊筒吊顶、造型悬挂吊顶、织物软雕吊顶、网架(装饰)吊顶
	B3.3　天棚其他装饰	灯带、送风与回风口

4.3.3.1 工程量计算规则

(1) 天棚抹灰按设计图示尺寸以水平投影面积计算,不扣除间壁墙、垛、柱、附墙烟囱、检查口和管道所占的面积,带梁天棚、梁两侧抹灰面积并入天棚面积内,板式楼梯底面抹灰按斜面积计算,锯齿形楼梯底板抹灰按展开面积计算。

(2) 天棚吊顶按设计图示以水平投影面积计算。天棚面中的灯槽及跌级、锯齿形、吊挂式、藻井式天棚面积不展开计算。扣除独立柱及与天棚相连的窗帘盒所占的面积,不扣除间壁墙、检查口、附墙烟囱、附墙柱、垛和管道所占的面积。

(3) 格栅吊顶、吊筒吊顶、藤条造型悬挂吊顶、织物软吊顶、网架(装饰)吊顶均按设计图示的吊顶尺寸水平投影面积计算。

(4) 天棚中送风口、回风口按设计图示数量以“个”计算。

4.3.3.2 工程量计算注意事项

(1) 天棚的检查孔、天棚内的检修走道、灯槽等应包括在报价内。

（2）天棚吊顶的平面、跌级、锯齿形、阶梯形、吊挂式、藻井式以及矩形、弧形、拱形等应在清单项目中进行描述。

（3）采光天棚和天棚设置保温、隔热、吸音层时，按工程量清单相关项目编码列项。

（4）天棚抹灰与天棚吊顶工程量计算规则有所不同：天棚抹灰不扣除柱垛包括独立柱所占面积；天棚吊顶不扣除柱垛所占面积，但应扣除独立柱所占面积。柱垛是指与墙体相连的柱面突出墙体部分。

（5）格栅吊顶、吊筒吊顶、藤条造型悬挂吊顶、织物软吊顶、网架（装饰）吊顶均按设计图示的吊顶尺寸投影面积计算。

（6）"抹装饰线条"线角的道数以一个突出的棱角为一道线，应在报价时注意。

4.3.3.3 有关项目特征的说明

在项目特征中，应描述天棚基层类型及材料、龙骨类型及其间距、天棚材料、空调送风、回风口情况、筒灯与格栅情况等内容。

（1）"天棚抹灰"项目基层类型有混凝土现浇板、预制混凝土板、木板条等。

（2）龙骨类型有上人或不上人以及平面、跌级、锯齿形、阶梯形、吊挂式、藻井式及矩型、圆弧型、拱型等类型。

（3）基层材料，指底板或面层背后的加强材料。

（4）龙骨中距，指相邻龙骨中线之间的距离。

（5）天棚面层品种繁多，主要有以下一些：

① 石膏板（包括装饰石膏板、纸面石膏板、吸声穿孔石膏板、嵌装式装饰石膏等）；

② 埃特板、装饰吸声罩面板（包括矿棉装饰吸声板、贴塑矿（岸）棉吸声板、膨胀珍珠岩石装饰吸声制品、玻璃棉装饰吸声板等）；

③ 塑料装饰罩面板（钙塑泡沫装饰吸声板、聚苯乙烯泡沫塑料装饰吸声板、聚氯乙烯塑料天花板等）；

④ 纤维水泥加压板（包括穿孔吸声石棉水泥板、轻质硅酸钙吊顶等）；

⑤ 金属装饰板（包括铝合金罩面板、金属微孔吸声板、铝合金单体构件等）；

⑥ 木质饰板（包括胶合板、薄板、板条、水泥木丝板、刨花板等）；

⑦ 玻璃饰面（包括镜面玻璃、镭射玻璃等）。

（6）格栅吊顶面层适用于格栅、金属格栅、玻璃类格栅等。

（7）吊筒吊顶适用于木（竹）质吊筒、金属吊筒、塑料吊筒以及圆形、矩形、扁钟形吊筒等。

（8）灯带格栅有不锈钢格栅、铝合金格栅、玻璃类格栅等。

（9）送风口、回风口适用于金属、塑料、木质风口。

［例 4-12］ 某房间天棚如图 4-19 所示，求其天棚吊顶工程量。

［解］ ① 天棚吊顶

因天棚中灯槽、跌级等不计算展开面积，应扣除与天棚相连的窗帘箱。

故
$$S=(7.4-0.48)\times 6.0-(4.2+0.8\times 2)\times 0.2=40.36\text{m}^2$$

② 金属送回风口：2 个

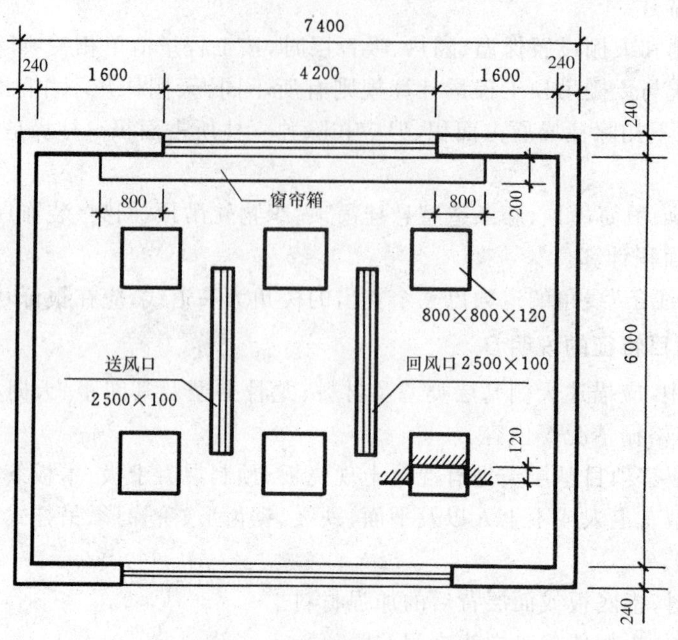

图 4-19　天棚(单位:mm)

4.3.4　门窗工程(0204)

门窗工程共有 9 节 57 个项目,项目组成见表 4-18。

表 4-18　　门窗工程项目组成表

章	节	项　目
门窗工程	B4.1　木门	镶板木门、企口木板门、实木装饰门、胶合板门、夹板装饰门、木质防火门、木纱门、连窗门
	B4.2　金属门	金属平开门、金属推拉门、金属地弹门、彩板门、塑钢门、防盗门、钢质防火门
	B4.3　金属卷帘门	金属卷闸门、金属格栅门、防火卷帘门
	B4.4　其他门	电子感应门、转门、电子对讲门、电动伸缩门、全玻门、全玻自由门、半玻门、镜面不锈钢饰面门
	B4.5　木窗	木质平开窗、木质推拉窗、矩形木百叶窗、异形木百叶窗、木组合窗、木天窗、矩形木固定窗、异形木固定窗、装饰空花木窗
	B4.6　金属窗	金属推拉窗、平开窗、固定窗、百叶窗、组合窗、彩板窗、塑钢窗、金属防盗窗、金属格栅窗、特殊五金
	B4.7　门窗套	木门窗套、金属门窗套、石材门窗套、门窗木贴脸、硬木筒子板、饰面夹板筒子板
	B4.8　窗帘盒(轨)	木窗帘盒、饰面夹板(塑料)窗帘盒、铝合金属窗帘盒,窗帘轨
	B4.9　窗台板	木窗台板、铝塑窗台板、石材窗台板、金属窗台板

4.3.4.1 工程量计算规则

(1) 所有门窗均按设计图示数量以“樘”计算工程量。

(2) 门窗套工程量按设计图示尺寸以展开面积计算。

(3) 窗帘盒、窗帘轨及窗台板工程量按设计图示尺寸以长度计算，若窗呈弧形时，工程量长度按中心线计算。

4.3.4.2 工程量计算注意事项

(1) 木门窗的制作应考虑木材的干燥损耗、刨光损耗、下料后备长度、门窗走头增加的体积等。

(2) 防护材料分防火、防腐、防虫防潮、耐老化，应根据清单项目要求报价。

(3) 玻璃、百叶面积占其门窗面积一半以内者，应为半玻门或半百叶门，超过一半时，应为全玻门或全百叶门。

(4) 木门五金应包括折页、插销、风钩、弓背拉手、搭扣、木螺丝、弹簧折页(自动门)、管子拉手(自由门、地弹门)、地弹簧(地弹门)、角铁、门轨头(自由门、地弹门)等。

(5) 木窗五金应包括折页、插销、风钩、木螺丝、滑轮滑轨(推拉窗)等。

(6) 铝合金窗应包括卡锁、滑轮、铰链、执手、拉把、拉手、风撑、角码、牛角制等。

(7) 铝合金五金应包括地弹簧、门锁、拉手、门插、门铰、螺丝等。

(8) 其他五金应包括 L 形执手插锁(双舌)、球形执手锁(单舌)、门轨头、地锁、防盗门扣、门眼(猫眼)、门碰珠、电子锁(磁卡锁)、闭门器、装饰拉手等。

(9) 门窗框与洞口之间缝的填塞，应包括在报价内。

(10) 实木装饰项目也适用于竹压板装饰门。

(11) 转门项目适用于电子感应和人力推动转门。

(12) “特殊五金”项目指贵重及业主认为应单独列项的五金配件。

4.3.4.3 有关项目特征的说明

在项目特征说明中，应描述门窗类型、门窗框断面尺寸、门窗材质、品牌、特殊五金件名称、门窗套等内容。

(1) 项目特征中的门窗类型是指带亮子或不带亮子、带纱或不带纱、单扇、双扇或三扇、半百叶或全百叶、半玻或全玻、全玻自由门或半玻自由门、带门框或不带门框、单独门框和开启方式(平开、推拉、折叠)等。

(2) 框截面尺寸(或面积)指边立梃截面尺寸(或面积)。

(3) 凡面层材料有品种、规格、品牌、颜色要求的，应在工程量清单中进行描述。

(4) 特殊五金名称是指拉手、门锁、窗锁等，用途是指具体使用的门或窗，应在工程量清单中进行描述。

(5) 门窗套、贴脸板、筒子板和窗台板项目，包括底层抹灰，如底层抹灰已包括在墙 、柱面底层抹灰内，应在工程量清单中进行描述。

[例 4-13] 试计算图 4-18 所示门窗工程量，门为铝合金平开门，窗为铝合金平开窗，见图 4-18，门窗详图见图 4-20。

[解] ① 铝合金平开门，型材 75 系列，工程量为设计图示数量，即为 1 樘；② 铝合金平开窗，型材 75 系列，工程量为 3 樘。

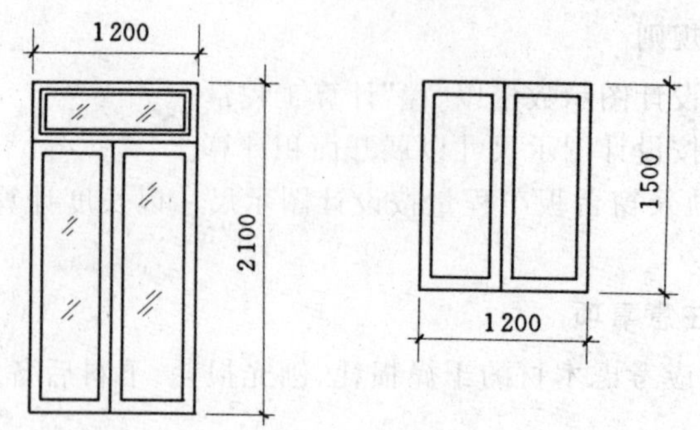

图 4-20　门窗详图(单位:mm)

［例 4-14］　计算图 4-19 所示木窗帘箱的工程量。

［解］　木窗帘箱按设计图示长度计算,即

$$L=4.2+0.8\times 2=5.8\text{m}$$

4.3.5　油漆、涂料、裱糊工程(0205)

油漆、涂料、裱糊工程共有 9 节 29 个项目,项目组成见表 4-19。

表 4-19　　油漆、涂料、裱糊工程项目组成表

章	节	项　目
油漆、涂料、裱糊工程	B5.1　门油漆	门油漆
	B5.2　窗油漆	窗油漆
	B5.3　木扶手及其他板条、线条油漆	木扶手油漆、窗帘盒油漆、封檐板顺水板油漆、挂衣板油漆、挂镜线木线条油漆
	B5.4　木材面油漆	木板纤维与胶合板油漆、木墙裙等油漆、吸音板墙面与天棚油漆、木间壁木隔断油漆等
	B5.5　金属面油漆	金属面油漆
	B5.6　抹灰面油漆	抹灰面油漆、抹灰线条油漆
	B5.7　喷刷、涂料	刷喷、涂料
	B5.8　花饰、线条刷涂料	空花格与栏杆刷涂料、线条刷涂料
	B5.9　裱糊	墙纸裱糊、织锦缎裱糊

4.3.5.1　工程量计算规则

(1) 门窗油漆按设计图示数量以“樘”计算。

(2) 木扶手工程量按中心线斜长计算,弯头长度应计算在扶手长度内。

(3) 窗帘盒、挂镜线、单独木线条、黑板框等油漆按设计图示尺寸长度以“m”计算。

(4) 木板、纤维板、胶合板油漆,单面油漆的按单面面积计算,双面油漆的按双面面积计算。

(5) 木护墙、木墙裙油漆按垂直投影面积计算。

(6) 窗台板、筒子板、盖板、门窗套、踢脚线油漆按水平或垂直投影面积(门窗套的贴脸板和筒子板垂直投影面积合并)计算。

(7) 清水板条天棚、檐口油漆、木方格吊顶天棚油漆以水平投影面积计算，不扣除空洞面积。

(8) 暖气罩油漆，其垂直面按垂直投影面积计算，突出墙面的水平面按水平投影面积计算，不扣除空洞面积。

(9) 衣柜、壁柜油漆按设计图示尺寸以油漆部分展开面积计算。

(10) 柱梁及零星木装饰油漆按设计图示尺寸以油漆部分展开面积计算。

(11) 木地板油漆按设计图示尺寸以面积计算。空洞、空圈、暖气包槽、壁龛的开口部分并入相应的工程量内。

(12) 金属面油漆按设计图示尺寸以质量(t)计算。

(13) 在抹灰面和抹灰线条上做油漆面，其工程量分别按设计图示尺寸以面积(m^2)和长度(m)计算。

(14) 刷喷涂料及墙纸裱糊均按设计图示尺寸以面积计算。

(15) 空花格、栏杆刷涂料，按设计图示尺寸以单面外围面积计算。

4.3.5.2 工程量计算时注意的问题与说明

(1) 有线角、线条、压条的油漆、涂料面的工料消耗应包括在报价内。

(2) 计算抹灰面的油漆、涂料工程量时，应注意基层的类型，如一般抹灰墙柱面与拉条灰、拉毛灰、甩毛灰等油漆、涂料的耗工量和材料消耗量是不同的。

(3) 空花格、栏杆刷涂料工程量按外框单面垂直投影面积计算，注意其展开面积工料消耗应包括在报价内。

(4) 刮腻子应考虑刮腻子遍数以及是满刮，还是找补腻子。

(5) 墙纸和织锦缎的裱糊，应注意区别对花还是不对花的要求，因为对花要求相对费工时、费材料，所以报价时应考虑。

[例 4-15] 如图 4-18 所示，在②轴上搁置 L_1，其断面为 250mm×450mm。木墙裙上润油粉、刷硝基清漆六遍，墙面、天棚刷乳胶漆三遍(光面)，试计算其工程量。若墙面涂料改为贴对花墙纸，试计算墙纸工程量。

[解] ① 三合板木墙裙上润油粉，刷硝基清漆六遍，因木墙裙项目已包括油漆，不再计算其油漆工程量。

② 刷涂料工程量计算如下：

a. 天棚刷喷涂料工程量＝主墙间净长度×主墙间净宽度＋梁侧面面积＝

$$(6.49-0.365\times2)\times(4.73-0.365\times2)+(4.73-0.365\times2)\times(0.45-0.15)\times2=25.44\text{m}^2$$

b. 室内墙面刷喷涂料工程量＝设计图示尺寸面积＝

$$19.52\times1.4+0.12\times2\times1.4-(1.2\times1.2+1.2\times1.2\times3)=21.9\text{m}^2$$

③ 墙纸工程量按设计展开面积计算，即

$$S=19.52\times1.4+0.12\times1.4\times2(\text{垛})+0.12\times1.2\times3\times3(\text{窗侧})+0.12\times1.2\times3(\text{门侧})=29.39\text{m}^2$$

4.3.6 其他工程(0206)

其他工程共有 7 节 48 个项目，项目组成见表 4-20。

表 4-20　　　　　　　　　　其他工程项目组成表

章	节	项　目
其他项目	B6.1　柜类、货架	柜台、酒柜、衣柜、存包柜、鞋柜、书柜(架)、厨房壁柜、木壁柜、厨房低柜与吊柜、展台、收银台、试衣间、货架等
	B6.2　暖气罩	饰面板暖气罩、塑料板暖气罩、金属板暖气罩
	B6.3　浴厕配件	洗漱台、晒衣架、帘子杆、毛巾杆(架)、镜面玻璃等
	B6.4　压条、装饰线条	金属装饰线、木质装饰线、石材装饰线、石膏装饰线、镜面玻璃线等
	B6.5　雨篷、旗杆	雨篷吊挂饰面、金属旗杆
	B6.6　招牌、灯箱	平面、箱式招牌、竖式标箱、灯箱
	B6.7　美术字	泡沫塑料字、有机玻璃字、木质字、金属字

4.3.6.1　工程量计算规则

(1) 柜类、货架工程量按设计图示数量计算,即以能分离的、同规格的单体个数计算,当尺寸不同时,应分别计算。

(2) 暖气罩工程量按设计图示尺寸以垂直投影面积(不展开)计算。

(3) 浴厕配件工程量,洗漱台按设计图示尺寸以台面外接矩形面积计算。不扣除孔洞、挖弯、削角所占面积,挡板、吊沿板面积并入台面面积内。镜面玻璃按设计图示尺寸以边框外围面积计算,其他按设计图示数量计算。

(4) 压条装饰线工程量按设计图示尺寸以长度计算。

(5) 雨篷吊挂饰面按设计图示尺寸以水平投影面积计算;金属旗杆工程量按设计图示数量计算。

(6) 平面和箱式招牌工程量设计图示尺寸以正立面边框外围面积计算。复杂形的凸凹造型部分不增加面积。

(7) 竖式标箱及灯箱以及美术字工程量按设计图示数量计算。

4.3.6.2　相关问题说明

(1) 厨房柜子分壁柜和吊柜,以嵌入墙内者为壁柜,以支架固定在墙上的为吊柜。

(2) 压条、装饰线项目已包括在门扇、墙柱面、天棚等项目内的,不再单独列项。

(3) 洗漱台项目适用于石质(天然石材、人造石材等)、玻璃等。

(4) 旗杆的砌砖或混凝土台座,台座的饰面可按土建工程和安装工程的有关章节另行编码列项,也可纳入旗杆报价内。

(5) 美术字不分字体,按大小规格分类。固定方式指粘贴、焊接以及铁钉、螺栓、铆钉固定。

[例 4-16]　某学生公寓楼,每层有宿舍 25 间,共 6 层。每间宿舍的窗台下设靠墙立式暖气片 1 个,并加设暖气罩,暖气罩厚 300mm(图 4-21),计算暖气罩工程量。

[解]　暖气罩按垂直投影面积(不展开)计算:

$$S=(1.5\times0.9-1.1\times0.2-0.8\times0.25)\times25\times6=139.5\text{m}^2$$

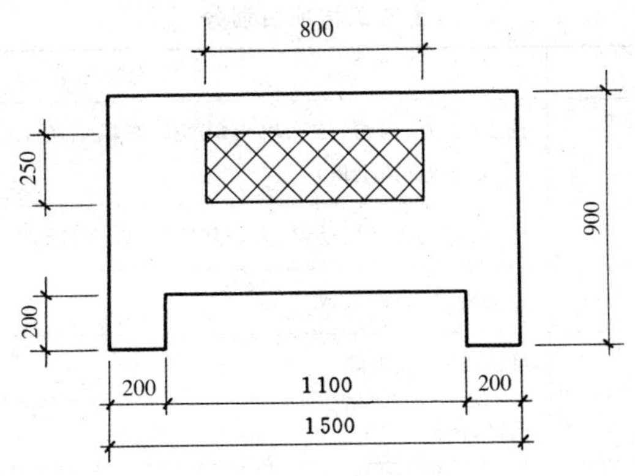

图 4-21　靠墙式暖气罩立面图(单位:mm)

[例 4-17]　某大理石洗漱台见图 4-22 所示,台面、挡板、吊沿均采用金花米黄大理石,用钢架子固定,计算其工程量。

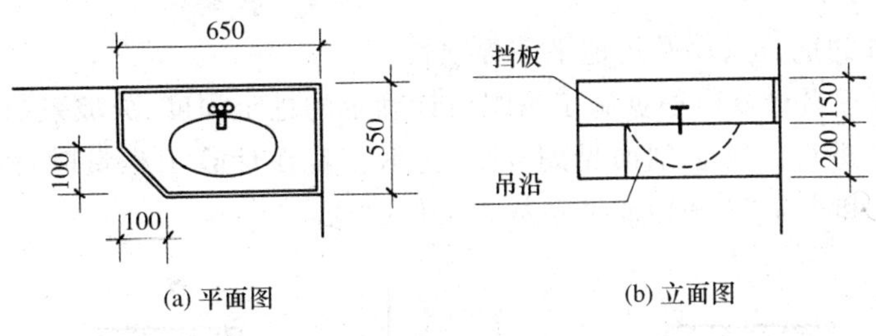

(a) 平面图　　(b) 立面图

图 4-22

[解]　洗漱台按外接矩形计算,挡板和吊沿并入台面面积:

$$S = 0.65\times0.55+(0.65+0.55)\times0.15+(0.45+0.1\sqrt{2}+0.55)\times0.2$$

$$=0.77\text{m}^2$$

4.4　预算定额项目的工程计量

预算定额项目工程量计算是整个预算编制工作中最繁重、最关键的一道工序,它为预算提供主要的基本数据。工程量计算准确与否,直接影响到预算的准确程度。在计算工程量时,不仅要懂得工程量的计算规则,能从工程图纸中摘取有关数据计算出工程数量,而且要理解每一分项工程量的含义,它所包含的工作内容,它与相似相近分项工程的区别,以及与其相连分项工程的界限。只有真正掌握工程量计算规则,熟悉定额内容和相连分项工程的界面,才能确保预算质量。

本节工程量计算是根据《上海市建筑和装饰工程预算定额(2000)》及其工程量计算规则进行的。

4.4.1　土方工程

土方工程有 7 节 119 项,其分项工程划分见表 4-21。

表 4-21 土方工程项目划分

分部工程	节	分项工程
土方工程	人工土方	挖土(土方、沟槽、坑)、填土(松填、夯填)、运土(50m 以内、每增加 50m)、其他(平整场地、挡土板)
	机械土方	推土、挖土(正铲、反铲、大型基坑)、运土(自卸汽车、装载机)、平整(平整、碾压)
	强夯土方	夯击能量、夯击点数
	基坑钢管支撑	拼装及安置、拆除
	截凿桩	截桩、凿桩
	土方排水	直空深井降水、井点降水(轻型井点、喷射井点)
	逆作法	挖运土、模板、钢筋、混凝土、拆除

4.4.1.1 人工土方

主要包括土方的挖、运、填及场地平整等项目

(1)"挖土"工程量计算应根据施工组织设计确定的挖土深度、放坡系数、工作面宽和是否支挡土板墙等因素进行。挖土剖面见图 4-23 所示。若在计算工程量时,尚未有施工组织设计,也可按表 4-22 和表 4-23 确定放坡系数和工作面宽。

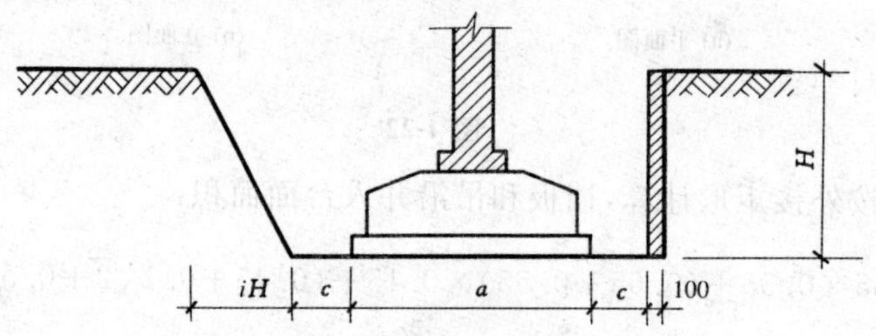

图 4-23 地槽挖土剖面示意图

a—基础(垫层)宽度;c—工作面宽度;H—挖土深度,从设计室外地面至基础或垫层底面;i—放坡系数;iH—放坡宽度;100—挡土板厚度(mm)

表 4-22 放坡系数表(《上海建筑和装饰工程预算定额工程量计算规则(2000)》)

名 称	挖土深度/m 以内	放坡系数 i
挖 土	1.5	—
挖 土	2.5	1:0.5
挖 土	3.5	1:0.7
挖 土	5.0	1:1.0
采用井点抽水	不分深度	1:0.5

表 4-23　　　　　　　　　　**基础施工所需工作面宽度取定表**

名　称	每边增加工作面宽度/mm
砖 基 础	200
浆砌毛石、条石基础	150
混凝土基础、垫层支模板	300
地下室底板	800
地下室埋深 3m 以上	1800

"挖土"分为挖地槽、地坑和土方，其划分标准如下：

① 凡图示槽底宽在 3m 以内且槽长大于槽宽 3 倍以上的(即细长条的)为地槽。其工程量计算公式为

$$V_{地槽}=L_{中}S+L_{基净}S+V_{凸}$$

式中　$V_{地槽}$——挖地槽土方量(m^3)；

$L_{中}$——外墙下地槽按其中心线长度计算；

$L_{基净}$——内墙基础底面间的净长度，截面积不同时，长度分别计算(下同)；

S——地槽挖土断面积；

$V_{凸}$——内外凸出部分(垛、附墙烟囱等)体积。

② 凡图示坑底面积在 $20m^2$ 以内的(即小面积的)为地坑。

③ 凡图示槽底宽 3m 以上、坑底面积在 $20m^2$ 以外、平整场地挖土厚度在 300mm 以外的(即大面积，且挖土较厚的)为土方。

挖地坑和土方工程量的计算公式为

$$V_{坑(方)}=\frac{H}{3}(S_{上}+\sqrt{S_{上}S_{下}}+S_{下})$$

或

$$V_{坑(方)}=\frac{H}{6}(S_{上}+4S_{中}+S_{下})$$

式中　H——挖土深度；

$S_{上}$——基坑上口面积；

$S_{中}$——基坑中截面面积；

$S_{下}$——基坑底面积。

(2)"场地平整"是指建筑场地天然密实土方厚度在±300mm 以内的挖、填、找平等作业，其工程量按建筑物或构筑物底面积的外边线外扩 2m 所围的面积计算。若底面积为矩形或组合矩形时，平整场地工程量计算公式为

$$S_{平整}=S_{底}+2(L_{外}+8)$$

(3) 回填土。按填土部位分基础回填土、室内回填土和管沟回填土。

① 基础回填土是指基础完工后，将土回填至设计室外地面标高，其工程量为

$$基础回填土量=(V_{挖土}-V_{0})K$$

式中　V_0——设计室外地坪以下基础的实物量体积，箱形基础按设计室外地坪以下外形体积计算；

K——土方体积折算系数，见表 4-5 所示。

② 室内回填土系指建筑物内，室内外地坪高差之间的房心填土，其工程量计算公式为

$$室内回填土量=[S_{底}-(L_{中}+L_{内})B](\Delta h-h_0)K$$

式中　Δh——室内外地坪的标高差；

h_0——室内地坪的垫层、找平层、面层厚度之和；

B——基础墙的厚度；

K——土方体积折算系数，见表 4-5 所示。

③ 管道沟槽回填土可按下列公式计算：

$$管道沟槽回填土量=\left(V_{挖}-\frac{\pi}{4}D^2L\right)K$$

式中　D——管道外径，$D\leqslant 0.5$m 时，D 取值为零。即不扣除管道所占体积；

L——管道长度；

K——土方体积折算系数，见表 4-5 所示。

(4) 运土。“运土”工程量可根据现场条件和施工方案确定。若现场无临时堆土场地，则运土工程量为挖方和填方之和；若现场有场地堆放，则挖方与填方之差(即余土)外运。

4.4.1.2　机械挖土

机械挖土分有桩基挖土和无桩基挖土。有桩基挖土是指基坑底面以上 1m(混凝土桩)、0.5m(钢管桩)、3m(钻孔灌注桩)高度范围内的土方体积；基坑内余下的土方体积按无桩基挖土计算。机械挖土的挖运、平整的工程量与人工挖土的挖、运、平整计算规则相同。

4.4.1.3　强夯土方

地基强夯工程量按强夯波及的外包面积计算。其计算公式为

$$S_{强夯}=(L+2a)(B+2a)$$

式中　L,B——分别为强夯点外包长度和宽度；

a——强夯落点的间距。

4.4.1.4　基坑钢管支撑

基坑钢管支撑的工程量以质量(t)计算，包括支撑钢管及其钢接头、钢斜撑、钢围檩等的质量。此分项工程在工程量清单中被列为措施项目。

4.4.1.5　截凿桩

余桩长度在 0.5m 以内的为凿桩；0.5m 以外的为截桩，同时还应计算凿桩。截桩、凿桩的工程量均按桩的根数计算。

4.4.1.6　土方排水

(1) 基坑明排水(指集水井)，分安装与拆卸及抽水两个子项目。安装与拆卸按集水井数量以“口”计算；抽水按集水井的口数与抽水天数的乘积计算。

(2) 真空深井降水按不同深度分别套用“安装与拆卸”和“运行”子目。前者按深井口数计算；后者按井的口数与抽水天数的乘积计算。

(3) 一般井点降水分轻型井点和喷射井点，按不同深度列出井点安装、拆除及使用项目。井点安装、拆除分别按井点根数计算；井点使用按天计算。轻型井点按 50 根以内为一套，喷射

井点按30根以内为一套。井点间距按施工组织设计确定。无规定时，轻型井点间距按0.8～1.6m确定，喷射井点间距按2～3m确定。

4.4.2 打桩与地基加固工程

打桩与地基加固工程共有6节103项，其分项工程划分见表4-24。

表4-24 打桩工程项目划分表

分部工程	节	分项工程
打桩工程	预制钢筋混凝土桩	方桩（打桩、送桩、压桩、接桩）、管桩（打桩、送桩、接桩）
	临时性钢板桩	打桩（一般、封闭式）、拔桩、导向夹木
	钢管桩	打桩、内切割、精割盖帽、接桩
	灌注桩	就地灌注桩（砂桩、混凝土桩）、钻孔灌注桩（成孔、浇混凝土钢筋笼、泥浆运输）
	地基加固	塑料排水板、树根桩（围护、承重）、压密注浆（钻孔、注浆）、深层搅拌桩（喷搅、空搅）、旋喷桩（成孔、喷浆）、钢筋混凝土短桩、打桩场地处理
	地下连续墙	成槽、清底、钢筋网片（制作平台、制作、安放）、浇筑混凝土、安拔接头管（箱）、导墙拆除

4.4.2.1 预制钢筋混凝土桩

预制钢筋混凝土桩按桩断面分方桩和管桩；按桩长度分长桩和短桩，钢筋混凝土短桩应套地基加固定额子目；按施工方法分打桩和压桩。预制钢筋混凝土桩应分别套打（压）桩、送桩和接桩定额子目。运桩工作已包含在打（压）定额之中；填桩孔套楼地面分部中的垫层定额子目。

打（压）桩系指将桩打（压）到高出自然地坪0.5m以内；送桩系指利用送桩器（工具桩）将预制桩打（压）至设计标高处；接桩系指按设计要求将桩的总长分节预制，在打（压）桩过程中连接。运桩系指将桩从现场堆放位置运至打桩桩位的水平运输，定额未包括运输过程中需要过桥、下坑和室内运桩等特殊情况。填桩孔系指送桩后，为了安全，需向桩孔内填砂、石料。

（1）打（压）方桩、管桩的工程量按桩的截面积乘以柱的长度（包括桩尖）计算。

（2）接桩按设计图示柱接头的个数计算。

（3）送桩按各类预制桩截面积乘送桩深度（即自然地面以上0.5m送至设计桩顶标高）计算。

4.4.2.2 临时性钢板桩

临时性钢板桩分别有打和拔子目，其工程量均按钢板桩的质量(t)计算。本项目在工程量清单中作为措施项目。

4.4.2.3 钢管桩

（1）打钢管桩　工程量按桩的长度、管径及壁厚以质量(t)计算，其公式为

$$W=246(D-t)tL\times10^{-7}$$

或

$$W=LW_0\times10^{-3}$$

式中　D——钢管桩外径(mm)；

t——钢管桩壁厚(mm)；

L——钢管桩长度(m)；

W_0——钢管桩理论重(kg/m)，查表 4-25。

表 4-25　　　　钢管桩的理论质量表

管径	ϕ406.4		ϕ609.6		ϕ914.4	
壁厚/mm	10	12	10	12	10	12
理论质量/(kg/m)	97.51	116.43	147.50	176.41	222.50	266.40

[例 4-18]　某工程设计钢管桩 ϕ609.6×12，长为 54m，试计算每根钢管桩的质量。

[解]
$$W=246\times(609.6-12)\times12\times54.0\times10^{-7}=9.526(\mathrm{t})$$

或
$$W=54.0\times176.41\times10^{-3}=9.526(\mathrm{t})$$

(2) 钢管桩内切割、精割盖帽、接桩

内切割按根数计算；精割盖帽按只数计算，一根桩为一只精割盖帽；接桩按个数计算，如上述例题中，每根桩长 54m，每 3 节桩，则每根桩接头为 2 个。

4.4.2.4　灌注桩

(1) 就地灌注桩有砂桩和混凝土桩；工程量按设计长度(含桩尖)乘设计截面积计算(多次复打，按单桩体积乘复打次数计算)，即

$$V=nSLN$$

式中　n——复打次数；

N——就地灌注桩根数；

S——就地灌注桩截面积；

L——就地灌注桩长度。

若就地灌注桩内有钢筋笼时，钢筋笼套钻孔灌注桩钢筋笼定额子目。

(2) 钻孔灌注桩

钻孔灌注桩分别套成孔、钢筋笼、浇混凝土(现拌混凝土和非泵送商品混凝土)和泥浆外运等定额子目。工程量计算规则如下：

$$V=SL$$

式中　S——桩的设计截面积；

L——桩计算长度：① 计算混凝土：$L=L_0+0.25\mathrm{m}$；② 计算成孔和泥浆外运：$L=L_0+L_1$。

桩的计算长度见图 4-24。

钢筋笼按图示钢筋规格、尺寸计算质量(t)。

4.4.2.5　地基加固

(1) 塑料排水按设计长度计算工程量。

(2) 树根桩分围护桩和承重桩两项，分别套用不同定额子目，工程量为桩设计截面积乘设计长度计算。当树根桩设计采用钢筋笼时，钢筋笼套钻孔灌注桩钢筋笼定额子目。

所谓树根桩，系指直径小于 0.4m 的钢筋混凝土灌注桩，其与就地灌注桩施工工艺不同在于骨料与水泥浆液分别入孔。

(3) 压密注浆

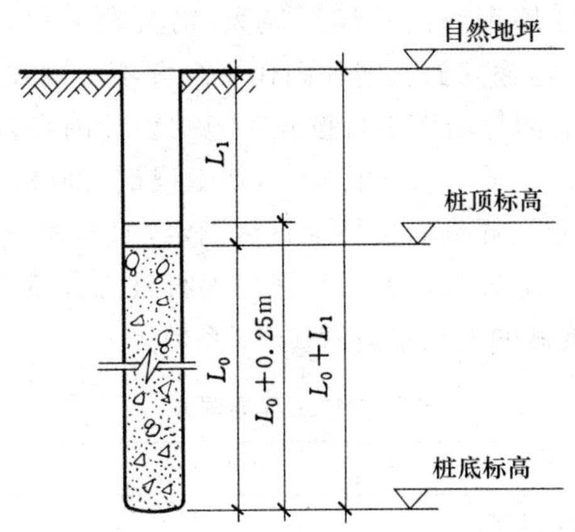

图 4-24　钻孔灌注桩计算长度示意图

压密注浆分别套钻孔、注浆定额子目。钻孔按设计深度以 m 计算；注浆按加固土的体积计算。加固土的体积按设计文字说明设计；按图示注浆布点范围四周各处扩两布点间距的一半所围合的注浆计算面积乘以直径作圆，此圆面积乘以注浆深度。

(4) 深层搅拌桩

深层搅拌桩分围护桩和承重桩两项，分别套喷搅、空搅定额子目。工程量按桩设计截面乘以桩长计算。即

$$V=SL$$

式中　S——深层搅拌桩的截面积；

L——柱工程量计算长度：① 围护桩时，L 为桩的设计长度；② 承重桩时，L 取设计桩长+0.4m；③ 空搅时，L 取设计室外地坪标高至桩顶标高差。

(5) 旋喷桩分别套成孔和喷浆定额子目。成孔按设计室外地坪至桩底垂直长度计算；喷浆按设计加固桩截面积乘以设计桩长以体积计算。

(6) 钢筋混凝土短桩是指截面 200mm×200mm 用于地基加固的微型桩。定额中包括接桩和送桩。工程量计算规则与预制钢筋混凝土方桩相同。

(7) 打桩场地处理是指打桩场地清理、翻松、平整、碾压和面层铺设碎石等工作。其工程量为打桩部位的上一层建筑面积乘以面积增加系数 k，k 可查表 4-26 得到。

表 4-26　　打桩场地处理面积增加系数表

打桩部位上一层建筑面积	增加系数 k
$\leqslant 1800\text{m}^2$	1.67
$\leqslant 4000\text{m}^2$	1.37
$\leqslant 8000\text{m}^2$	1.26
$\leqslant 10000\text{m}^2$	1.21

4.4.2.6　地下连续墙

(1) 导墙　导墙施工中土方的挖、运、填，套用土方分部中相应定额子目；导墙的模板、钢筋、混凝土套用混凝土及钢筋混凝土分部中挡土墙定额子目；导墙拆除按槽段计算。

(2) 成槽　地下连续墙成槽按其设计深度加 0.5m 之和乘地下连续墙水平长度和厚度，以体积计算。

(3) 钢筋网片　地下连续墙钢筋网片体形庞大，需分段起吊，竖向拼接，然后整体入槽。定额子目分为钢筋网片制作、运输安放及网片制作平台等项。网片制作、运输安放的工程量按设计图纸以质量(t)计算；钢筋网片制作平台按施工组织设计网平台的用钢量以 t 计算。

(4) 地下连续墙混凝土　为泵送水下混凝土，其工程量与成槽工程量计算方法相同。

打桩工程中所有项目定额消耗量均按打垂直桩测定，如工程为打斜桩，则人工和机械的消耗量应乘上 1.2(斜度≤1∶6)或 1.3(斜度>1∶6)；如打桩工程量不满定额规定小型打桩工程量界限(表 4-27)时，人工和机械的消耗量应乘 1.25 系数。

表 4-27　　小型打桩工程界限表

桩　类	工程量
各类预制混凝土桩	150m^3
灌注混凝土、砂桩	150m^3
打、拔钢板桩	100t
钢管桩(桩长 30m 以内)	100t
钢管桩(桩长 30m 以外)	150t
树根桩	50 根

4.4.3　砌筑工程

砌筑工程共有 6 节 64 个项目，其分项工程划分见表 4-28。

表 4-28　　砌筑工程项目划分表

分部工程	节	分项工程
砌筑工程	砖基础	统一砖、八五砖
	外墙及柱	外墙(多孔砖、17 孔砖、三孔砖、$\frac{1}{2}$砖、1 砖、1 $\frac{1}{2}$砖及以上)、柱(清水、混水)
	内墙	多孔砖、17 孔砖、三孔砖、$\frac{1}{2}$砖、1 砖、1 $\frac{1}{2}$砖及以上
	砌块及隔墙	砌块(砂加气混凝土砌块、加气混凝土砌块、混凝土空心小型砌块、空花墙)、隔墙(石膏空心板、GRC 板、AC 板、彩钢平芯板
	构筑物	烟囱(基础、筒身、内衬、砖加工)、烟道(砌砖、内衬)、贮水池(池底、池壁)
	其他	零星砌体、地沟、挡土墙

4.4.3.1　砖墙基础

墙基础与墙身的划分以设计室内地坪(±0.00)为界，±0.00 以下为砖基础，以上为墙身。砖砌围墙以设计室外地坪为界。工程量计算规则与 4.2.2 中砖基础工程量计算规则相同。

4.4.3.2　墙身

砖砌墙身按不同部位(外墙或内墙)、不同砖型(多孔砖、17 孔砖、三孔砖)及不同墙厚(半砖、1 砖、1 砖半)以体积计算。工程量中应扣除门窗洞、过人洞和单个空圈在 0.3m^2 以上孔洞的体积，以及嵌入墙体内的钢筋混凝土柱、梁、圈(过)梁、暖气包、壁龛等所占的体积；不扣除梁头、板头、梁垫、木楞头、木砖、门窗走头及砌体内的加固钢筋、铁件等所占的体积；不增加突出墙面的窗台、压顶、门窗套、三皮砖以下的腰线、挑檐等体积；砖垛、三皮砖以上的挑檐、腰线的体积,应并入所依附的墙身体积内计算。

$$V=(LH-S_{洞})B\pm\Delta V$$

式中 L——砖墙计算长度;外墙时为 $L_{中}$,内墙时为 $L_{内}$。

H——砖墙计算高度,按下列规定确定:

外墙:① 平屋面有檐口者,高度算至屋面板板面;平屋面女儿墙,高度算至女儿墙压顶面;

② 坡屋面无檐口天棚者,高度算至屋面板底;有檐口天棚者,高度算至屋架下弦底加 200mm;

③ 山墙山头以平均高度计算。

内墙:① 位于屋架下,高度算至屋架底,无屋架者,高度算至天棚底加 100mm;

② 有楼隔层者,高度算至楼板底;

③ 在框架梁下,高度算至梁底。

4.4.3.3 砖柱

砖柱工程量不分砖身和砖基,柱基、柱身工程量合并为砖柱工程量。柱基、柱身工程量计算规则与清单项目工程量相同。

4.4.4 混凝土及钢筋混凝土工程

本分部工程共有 15 节 380 项,其分项工程划分见表 4-29。

表 4-29　混凝土及钢筋混凝土工程项目划分表

分部工程	节		分项工程
混凝土及钢筋混凝土工程	模板工程	现浇混凝土模板	基础、柱、梁、墙、板、楼梯、雨篷、阳台、其他
		预制混凝土模板	柱类、屋架类、其他类、地胎膜
		构筑物模板	烟囱、水塔、贮水池、贮仓、支架、地沟等
	钢筋工程	现浇混凝土钢筋	基础、柱、梁、墙、板、楼梯、雨篷、阳台、其他、预应力钢丝束、钢筋接头
		预制混凝土钢筋	柱类、屋架类、其他类
		构筑物钢筋	烟囱、水塔、贮水池、贮仓、支架、地沟等
	混凝土工程	现浇现拌混凝土	基础、柱、梁、墙、板、楼梯、雨篷、阳台、其他
		现浇泵送混凝土	基础、柱、梁、墙、板、楼梯、雨篷、阳台、其他
		现浇非泵送混凝土	基础、柱、梁、墙、板、楼梯、雨篷、阳台、其他
		现场预制混凝土	柱类、屋架类、其他类
		构筑物现浇现拌混凝土	烟囱、水塔、贮水池、贮仓、支架、地沟等
		构筑物现浇泵送混凝土	烟囱、水塔、贮水池、贮仓、支架、地沟等
		构筑物现浇非泵送混凝土	烟囱、水塔、贮水池、贮仓、支架、地沟等
		泵管及输送泵	垂直泵管、水平泵管、输送泵车、输送泵
		钢筋混凝土构件接头灌缝	柱、梁、墙、板、屋架、刚架、楼梯、其他

4.4.4.1 模板工程

现浇混凝土模板工程量，一般按混凝土与模板的接触面积以 m^2 计算，预制混凝土构件的模板一般按其混凝土的实体积以 m^3 计算。

模板工程在工程量清单投标报价中是作为措施项目。

4.4.4.2 钢筋工程

钢筋工程包括现浇混凝土钢筋、预制混凝土钢筋和构筑物钢筋 3 节，分别计算钢筋(包括钢丝束、钢绞线)、钢筋接头和预埋铁件的工程量。

(1) 钢筋(钢丝束、钢绞线)按设计图纸规格、直径、间距及施工规范搭接长度按质量以 t 计算。后张法预应力钢丝束、钢绞线应考虑张拉要求，其长度应增加 1m(孔道长 20m 以内)和 1.8m(孔道长 20m 以上)。

(2) 钢筋接头为电焊接头、电渣压力接头、套筒冷压接头、锥螺纹接头，按设计图纸或施工规范规定以"个"计算。

(3) 预埋铁件现浇钢筋混凝土构件的定额未含预埋件，应根据图示尺寸按质量以"t"计算。

4.4.4.3 混凝土工程

现浇、预制混凝土和钢筋混凝土除另有规定外，均按图示尺寸实体体积计算，不扣除钢筋、预埋铁件所占体积。空心构件应扣除空心部分体积。

(1) 现浇混凝土基础

① 基础垫层混凝土按设计图示垫层面积乘其厚度计算；

② 带形基础混凝土：

凡两个以上柱基联成的基础和墙下的条形基础，均按带形基础计算。其工程量计算规则分别如下：

外墙下带基：外墙中心线长度乘以带基截面积；内墙下带基：带基的净长线长度乘以基础的截面积，外墙的 T 形交接部位的混凝土体积，应并入带形基础工程量内。有梁式带基有杯口者，应加上杯口体积，扣去杯芯体积。

其计算公式为

$$V_{带基}=L_{中}\ S_1+L_{混凝土净}S_2+\sum V_{接头}+(\sum V_{杯型})$$

式中 S_1,S_2——分别为外墙、内墙下的带基截面积；

$L_{中},L_{净}$——分别为外墙中心线、内墙下带基的净长线；

$V_{杯型}$——杯形基础混凝土量，为凸出杯口体积与杯芯空心体积差；

$V_{接头}$——带形基础 T 形交接头部分的体积。

$$V_{接头}=a_1bh_1+\frac{bh_2}{6}(2a_1+a_2)$$

$$b=\frac{b_2-b_1}{2}$$

式中 a_1,b_1——分别是内墙、外墙带形基础顶面宽；

a_2,b_2——分别是内墙、外墙带形基础底面宽。

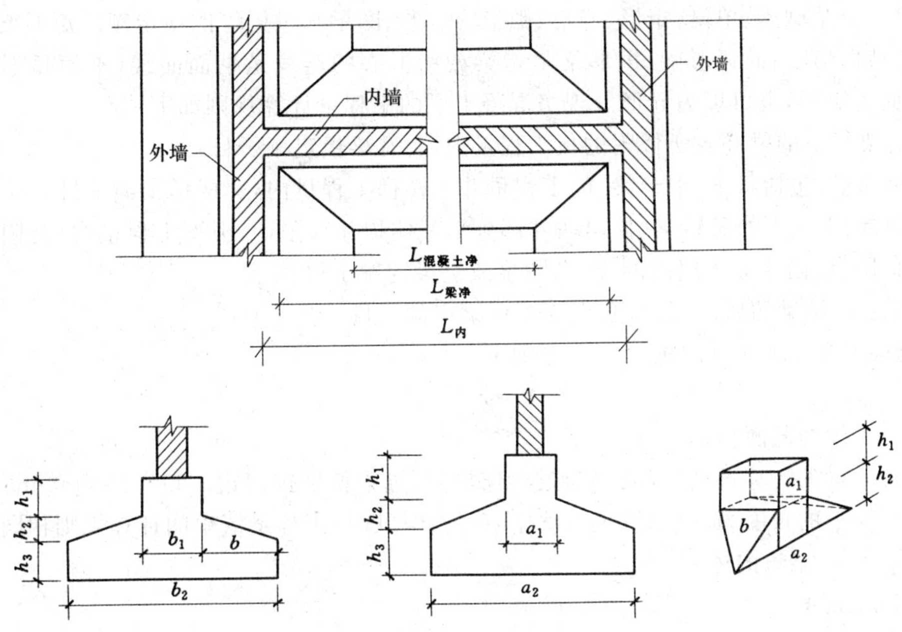

图 4-25 带形基础内外墙接头示意图

③ 独立基础(含杯形独立)的混凝土工程量按实体积计算。

④ 满堂基础,分无梁式满基础和有梁式满堂基础。无梁式满堂基础混凝土为底板的混凝土加上柱帽混凝土;有梁式满堂基础工程量为底板的体积加上梁的体积,若有凸出杯口,应增加其凸出部分体积,并减去杯芯空心体积。

⑤ 地下室底板按其设计图示尺寸计算其体积,地下室地板与墙的分界在底板的上表面。

(2) 现浇混凝土柱

现浇柱分独立柱(矩形、异形和圆形)和构造柱两项。地下室附于墙身的柱、垛并入地下室墙体混凝土中计算。

① 独立柱按图示尺寸面积乘以柱高以体积计算,依附于柱上牛腿、挑梁并入柱内计算。柱高:有梁板的柱高为自柱基或楼板上表面至上一层楼板底的高度(净高);无梁板的柱高是自柱基或楼板上表面至柱帽下表面的高度,见图 4-26。

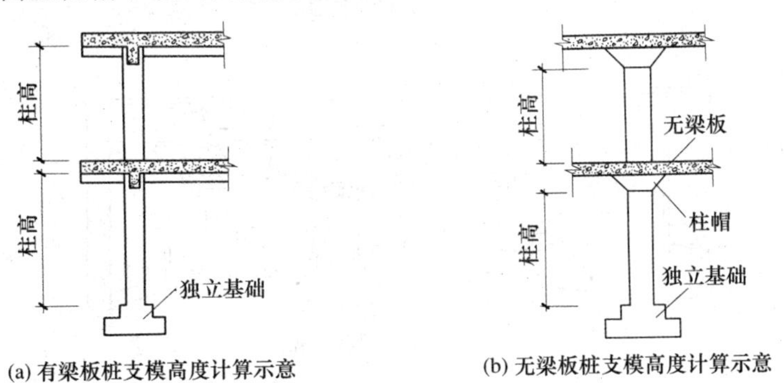

(a) 有梁板桩支模高度计算示意

(b) 无梁板桩支模高度计算示意

图 4-26 柱计算高度

② 构造柱计算与 4.2 中所述相同,这里不再重复。

(3) 现浇混凝土梁

现浇梁分基础梁、单梁(矩形、异形、弧形、拱型)、圈梁和过梁等四项定额。矩形梁、异形梁指的是梁截面形状;而弧形梁、拱形梁是指梁截面形心的连线是平面曲线(平面弧形、立面拱形)其截面为矩形,也可以为异形。现浇混凝土梁的工程量计算规则如下:

① 有梁板下的梁并入所依附的板工程量内,套有梁板定额子目;

② 楼梯梁(包括斜梁、平台梁)的工程量并入楼梯工程量内,套楼梯定额子目;

③ 阳台、雨篷下的悬臂梁(伸出墙外部分),其体积并入阳台、雨篷工程量内,套阳台、雨篷定额子目;阳台、雨篷嵌入墙内的梁,套圈梁或过梁定额子目;

④ 预制花篮梁的后浇部分,套现浇矩形梁定额子目。

现浇梁混凝土的工程量的计算公式如下:

$$V=SL+V_{梁垫}$$

式中 S——梁的截面积;

L——梁的计算长度,当圈梁与过梁连接时,过梁长度按门窗洞口宽加 500mm 计算,余下的长度为圈梁,其他情况下,L 的计算图与工程量清单的计算规则相同;

$V_{梁垫}$——梁垫的体积。

(4) 现浇混凝土墙

现浇混凝土墙分地下室墙、挡土墙、直形墙、弧形墙等项。工程量按墙身实体积计算。扣除门窗洞口及单个 0.3m^2 以上孔洞的体积,突出墙面的垛或柱均并入墙身工程量内。墙高按净高,墙长:外墙为 $L_{中}$,内墙为 $L_{内}$。

(5) 现浇混凝土楼板

现浇混凝土板分为平板、有梁板(图 4-27)、无梁板和弧形板等,工程量均按实体积计算。扣除 0.3m^2 以上孔洞的体积,伸入砖墙内的板头体积应并入板内计算;突出板下的梁体积并入有梁板工程量内;柱帽的体积并入无梁板工程量内。

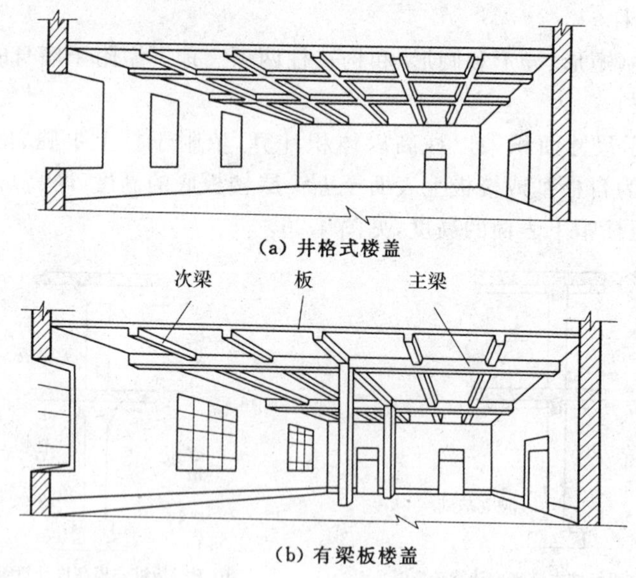

(a) 井格式楼盖

(b) 有梁板楼盖

图 4-27 有梁板示意图

(6) 其他现浇构件

① 现浇楼梯与楼板以楼梯梁外侧为分界线。楼梯混凝土包括踏步、斜梁、休息平台、平台

梁、楼梯梁。

② 现浇阳台、雨篷按伸出墙外部分实体体积计算。凹阳台套楼板定额子目；有柱雨篷，应分别套混凝土柱和板的定额子目。

③ 现浇栏板、楼梯栏板的混凝土工程量分别按长、斜长乘其垂直高度及厚度以 m^3 计算。而现浇栏杆的混凝土量按长度或斜长乘垂直高度以 m^2 计算。

④ 现浇挑檐天沟与现浇屋面板的分界面为外墙面，与梁连接时的分界为梁的外边，其工程量按实体积计算。

⑤ 现浇池槽、柜架柱接头的混凝土工程量均按设计尺寸的实体积计算。

⑥ 现浇台阶的混凝土工程量按水平投影面积计算，台阶与平台相连时，以最上级踏步沿口加 300mm 为界。

(7) 泵管和输送管

凡使用泵送混凝土，需另外计算泵管的安、拆费和使用费及输送管、输送泵车的费用。

① 泵管安拆：垂直泵管自室内±0.00 起至屋面檐口加 500mm 计算；水平泵管按标准层外墙周长的一半计算。

② 泵管使用费按元/(m^2 · d)计算，使用天数按施工组织设计确定。

③ 输送泵或泵车按泵送混凝土相应定额子目的混凝土消耗量确定。泵送采用二级输送泵时，工程量应乘 2。

4.4.5 钢筋混凝土及金属结构件驳运与安装工程

本分部工程共有 7 节 104 项，其分项工程划分见表 4-30。

表 4-30　　钢筋混凝土及金属结构构件驳运与安装工程项目划分表

分部工程	节	分项工程
钢筋混凝土及金属结构件驳运与安装工程	金属构件驳运	钢柱、钢梁、钢屋架、钢支撑
	混凝土构件驳运	吊车梁、板、梁、楼梯、阳台、雨篷
	构件卸车	金属构件、混凝土构件
	钢筋混凝土构件安装及拼装	柱；梁(吊车梁、基础梁、连系梁、过梁、托架梁、薄腹梁、梁)；屋架、刚架、檩条、支撑；板(屋面板、走道板、遮阳板)、楼梯、阳台、雨篷
	金属构件拼装及安装	钢平台、搁栅、栏杆、钢楼梯、钢梁、钢吊车梁、钢托架梁、钢支撑、钢檩条、钢屋架、钢抗风架、钢柱
	构件安装安全护栏	各类钢构件、混凝土柱、各类混凝土构件
	高层金属构件拼装及安装	紧固高强螺栓、剪力栓钉；钢柱；钢梁；钢天线、钢扶梯、钢斜撑

(1) 驳运、卸车

"构件驳运"系指构件从堆放点装车运至安装位置，运距以 1km 为准(不足 1km 者按 1km 计算)。运距超过 1km，每增加 1km，按相应定额汽车台班消耗量增加 25%。

构件驳运包括装车和运输，但未包括卸车，卸车费用另套构件卸车定额子目。

混凝土构件驳运定额中的制品费系指构件驳运损耗(4%)。

(2) 安装及拼装

构件安装系指构件整体预制、整体吊装。构件拼装系指整体构件先分件预制，然后在施工现场进行组装，最后整体吊装。

混凝土构件安装及拼装定额中包括了“制品费”和 1.5%的安装及拼装损耗。在项目中含“制品费”的，即为工厂预制构件；未含“制品费”的构件为现场预制构件。

(3) 安全护栏包括构件在安装过程中所需的安全防护设施和构筑物(如管道支架、栈桥、冷却塔等)所需的安全护栏。前者按施工组织设计计算，后者按设计图纸计算。

(4) 高层金属构件拼装及安装定额子目中，未包括金属构件本身，但包括了人工、机械降效。

(5) 工程量计算规则

① 预制钢筋混凝土构件的驳运、卸车、安装与拼装、安全护栏等项目的工程量，均按构件设计图示尺寸的实际体积计算。其中小型构件安装按设计外形体积，以 m^3 计算，不扣除空花部分的体积。小型构件系指遮阳板、花饰漏窗、花饰栏板、通风道、垃圾道、排烟道、围墙柱、楼梯踏步板、隔断板的及单体小于 $0.1m^3$ 的构件。

② 金属构件的驳运、卸车、拼装及安装、安全护栏及高层金属构件拼装与安装等项目的工程量，均按构件设计图示规格、尺寸以质量(t)计算。另加 1.5%焊缝重(焊接连接)或 2%螺栓重(螺栓连接)。

③ 高层金属构件紧固用的高强螺栓、焊接剪刀栓钉按套计算。

4.4.6 门窗及木结构工程

本分部工程有 11 节 247 项，其项目划分见表 4-31。

表 4-31　　门窗及木结构工程项目划分表

分部工程	节		分项工程
门窗及木结构工程	门窗	木门窗	木门框(制作、安装、有亮、无亮)、木门扇(各类门制作、各类门安装)、木窗(各类窗制作、各类窗安装)、门窗扇、框及木材面包金属面
		特种门	厂库大门、冷藏门、保温隔音门、放火门等
		铝合金门窗	各类铝合金门和窗、卷帘门、电动装置、活动小门、无框玻璃门、镜面不锈钢包框
		塑钢门窗	各类塑钢门和窗
		钢门窗	各类钢门和钢窗
		彩钢板门窗	
		五金安装	各类锁、拉手、弹簧、插销等安装
		五金配件表	各类门窗上的小五金配件含量
	木结构	屋架	方木层架、圆木屋架、钢木屋架、檩条(方木、圆木)、屋面板(制作、安装)
		屋面木基层	挂瓦条、顺子条、椽子
		隔断及其他	隔断(板条墙、钢丝网墙、纤维板墙、石膏板墙等)、间壁(浴厕间壁、玻璃间壁、薄板间壁)、木楼梯、封檐板、博风板

4.4.6.1 门窗工程量计算规则

(1) 木门窗

木门分为门框和门扇，门框和门扇定额子目又分为现场制作安装和制品安装两项。木门框分为有亮子(气窗)和无亮子，分别以延长米计算；各类无亮木门扇以净面积计算，有亮木门扇按门扇和亮扇净面积之和计算。

［例 4-19］ 某住宅卫生间胶合板板门，门洞 700mm×2400mm，门窗 650mm ×2100mm，气窗 650mm×250mm，扇均安装通风小百叶，刷底油一遍，设计尺寸如图 4-28 所示，共 45 樘，计算胶合板门工程量。

［解］ 有亮子门框： $L=(2.4\times2+0.7)\times45=247.5\text{m}$

有亮子门扇：$S=(0.65\times2.1+0.65\times0.25)\times45=68.74\text{m}^2$

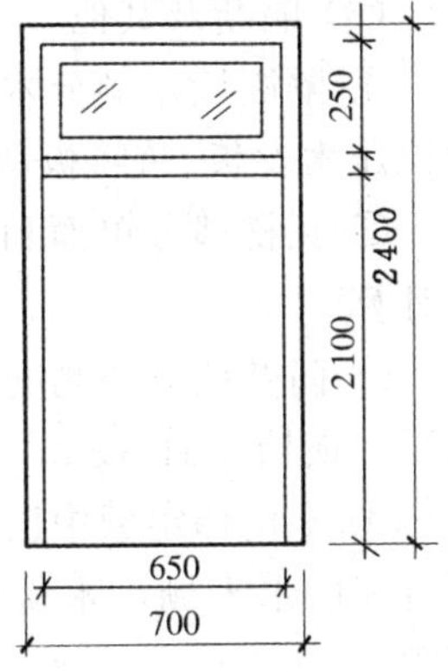

图 4-28 卫生间胶合板门

木窗定额分圆形、半圆形、单层、双层、固定、推拉玻璃窗、一玻一纱、纱及木百页窗等，其工程量按洞口面积计算，凸出墙面的圆形、弧形、异形，均按展开面积计算。

（2）特种门

特种门系指厂库房大门、冷藏门、保温隔音门、防火门、防射线门等。除实拼式、框架式防火门按门扇面积计算外，其余均按门洞口面积计算。特种门安装所需混凝土块按混凝土及钢筋混凝土工程中现浇零星构件计算。

（3）铝合金、彩钢板、塑钢及钢门窗

铝合金、彩钢板、塑钢及钢门窗均为成品门窗安装，成品门窗中包括框、扇、玻璃和五金配件。各类有框门窗除说明外，均按门窗洞口面积计算，凸出墙面的圆形、弧形和异形门窗，按其展开面积计算。

无框玻璃门按设计门扇净面积计算；无框固定扇按设计洞口面积套侧亮定额子目计算；全玻地弹簧门，按设计洞口（包括固定扇）面积计算；铝合金卷帘门，按其实际高度乘实际宽度以 m^2 计算。卷帘门上有小门，应扣除小门的面积，小门另以“个”数计算。卷帘门电动装置按“套”计算。

（4）五金安装

五金指门销、拉手、门定位器、门开闭器、地弹簧、联动开关等。五金安装按设计要求分别以把、个、副、组等计算。

4.4.6.2 木结构工程量计算规则

（1）木屋架按竣工木料以 m^3 计算。

（2）屋面木基层（包括檩木、椽子和挂瓦条等，见图 4-29）。

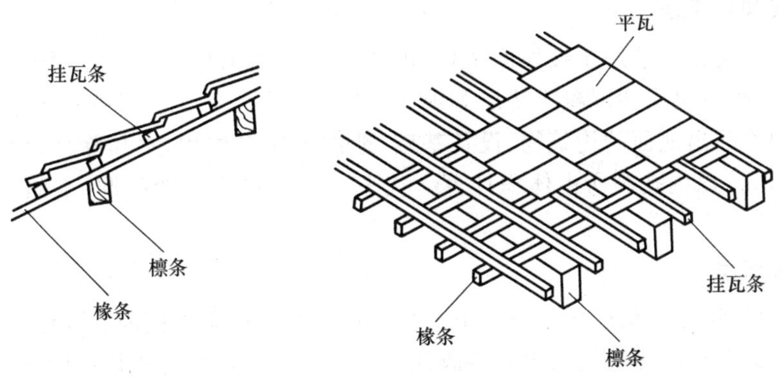

图 4-29 屋面木基层（简单）示意图

① 檩条木材按竣工木料体积计算，檩垫木和檩托木已包括在定额内。

② 屋面板、椽子、挂瓦条按屋面斜面积计算，天窗挑檐重叠部分，按设计尺寸计算面积并入屋面面积中，不扣除屋面烟囱及斜沟部分所占面积，斜屋面坡度系数可查表确定。

(3) 隔断及其他

① 隔断墙定额分木龙骨和面层；面层又分单面和双面；面层材料分板条、钢丝网、纤维板、水泥压木丝板、鱼鳞板和纸面石膏板。木龙骨和面层工程量均按图示净面积计算。

② 瓦楞墙分单面和双面；瓦楞墙板又分钉在木梁上和安装在钢梁上。工程量按图示净面积计算。

③ 间壁墙分浴厕间壁、玻璃间壁、薄板间壁。其工程量按图示净长乘以高度(自下横档底面至上横档顶面)按 m^2 计算。浴厕隔断的木门扇按门扇净面积计算。

④ 木楼梯定额中已包括踢脚板、休息平台及伸入墙内部分的工料，但未包括楼梯及休息平台底的木天棚。木楼梯工程量按水平投影面积计算，应扣除宽度 300mm 以上的楼梯井面积。

⑤ 封檐板(图 4-30)按檐口外围长度计算；博风板(图 4-31)按屋面斜长计算，每个端部(鱼尾)增加 500mm 并入相应项目内。

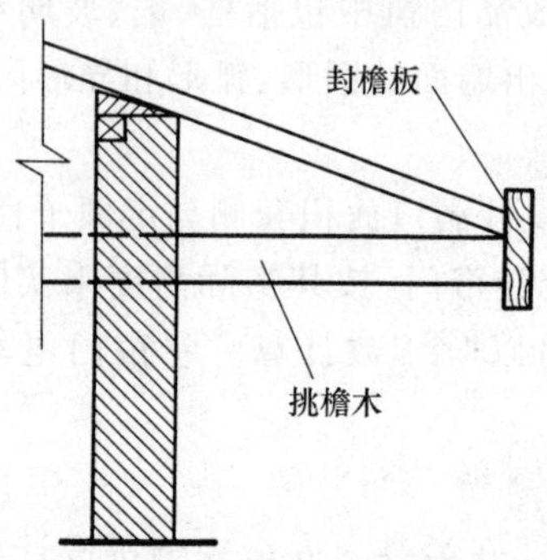

图 4-30 挑檐木、封檐板示意图

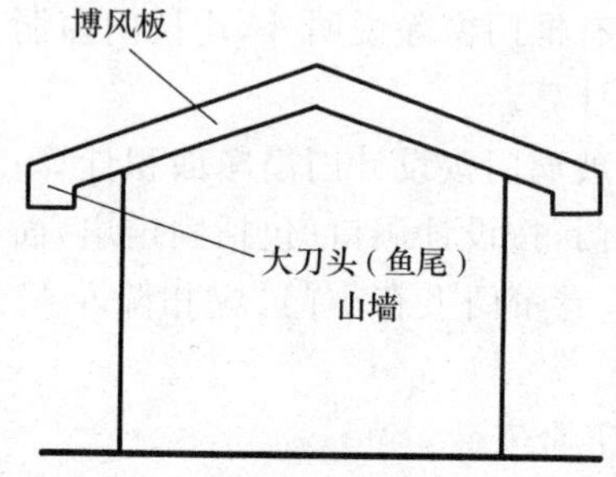

图 4-31 博风板、大刀头(鱼尾)示意图

4.4.7 楼地面工程

楼地面工程分为 5 节 156 项，其分项工程划分见表 4-32。

4.4.7.1 垫层和找平层

垫层、找平层定额既适用于楼地面工程，也适用于基础工程。垫层定额中有砂垫层、毛石垫层、碎砖垫层、碎石垫层和混凝土垫层等项。垫层和找平层的工程量按室内主墙间净面积乘以垫层厚度，扣除凸出地面的构筑物、设备基础、地沟等所占体积，不扣除柱、垛、间壁墙、附墙烟囱及面积在 $3m^2$ 以内孔洞所占体积计算。找平层工程量不增加门洞、空圈、暖气仓槽及壁龛的开口面积。

4.4.7.2 整体面层

各种整体面层定额中均已包括面层下的找平层。水泥砂浆地面面层和楼梯面层还包括水泥砂浆踢脚线，其余整体面层均未包括踢脚线。水磨石楼梯面层已包括底面、侧面的抹灰。整体面层工程量计算规则如下：

(1) 楼地面整体面层工程量计算规则与找平层计算相同；

(2) 楼梯整体面层按其水平投影面积计算，包括踏步、休息平台及楼梯井宽小于 500mm；

(3) 台阶整体面层按其水平投影面积(包括踏步及最上一级踏步沿口加 300mm)计算；

(4) 散水、防滑坡道工程量按图示尺寸以 m^2 计算；

(5) 踢脚线按实际长度展开计算；金属嵌条、地面分仓缝、防滑条、明沟均按设计图示以长度计算。

表 4-32　　　　楼地面工程项目划分表

分部工程	节	分项工程
楼地面工程	垫层	砂、毛石、碎石、三合土、混凝土
	找平层	水泥砂浆、沥青砂浆、混凝土
	整体面层	水泥砂浆、水磨石、剁假石、混凝土(地面、楼梯、台阶、踢脚线)、防滑条、分仓缝、明沟、地沟盖板
	块料面层	大理石、花岗岩、酸洗打蜡(地面、楼梯、台阶、踢脚线、零星项目)
		地砖、陶瓷锦砖、红缸砖(稀铺、密铺)(地面、楼梯、台阶、踢脚线、零星项目)
		方整石、连锁型彩色预制块、广场砖
		木地板(木搁栅、毛地板、地板面层、机磨地板)
		防静电地板、PVC 地板、复合地板
		地毯(地面、楼梯)、地毯附件(压棍、压板)
	栏杆扶手	栏板扶手、栏杆、扶手、靠墙扶手

4.4.7.3　块料面层

块料面层的材料价格相对整体面层材料较贵，因此其工程量大多是以实铺面积计算。

(1) 楼、地面块料面层定额中均未包括找平层和踢脚线，应另列项目计算。楼地面块料面层工程量，按图示尺寸实铺面积，以 m^2 计算，应扣除凸出地面的构筑物(如设备基础、地沟、柱、垛、间壁墙、附墙烟囱等)所占面积；门洞、空圈、暖气包槽和壁龛的开口部分的工程并入相应的面层内计算，其工程量计算公式如下：

$$S_{块料地面}=S_{净}-S_0-S_1+S_2$$

式中　S_0——设备基础、地沟所占面积(m^2)；

S_1——柱、垛、间壁墙、附墙烟囱等所占面积(m^2)；

S_2——门洞、空圈、暖气包槽和壁龛的开口部分面积(m^2)。

(2) 楼梯块料面层定额也未包括踢脚线、楼梯底面和侧面的面积，这些应另列项目计算。楼梯块料面层工程量，按楼梯水平投影面积(包括踏步、休息平台以及宽度小于 500mm 的楼梯井)计算，与楼梯整体面层工程量相同。

(3) 台阶块料面层工程量按水平投影面积(包括踏步及最高一层踏步的外沿加 300mm)计算，与台阶整体面层工程量相同。台阶翼墙块料面层按展开面积计算，套装饰分部定额子目。

(4) 块料踢脚线工程量按实际长度以"m"计算，与整体面层踢脚线工程量计算相同。块料踢脚线定额高度为 150mm。若设计高度超过 150mm 且在 300mm 以内，可按比例调整材料用量，人工机械用量不变；若设计高度超过 300mm，则按实际面积以 m^2 计算，套装饰分部的相应墙面、墙裙定额子目。

(5) 零星项目适用于水盘脚、砖砌花坛等零星小面积项目。零星项目工程量按实铺面积

以 m^2 计算。

(6) 木地板的基层、面层、其他地板及机磨地板工程量均按图示尺寸的实铺面积以 m^2 计算，应扣除 $0.3m^2$ 以上孔洞所占的面积。

木楼梯归属木结构，套门窗及木结构分部的相应定额子目。

(7) 楼地面铺设地毯，工程量按实铺面积计算，与楼地面块料面层工程量计算规则相同。楼梯铺设地毯，工程量按楼梯水平投影面积计算，与楼梯整体面层工程量计算规则相同。地毯附件的工程量，踏步压棍以套计算，压板以 m 计算。

4.4.7.4 栏杆、扶手

栏杆、扶手工程量按包括弯头长度的延长米计算，其工程量计算公式如下：

$$L_{栏杆、扶手} = L_{水平} + L_{斜}$$

式中 $L_{水平}$——水平栏杆、扶手的水平长度(m)；

$L_{斜}$——斜栏杆、扶手的斜长度(m)。

4.4.8 屋面及防水工程

本分部工程共有 5 节 105 项，其分项工程划分见表 4-33。

表 4-33 屋面及防水工程项目划分表

分部工程	节	分项工程
屋面及防水工程	屋　面	混凝土瓦(平瓦、脊瓦、斜沟、戗角)
		玻璃钢瓦、红泥 PVC 波形板(单坡屋面、双坡屋面)
		彩钢夹芯板(屋面、雨篷)
	屋面防水	卷材防水(高聚物改性沥青防水卷材、合成高分子防水卷材)
		涂膜防水(高聚物改性沥青防水卷材、合成高分子防水卷材)
		防水砂浆
	平立面防水	卷材防水(高聚物改性沥青防水卷材、合成高分子防水卷材)
		防水砂浆、热沥青、冷底子油
		涂膜防水(高聚物改性沥青防水卷材、合成高分子防水卷材)
	变形缝	变形缝(各类嵌缝材料、各类盖板、平面缝、立面缝)
		止水带(橡胶止水带、塑料止水带、氯丁橡胶片)
		止水片(紫铜板止水片、氯丁胶玻璃纤维布止水片)
	屋面排水	雨水口、雨水管、水斗、檐沟等

4.4.8.1 屋面

(1) 瓦屋面

瓦屋面定额仅适用于瓦屋面面层，瓦屋面基层(屋架、檩条、屋面板等)套门窗及木结构分部的相应定额子目。

① 混凝土瓦、小玻璃钢瓦、红泥 PVC 彩色波形板屋面　工程量均按图示尺寸的水平投影面积乘以坡屋面延尺系数以 m^2 计算。不扣除屋面上的烟囱、风帽底座、风道屋面小气窗和斜沟所占面积，亦不增加屋面小气窗出檐与屋面的重叠部分。天窗出檐部分重叠面积并入相应屋面工程量内。

$$S_{瓦}=(S_0+S')C$$

式中　S_0——瓦屋面水平投影面积；

S'——天窗出檐重叠部分的水平投影面积；

C——坡屋面(隅)延尺系数，可查表，其示意见图 4-32。

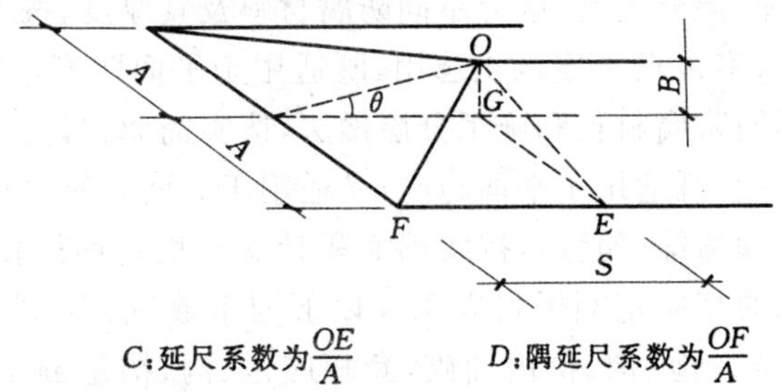

图 4-32　屋面坡度系数示意图

② 混凝土脊瓦、斜沟戗角线按其实际长度计算。

(2) 彩钢夹芯板屋面

彩钢夹芯板屋面定额中已包括了封檐板和天沟板。其工程量按图示尺寸的水平投影面积计算，檐口外板高度为 1m 以上时，超过部分面积并入彩钢夹芯屋面板工程量内。彩钢夹芯板雨篷工程量按凸出墙面的水平投影面积计算。

4.4.8.2　屋面防水

屋面防水有卷材、涂料和防水砂浆 3 种。平屋面防水工程量按水平投影面积计算；斜屋面防水工程量按其水平投影面积乘以坡屋面延尺系数以 m^2 计算。工程量中与瓦屋面一样，不扣除烟囱、风帽底座、风道、斜沟等所占面积，其弯起部分(如墙、天窗等)和天窗出檐部分重叠面积按图计算后并入屋面防水工程量内。

4.4.8.3　平、立面防水

(1) 地面防水、防潮层按主墙间净面积计算，扣除突出地面的构筑物、设备基础等所占面积，不扣除柱、垛、间壁墙、附墙烟囱及 0.3m^2 以内孔洞所占面积，与墙面连接处高度 500mm 以内的立面面积并入平面防水工程量内。立面高度 500mm 以外者，则其立面部分均按立面防水定额子目计算。

(2) 构筑物及地下室防水层，按实铺面积计算，应扣除 0.3m^2 以上门窗孔洞面积，平立面交接处上卷高度 500mm 以内并入地面防水层，当上卷高度超过 500mm 时，墙面均按立面防水计算。

4.4.8.4　变形缝

各类变形缝、止水带、止水片，按不同用料分别以 m 计算，外墙变形缝如内、外双面填缝，工程量应分别计算。

4.4.8.5　屋面排水

(1) 水落管根据不同管径分别套用定额子目，工程量按从明沟面至檐沟底的垂直高度计算。

(2) 雨水口、水斗、出水管、阳台落水头子等均以个(套)计算。

4.4.9 防腐、保温、隔热工程

本分部工程有2节215个项目，其分项工程划分见表4-34。

4.4.9.1 防腐工程

整体面层(砂浆、胶泥、混凝土类)区分不同防腐材料及其厚度，按实铺面积计算，定额设有基本厚度和每增减10mm厚度两项定额供选用，既适用于平面防腐，又适用于立面防腐；玻璃钢、玻璃布面层应区分不同防腐材料和施工分层做法，按实铺面积计算。定额按分层做法设置一布二油，每增减一布一油，既适用于平面防腐，又适用于立面防腐；块料面层应区分不同块料和不同结合层，区分密铺和稀铺(勾缝)，按实铺面积计算。块料面层仅适用于平面防腐，若为立面铺砌，则按平面铺砌的相应定额子目人工乘以下列系数：墙面、墙裙人工乘以系数1.38；踢脚板人工乘以系数1.56。池、沟、槽内铺砌，套相应池、沟、槽定额子目，防腐油漆区分不同防腐材料、不同基层(混凝土面或抹灰面)和施工分层作法，按实铺面积计算，适用于平面和立面。

表4-34　防腐、保温、隔热工程项目划分表

分部工程	节	分项工程
防腐、保温、隔热工程	防　腐	砂浆、胶泥、混凝土类(各类防腐材料、表面酸化处理)
		玻璃钢、玻璃布类(各类防腐材料)
		块料类(各类防腐块料、各类防腐胶泥铺砌)
		漆类(各类防腐漆)
	保温、隔热	屋面保温(各类保温材料)、架空隔热
		墙体保温(各类保温材料，独立墙、附墙铺贴)
		楼地面隔热(各类保温材料)
		柱保温(各类保温材料)
		珍珠岩板、珍珠岩粉面

防腐工程实铺面积的计算方法：

(1) 平面

平面防腐的工程量，按设计图示尺寸以m^2计算，并扣除0.3m^2以上的孔洞、突出地面的设备基础等所占的面积。

(2) 立面

立面防腐的工程量，按净长乘高以m^2计算，并扣除门窗洞口所占的面积，侧壁的面积相应增加。

(3) 平面双层

平面砌双层耐酸块料，按单层面层面积乘以系数2计算。

4.4.9.2 保温、隔热工程

保温、隔热工程分室外(屋面)保温、室内(墙体、楼地面、柱保温、隔热)保温和珍珠岩板保温三个部分。保温隔热层除另有规定外均按图示尺寸面积乘以平均厚度以m^3计算。保温隔

热体的厚度，按隔热材料厚度（不包括胶结材料的厚度）尺寸计算。

（1）屋面保温、隔热

① 屋面保温层　屋面保温层中不同保温材料，均按实体积计算；

② 屋面架空隔热层　按实铺面积计算。

（2）墙体、楼地面、柱子保温、隔热

① 墙体（面）保温　墙体（面）保温分带木框架独立墙体和附墙铺贴两类，根据不同保温材料按实体积计算。长度按隔热体中心线长度计算，高度由地坪隔热表面体算至顶棚或楼板底，厚度按隔热材料的净厚度（不包括胶结材料的厚度）计算。并扣除门窗洞口及 0.3m^2 以上空洞所占的体积。门窗洞口侧壁的隔热部分按图示隔热层尺寸以 m^3 计算，并入墙面保温隔热工程量内。梁头、连系梁等其他零星隔热工程，均按实际尺寸以 m^3 计算，套用墙体相应定额子目，其工程量计算公式如下：

$$V_{墙体}=(L'_{中}\ H_{净}-S_{门})B'+V_0$$

式中　$L'_{中}$，$H_{净}$，B'——分别为隔热体的中心线长度、净高、净厚；

V_0——门窗洞口侧壁、梁头、连系梁等其他零星隔热体的体积。

② 楼地面隔热　楼地面中不同隔热材料，按墙体间的净面积乘以厚度以 m^3 计算，不扣除柱、孔洞、操作平台所占的体积。其工程量计算公式如下：

$$V_{地面}=S_{净}\ h$$

③ 柱面保温　柱面保温分不同保温材料按实体积计算。即按图示柱的隔热层中心线的展开长度乘以图示高度及厚度以 m^3 计算。其工程量计算公式如下：

$$V_{柱}=(C+4B')H_{净}\ B'$$

式中　C——柱的结构断面周长；

$H_{净}$，B'——分别为隔热体的净高、净厚。

④ 池、槽隔热　池、槽隔热按图示尺寸以 m^3 计算。池壁、池底分别套用隔热墙体及隔热地坪的定额子目。

（3）珍珠岩板保温

高强度珍珠岩板、珍珠岩粉面均按图示尺寸以 m^3 计算，并扣除门窗洞口及 0.3m^2 以上空洞所占的面积。树脂珍珠岩板按实铺面积计算。

4.4.10　装饰工程

装饰工程由墙柱面装饰、天棚装饰、油漆裱糊装饰和其他装饰四部分组成，共分 14 节 644 项，其分项工程划分见表 4-35。

4.4.10.1　墙柱面装饰

墙柱面装饰分墙柱面抹灰、墙柱面块料面层、墙柱面龙骨基层、墙柱面（装饰）面层、装饰隔断和玻璃幕墙等 6 部分。

（1）墙柱面抹灰

墙柱面抹灰按抹灰部位分墙面（砖或混凝土墙面、钢板墙、板条墙）、柱面（圆柱面、方柱面）、墙裙（内墙裙、外墙裙）、线条（普通线条、复杂线条）、阳台雨篷、垂直遮阳板栏板、池槽、零星项目等。其工程量均按展开面积以 m^2 计算。

墙柱抹灰不分在砖墙面上还是在混凝土面上，但是若在混凝土面上抹灰，并需凿毛或涂界面处理剂时，按实际面积另套相应定额子目；抹灰不分有嵌条和无嵌条，若设计有嵌条时，可另套玻璃嵌条或木嵌条相应定额子目。

表 4-35　　　　装饰工程项目划分表

分部工程	节		分项工程
装饰工程	墙柱面	墙柱面抹灰	普通抹灰、装饰抹灰、混凝土墙面处理（墙面、柱面、零星项目、线条）
		墙柱面块料面层	大理石、花岗岩、墙面砖、红泥 PVC 波形板（墙面、柱梁面、零星项目、稀缝、密缝）
		墙柱面龙骨基层	木龙骨、轻钢龙骨、铝合金龙骨、钢龙骨（墙面、圆柱面、方柱包圆柱面）
		墙柱面面层	板类（胶合板、石膏板、不锈钢板、镜面玻璃）、软包（合成革、装饰布、织绒面）
		装饰隔断	玻璃隔断、玻璃砖隔断、铝合金隔断、花式隔断
		幕墙	隐框、半隐框、明框、开启窗框
	天棚	天棚抹灰	抹灰（各种硝浆、不同基底）、装饰线（三道内、五道内）
		天棚龙骨基层	木龙骨、轻钢龙骨、铝合金龙骨（一级、二～三级、上人、不上人）
		天棚面层	板类（胶合板、石膏板、不锈钢板、彩绘玻璃）
			龙骨天棚（木方格天棚、铝合金扣板天棚）
			采光天棚（钢化、中空、钢结构、铝结构）
	油漆裱糊	木材面油漆	调和漆、磁漆、清漆、色漆、防火漆（木门、木窗、木扶手、其他木材面、木地板）
		抹灰面油漆	乳胶漆、调和漆、涂料、石灰浆（光面、毛面、墙面、地面、小面积部位）
		喷涂、裱糊	喷涂（一塑三油、多彩涂料、好涂壁等）、裱糊（墙纸、墙布、墙织锦缎）
		金属面油漆	调和漆、磁漆、沥青漆、防锈漆、防火漆（钢门木窗、其他金属面、平板屋面）
	其他	细部装饰	招牌基层、美术字、铭牌
			木装修（窗台板、筒子板、踢脚板、装饰条）
			浴帘杆、毛巾杆、大理石洗漱台、镜箱
			柜类（吊橱、壁橱、收银台、高货架）

① 外墙面抹灰按外墙的垂直投影面积以 m^2 计算。应扣除门窗洞口、外墙裙和 $0.3m^2$ 以上孔洞所占面积。门窗洞口、空圈侧壁及附墙垛、柱侧面抹灰面积并入外墙面抹灰工程量内计算。外墙裙抹灰按设计长度乘以高度以 m^2 计算，应扣除门窗洞口和 $0.3m^2$ 以上孔洞所占面积，洞口侧壁抹灰并入外墙裙抹灰工程量内计算。

外墙裙、外墙面抹灰工程量计算公式如下：

外墙裙抹灰：　　$$S_{外墙裙}=(L_{外}-L_0)h+S'_{洞侧}+S'_{垛侧}$$

式中 L_0——门洞口、花坛、台阶等所占长度；

h——外墙裙高；

$S'_{洞侧}$——外墙裙上的门窗洞口侧壁面积；

$S'_{垛侧}$——外墙裙上的附墙柱、垛的侧面积。

外墙面抹灰：　　$$S_{外墙面}=L_{外}\ H-S_{门}+S_{洞侧}+S_{垛侧}-S_{外墙裙}$$

式中　H——外墙面抹灰高度，从室外地面算至墙顶面；

$S_{门}$——外墙面上的门窗洞口和 0.3m² 以上孔洞所占面积；

$S_{洞侧}$——外墙面上的门窗洞口侧壁面积；

$S_{垛侧}$——外墙面上的附墙柱、垛的侧面积。

② 内墙面抹灰按主墙间净长乘以净高以 m² 计算。应扣除门窗洞口和空圈所占的面积，不扣除踢脚板及 0.3m² 以内的孔洞和墙与构件交接处的面积，洞口侧壁和顶面亦不增加。墙垛和附墙烟囱侧壁面积与内墙面抹灰工程量合并计算。内墙面抹灰高度确定如下：

无墙裙的，其高度按室内地面或楼面至上层楼底面之间距离计算。

有墙裙的，其高度按墙裙顶至上层楼板底面之间距离计算。

有天棚的，其高度按室内地面或楼面至天棚底面另加 100mm 计算。

内墙裙抹灰，按内墙裙净长乘以高度以 m² 计算，应扣除门窗洞口和空圈所占的面积，门窗洞口和空圈的侧壁面积不另增加，墙垛、附墙烟囱侧壁面积并入墙裙抹灰面积内计算。

③ 独立柱抹灰按结构断面周长乘以净高，以 m² 计算。

④ 墙柱面水泥砂浆勾缝，不分墙或柱、砖墙面或石墙面、凹缝或凸缝，均按墙面垂直投影面积计算，应扣除墙裙和墙面抹灰的面积，不扣除门窗洞口、门窗套、腰线等零星抹灰所占的面积，附墙柱和门窗洞口侧面的勾缝亦不增加。独立柱及烟囱勾缝按图示尺寸展开面积以 m² 计算。

⑤ 装饰线条、零星抹灰、垂直遮阳板或栏板抹灰。

装饰线条按材料分水泥砂浆、石灰砂浆和混合砂浆。适用于门窗套、挑檐口、腰线、压顶、遮阳板、楼梯边梁、边框出墙面或抹灰面展开宽度在 300mm 以内的竖、横线条抹灰。

ⅰ. 水泥砂浆装饰线条　水泥砂浆抹灰如带有装饰线条者，3 道线以内为简单线条，3 道线以外为复杂线条，均按展开面积以 m² 计算。

ⅱ. 石灰砂浆、混合砂浆装饰线条或零星抹灰　石灰砂浆、混合砂浆抹灰，抹窗台线、门窗套、挑檐、腰线等展开宽度在 300mm 以内者，套装饰线条定额，以延长米计算；展开宽度在 300mm 以上者，套零星抹灰定额，以展开面积计算。

ⅲ. 垂直遮阳板、栏板抹灰　垂直遮阳板、栏板（包括立柱、扶手或压顶等）抹灰，套垂直遮阳板、栏板定额，按垂直投影面积乘以系数 2.2，以 m² 计算。

⑥ 界面处理剂、混凝土面凿毛、每增减一遍素水泥浆，均是为了增加抹灰与混凝土墙面黏结力所采取的措施，一般可根据设计或施工要求选取其中一项。其工程量按实际面积以 m² 计算。

（2）墙柱面块料面层

墙柱面块料面层按施工部位分墙面墙裙（内墙面、外墙面）、柱面（圆柱面、方柱面）、零星项目。立面高度超过 1 500mm 的为墙面；立面高度在 300～1 500mm 的为墙裙；立面高度小于 300mm 的为踢脚板。踢脚板套楼地面分部定额子目。零星项目系指挑檐、天沟、腰线、窗台板、门窗套、压顶、栏板、扶手、遮阳板、雨篷周边、楼梯侧面、池槽、花台等。

① 墙面墙裙块料面层，均按饰面面积以 m² 计算，应扣除腰带砖面积，不扣除阴、阳角条、压顶线所占面积。

② 独立柱块料面层按柱外围块料饰面面积（装饰后的面积）以 m² 计算（不同于柱面抹灰）。即其工程量为

$$S=C'H_{净}$$

式中 C'——柱装饰表面周长；

$H_{净}$——装饰柱净高。

③ 大理石和花岗岩的艺术线条、瓷砖腰带、阴阳角条、压顶线，均按饰面长度以 m 计算。

④ 嵌缝、酸洗打蜡按饰面面积以 m^2 计算。

⑤ 磨边按实际磨边长度以 m 计算。

(3) 墙柱面龙骨基层与面层

墙柱面龙骨基层、面层，均按图示尺寸的实铺面积以 m^2 计算。注意：此处实铺面积是指龙骨基层的实铺面层。

(4) 装饰隔断

① 硬木玻璃隔断分全玻璃隔断和半玻璃隔断。全玻璃隔断，按下横档底面至上横档顶面之间的高度乘以两边立梃外边线之间的宽度以 m^2 计算；半玻璃隔断，按半玻璃设计边框外边线为界，分别按不同材料以 m^2 计算。

② 玻璃砖隔断分全玻璃砖隔断和木格式玻璃砖隔断。全玻璃砖隔断，按玻璃砖外围面积以 m^2 计算；木格式玻璃砖隔断，按玻璃砖格式框外围面积以 m^2 计算。

③ 铝合金隔断分扣板隔断和玻璃隔断；镜面玻璃格式木隔断分夹花式隔断和全镜面玻璃隔断；夹花式隔断分直栅和网眼两种。其工程量均按框外围面积以 m^2 计算。

④ 隔断超细玻璃棉隔音层，按填充隔音材料部分的隔断面积以 m^2 计算。

(5) 玻璃幕墙

玻璃幕墙按框外围面积以 m^2 计算。幕墙上有开启扇(系指撑窗)，计算幕墙面积时，窗扇面积不扣；开启扇工程量以扇框延长米计算。幕墙上有平开窗、推拉窗，计算幕墙面积时，应扣除窗洞口面积，平开窗、推拉窗另套门窗及木结构分部相应定额子目。

4.4.10.2 天棚装饰

天棚装饰分天棚抹灰、天棚龙骨基层和天棚面层三部分。

(1) 天棚抹灰

① 天棚抹灰工程量按以下规定计算：

ⅰ. 天棚抹灰面积按主墙间的净面积计算，不扣除间壁墙、垛、柱、附墙烟囱、检查口和管道所占的面积。带梁天棚的梁两侧抹灰面积及檐口天棚的抹灰面积并入天棚抹灰工程量中计算。

ⅱ. 井字梁天棚抹灰按展开面积计算。

ⅲ. 阳台底面抹灰按水平投影面积计算，并入相应天棚抹灰面积内。阳台如果是悬壁梁者，其工程量乘以系数 1.30 计算。

ⅳ. 雨篷底面或顶面抹灰分别按水平投影面积计算，并入相应天棚抹灰面积内。雨篷顶面带反沿或反梁者，其工程量乘以系数 1.20 计算。

② 天棚抹灰装饰线条 天棚抹灰装饰线条按延长米计算。

(2) 天棚龙骨基层

天棚龙骨基层按主墙间实际面积计算，不扣除间隔墙、检查口、附墙烟囱、垛和管道所占面积，应扣除与天棚相连的窗帘箱所占的面积。

(3) 天棚装饰面层

天棚面层定额有三类：一是在基层上安装各种面层；二是其他与天棚有关的工作，如镜面玻璃车边、天棚保温层、风口安装等；三是无龙骨面层或龙骨代面层(木方格吊顶天棚)和龙骨加面层，如钢(铝)结构中空玻璃采光天棚。

① 天棚装饰面层按主墙间实际面积计算，不扣除间壁墙、检查口、附墙烟囱、垛和管道所占面积，但应扣除 0.3m² 以上的灯饰、灯槽、风口、独立柱及与天棚相连的窗帘箱所占的面积。天棚面层中的假梁按展开面积，合并在天棚面层工程量内计算；天棚中带艺术形式的折线、迭落、圆弧形、拱形、高低灯槽等的天棚面层均按展开面积计算。

② 天棚其他装饰：镜面玻璃车边按实际车边长度以 m 计算；天棚超细玻璃棉保温层，按安放保温材料部分的天棚基层 m² 计算；送（回）风口按"个"计算。

4.4.10.3 油漆裱糊装饰

油漆裱糊装饰分木材面油漆、抹灰面油漆、喷涂裱糊和金属面油漆四部分。

(1) 木材面油漆

木材面油漆工程量计算分五种情况（五大类），分别为：木门类（以单层木门为准）、木窗类（以单层玻璃窗为准）、木线条类（以不带托板的木扶手为准）、其他类（以木板、纤维板、胶合板天棚、檐口为准）、木地板类（以木地板、木踢脚板为准）。

① 木门、木窗类油漆　各类木门、木窗油漆，按木门、木窗洞口面积乘以木门、木窗类油漆工程量系数，以 m² 计算，分别套单层木门、木窗油漆定额子目。其工程量计算公式如下：

$$S=S_0K'$$

式中　S_0——木门或门窗的洞口面积；

K'——木门或木窗油漆工程量系数，见表 4-36。

表 4-36　门、窗油漆工程量系数表

项目名称（门）	工程量系数	项目名称（窗）	工程量系数	工程量计算方法
单层木门	1.00	单层玻璃窗	1.00	按单面洞口面积计算
双层（一板一纱）木门	1.36	双层（一玻一纱）窗	1.36	
双层（单裁口）木门	2.00	双层（单裁口）窗	2.00	
单层全玻门	0.83	三层（二玻一纱）窗	2.60	
木百叶门	1.25	单层组合窗	0.83	
厂库大门	1.10	双层组合窗	1.13	
		木百叶窗	1.50	

② 木线条类油漆　凡木扶手、窗帘盒、封檐板、顺水板、黑板框、生活圆地框、挂镜线、窗帘棍等油漆，均按长度"L_0"乘以木线条类油漆工程量系数，以 m 计算，套木扶手（不带托板）油漆定额子目。木线条油漆工程量系数见表 4-37。

表 4-37　木线条类油漆工程量系数表

项目名称	工程量系数（K'）	基本工程量（L）	工程量计算式
木扶手（不带托板）	1.00	按延长米计算	$L=K'L_0$
木扶手（带托板）	2.60		
窗帘盒	2.04		
封檐板、顺水板	1.74		
挂衣板、黑板框	0.52		
生活圆地框、挂镜框、窗帘棍	0.35		

③ 其他类油漆工程量均按其基本工程量乘以其他类油漆工程量系数(表 4-38),以 m^2 计算。其他类物件包括的项目亦见表 4-38。

表 4-38　　其他类油漆工程量系数表

项目名称	工程量系数(K')	基本工程量(S_0)	工程量计算式
木板、纤维板、胶合板天棚、檐口	1.00	长×宽	$S=K'S_0$
清水板条天棚、檐口	1.07		
木方格吊顶天棚	1.20		
吸音板墙面、天棚面	0.87		
鱼鳞板墙	2.48		
木护墙、墙裙	0.91		
窗台板、筒子板、盖板	0.82		
暖气罩	1.28		
屋面板(带檩条)	1.11	斜长×宽	
木间壁、木隔断	1.90	按单面外围面积计算	
玻璃间壁、露明墙筋	1.65		
木栅栏、木栏杆(带扶手)	1.82		
木屋架	1.79	跨度(长)×中高÷2	
衣柜、壁柜	0.91	按展开面积计算	
零星木装修	0.87	按展开面积计算	

(2) 抹灰面油漆与喷涂裱糊

抹灰面油漆工程量,均按楼地面、墙柱梁面、天棚面的相应抹灰工程量以 m^2 计算;或按其基本工程量乘以抹灰面油漆工程量系数,以 m^2 计算,套抹灰面油漆定额子目。其系数见表 4-39。

表 4-39　　抹灰面油漆工程量系数表

项目名称	工程量系数(K')	基本工程量(S_0)	工程量计算式
槽形板底、混凝土折板	1.30	长×宽	$S=K'S_0$
有梁板底	1.10		
密肋、井字梁板底	1.50		
混凝土平板式楼梯底	1.30	计算水平投影面积	

喷涂、裱糊工程量按其喷涂、裱糊的基层(抹灰层)工程量计算。

(3) 金属面油漆

金属面油漆工程量计算分三种情况(三大类),分别为:面积类(以单层钢门窗为准)、质量类(以钢屋架、天窗架、挡风架、屋架梁、支撑、檩条为准)、底漆类(以单面涂刷的平板屋面瓦为准)。工程量计算均为系数乘以面积或质量。各类系数见表 4-40～表 4-42。

① 单层钢门窗(面积类)油漆工程量计算。

表 4-40　　单层钢门窗(面积类)油漆工程量系数表

项目名称	工程量系数(K')	基本工程量(S_0)	工程量计算式
单层钢门窗	1.00	洞口面积	$S=K'S_0$
双层(一玻一纱)钢门窗	1.48		
百叶钢门	2.74		
半截百叶钢门	2.22		
满钢门又名包铁皮门	1.63		
钢折叠门	2.30		
射线防护门	2.96	框(扇)外围面积	
厂库房平门、推拉门	1.70		
铁丝网大门	0.81		

② 其他金属面(质量类)油漆工程按表 4-41 计算。

表 4-41　　其他金属面(质量类)油漆工程量系数表

项目名称	工程量系数(K')	基本工程量(W_0)	工程量计算式
钢屋架、天窗架、挡风架、屋架梁、支撑、檩条	1.00	质量/t	$W=K'W_0$
墙架(空腹式)	0.50		
墙架(格板式)	0.82		
钢柱、吊车梁、花式梁柱、空花构件	0.63		
操作台、走台、制动梁、钢梁车挡	0.71		
钢栅栏门、栏杆、窗栅	1.71		
钢爬梯	1.18		
轻型屋架	1.42		
踏步式钢扶梯	1.05		
零星铁件	1.32		

③ 底漆类工程量按表 4-42 计算。

表 4-42　　刷磷化、锌黄底漆类工程量系数表

项目名称	工程量系数(K')	基本工程量 S_0	工程量计算式
平板屋面瓦(单面涂刷)	1.00	斜长×宽	$S=K'S_0$
垄板屋面(单面涂刷)	1.20		
排水、伸缩缝盖板(单面涂刷)	1.05	展开面积	
吸气罩	2.20	水平投影面积	
包镀锌铁皮门	2.20	洞口面积	

4.4.10.4 其他装饰

(1) 招牌基层

钢结构招牌基层,按设计钢材用料以 t 计算;木结构招牌基层,按正立面面积以 m^2 计算。招牌面层和突出面层的灯饰、店徽及其他艺术装饰物等均应另行计算,套相应定额子目。

(2) 美术字和铭牌

美术字分中文和外文，按“个”计算；铭牌按“块”计算。

(3) 室内细部装饰

室内细部装饰分窗台板、窗帘盒、筒子板、贴脸、踢脚板、装饰线及其他。

① 窗台板　窗台板分硬木工板和细木工板，按实铺面积以“m^2”计算。

② 窗帘盒　窗帘盒按材料分硬木、细木工板和胶合板带木筋 3 种；工程量按长度以 m 计算。如设计图未说明尺寸时，可按窗洞口宽加 300mm 计算。窗帘盒未包括窗帘导轨，应另行计算，套相应定额子目。

③ 筒子板　筒子板按材料分硬木带木筋、细木工板和胶合板带木筋，工程量按实铺面积以“m^2”计算。

④ 踢脚板　踢脚板分硬木、细木工板和成品安装，按长度以 m 计算。

⑤ 粘贴装饰薄皮　窗台板、窗帘盒、筒子板、踢脚板为细木工板和胶合板面上粘贴装饰夹板的，须再套用贴装饰薄皮定额子目，按实贴面积以“m^2”计算。

⑥ 门窗贴脸和装饰条　门窗贴脸又称门头线，按长度以“m”计算。装饰条分成品安装和制作安装。成品安装的装饰条有木装饰条、石膏饰条、金属饰条、镜面玻璃条、镶嵌铜条；制作安装的装饰条有金属条，按宽度分 60mm 以内、100mm 以内和 100mm 以外。装饰条，无论是成品安装还是制作安装，其工程量均按长度以“m”计算。

⑦ 石材洗漱台　石材洗漱台按台板水平投影面积以“m^2”计算。定额已包括垂直板材(如挡水板)的用量，开孔费用应包括在石材价格之中。

⑧ 其他　装饰面层上贴缝条，按装饰面层的面积以“m^2”计算。开灯孔，按个计算；悬挑灯槽，按“m”计算。镜箱、浴帘杆、浴缸拉手、毛巾杆安装，均按个、套计算。壁镜制作安装，按面积以“m^2”计算。窗帘(垂直帘)安装，按实际面积以“m^2”计算。

(4) 橱、柜类

橱柜分吊橱、壁橱、收银台、高货架，均按正立面的高(连脚)乘以宽以“m^2”计算。

4.4.11　金属结构制作及附属工程

本分部工程分为 4 节 52 个项目，其分项工程划分见表 4-43。

表 4-43　金属结构制作及附属工程项目划分表

分部工程	节	分项工程
金属结构制作及附属工程	现场制作金属构件	栏杆、钢梯、零星铁件、漏斗、料仓
	道　　路	路基平整、基层、面层、侧石、传力钢筋
	排水管铺设	PVC-U 管(承插黏结、柔性连接)
	砖砌窨井及化粪池	窨井(砌筑、抹灰)、化粪池(砌筑、抹灰)

4.4.11.1　现场制作金属构件

(1) 栏杆、钢梯、零星铁件，按图示钢材尺寸以“t”计算，不扣除孔眼、缺角、切肢、切边的质量，不计螺栓、铆钉或焊缝的质量，圆形、多边形的钢板按其外接矩形面积计算。

(2) 金属漏斗、料仓

金属漏斗、料仓按排板图示尺寸以“t”计算，不扣除孔洞面积。

4.4.11.2 附属工程

（1）道路

附属工程定额中的道路系指按规划红线内的小区及厂区道路标准设计和验收的道路，若为规划红线外的市政道路或按市政设计、施工规范验收的道路，应套市政定额。

道路路基定额中综合考虑了 30cm 厚的挖、填、运土方的含量，厚度超过 30cm 时，可按实调整。

（2）排水管

排水管系指 PVC-U 硬管，按连接方式分为承插黏结和柔性橡胶圈连接；按管径分有 PVC-U 排水管 De110，160，200，250，315 和 PVC-U 加筋管 DN2720，300，400；按管道铺设方式分不坞帮、半坞帮、全坞帮（图 4-33），其工程量按延长米计算，不扣除窨井所占的长度。

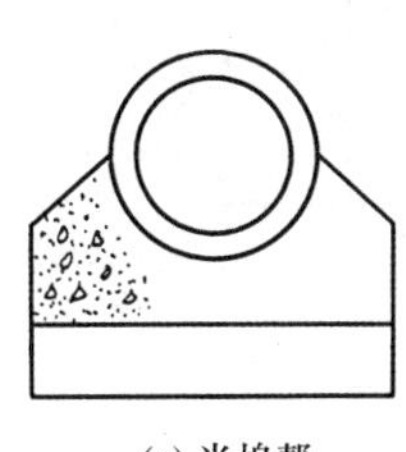

(a) 半坞帮

(b) 全坞帮

图 4-33 管道铺设方式

（3）砖砌窨井和化粪池

窨井、化粪池分砌筑与抹灰两项。窨井化粪池砌筑按实体积以 m^3 计算；抹灰按实际面积以 m^2 计算。

4.4.12 建筑物超高降效及垂直运输

本分部工程共有 6 节 88 个项目，其分项工程见表 4-44。

表 4-44 超高降效及垂直运输项目划分表

分部工程	节	分项工程
建筑物超高降效及建筑物（构筑物）垂直运输	建筑物超高人工降效	人工降效系数（30m 以内，45m 以内，…，270m 以内）
	建筑物超高其他机械降效	机械降效系数（30m 以内，45m 以内，…，270m 以内）
	建筑物垂直运输机械	垂直运输机械及相应设备（20m 以内，30m 以内，45m 以内，…，270m 以内）
	构筑物垂直运输机械	烟囱（砖混、钢筋混凝土）、水塔（砖混、钢筋混凝土）、钢筋混凝土贮水池、滑模筒仓
	建筑物基础垂直运输机械	钢筋混凝土基础
		钢筋混凝土地下室（1 层、2 层）

4.4.12.1 建筑物超高人工、其他机械降效

由于《上海建筑和装饰工程预算定额》（2000）除脚手架和垂直运输工程项目以外，其他分部分项工程定额测定都是按建筑物高度为 20m 以内编制的。因此，当建（构）筑物高度超过 20m 时，应考虑其超高降效。其工程量按不同建筑物高度，增加人工、机械消耗量的百分率计算。此处，建筑物高度是指设计室外地坪至结构顶的高度。当超高建筑物有高低层时，应根据

不同高度的垂直分界面，分别按不同高度计算超高降效费用。

［例 4-20］ 某高层建筑物，其平面外包尺寸、高度、层数见图 4-34。经计算，该建筑物超高降效部分的人工消耗量为 $A_{Ⅰ}$，$A_{Ⅱ}$ 和 $A_{Ⅲ}$，某种机械台班使用量为 $B_{Ⅰ}$，$B_{Ⅱ}$ 和 $B_{Ⅲ}$，试计算该高层建筑物的超高工程量。

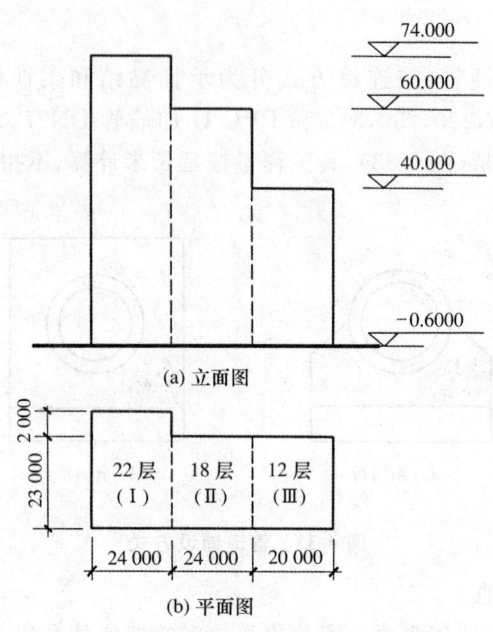

图 4-34 某高层建筑物的外包尺寸、高度、层数

［解］ 根据建筑物高度不同时，超高降效工程量按垂直分界为原则，采用列表法计算。

表 4-45　　列表法超高降效工程量计算表

项目	建筑面积/m²①	比例/%②	定额降效系数/%③	超高降效增加系数/%②×③	超高降效工程量(增加)		备　注
					人工(工日)	某机械(台班)	
Ⅰ	13200	46.0	11.78	5.42	5.42%$A_{Ⅰ}$	5.42%$B_{Ⅰ}$	套定额 75m 以内
Ⅱ	9936	34.7	9.06	3.14	3.14%$A_{Ⅱ}$	3.14%$B_{Ⅱ}$	套定额 60m 以内
Ⅲ	5520	19.3	6.38	1.23	1.23%$A_{Ⅲ}$	1.23%$B_{Ⅲ}$	套定额 45m 以内

4.4.12.2 垂直运输机械

(1) 建筑物(上部)垂直运输机械的工程量按设计室内地坪(±0.00)以上的建筑面积(含技术层)之和以 m² 计算。当建筑物有高低层时，同样按不同高度垂直分界。屋面上的楼梯间、电梯机房、水箱间、塔楼、瞭望台建筑面积并入工程量内，但不计算高度。

(2) 建筑物层高超过 3m 的，每增 1m 垂直运输机械的工程量按该层建筑面积计算。

(3) 构筑物垂直运输机械按不同类型构筑物的设计高度以“座”计算。

(4) 构筑物基础垂直运输机械分钢筋混凝土基础和钢筋混凝土地下室基础，分别按基础混凝土的实体积(m³)和地下室外围水平面积总和(m²)计算。

［例 4-21］ ［例 4-20］中，底层、二层层高分别为 5m、4m，三层以上层高在 3.0m 和3.5m之

间。试计算该建筑物的垂直运输机械。

［解］ ① 上部建筑垂直运输机械工程量按不同高度的建筑面积计算：

Ⅰ区：$24.0\times25.0\times22=13\,200\text{m}^2$（套 75m 以内）

Ⅱ区：$24.0\times23.0\times18=9\,936\text{m}^2$（套 60m 以内）

Ⅲ区：$20.0\times23.0\times12=5\,520\text{m}^2$（套 45m 以内）

② 层高超 3m 垂直运输机械：

Ⅰ区：$24.0\times25.0\times(2+1)=1\,800\text{m}^2$（套 75m 以内）

Ⅱ区：$24.0\times23.0\times(2+1)=1\,656\text{m}^2$（套 60m 以内）

Ⅲ区：$20.0\times23.0\times(2+1)=1\,380\text{m}^2$（套 45m 以内）

4.4.13 脚手架工程

本分部工程共分 5 节 75 个项目，其分项工程划分见表 4-46。

表 4-46　　脚手架工程项目划分表

分部工程	节	分项工程
脚手架工程	外脚手架	钢管（12m，20m，30m，45m，…，270m 以内）
		竹制（16m 以内，30m 以内）
	里脚手架及满堂脚手架	里脚手架（现浇框架浇捣用、砌墙用、粉刷用）
		满堂脚手架、粉刷行车梁脚手架、悬空脚手架
	电梯井脚手架	结构用（20m，30m，45m，…，270m 以内）
		安装用（20m，30m，45m，…，270m 以内）
	防护脚手架	沿街防护安全笆（12m，20m，30m 以内）
		水平防护架
		高压线防护架（10m，15m，20m 以内）
	构筑物脚手架	砖砌烟囱（10m，30m，40m 以内）
		水塔（10m，30m，40m 以内）

4.4.13.1 外脚手架

外脚手架的工程量按外墙面的垂直投影面积计算，即

$$S=L_{外}H+S_0$$

式中 H——脚手架计算高度：自设计室外地面标高至檐口屋面结构标高或至女儿墙顶面的高度；

S_0——建筑物屋面以上的楼梯间、电梯间、水箱间的外墙面垂直投影面积。

埋深超 3m 的地下室、设备基础、贮水池、油池在必须搭设脚手架时，套外脚手架定额；高度在 3.0m 以下的外墙，不计算外脚手架。独立砖柱按其断面周长加 3.6m 乘以柱高计算，套外脚手架定额。

4.4.13.2 里脚手架

(1) 砌筑、粉刷里脚手架

里脚手架按内墙面垂直投影面积计算，即内墙净长乘楼层净高。砌筑里脚手架仅算内墙一面，而粉刷里脚手架应算内墙的双面及外墙的内面墙体面积。3.6m 以下的内墙面、围墙、砖柱，均不计算里脚手架。当计算了满堂脚手架后，就不再计算粉刷用里脚手架。

(2) 满堂脚手架

满堂脚手架按室内地面净面积计算，不扣除柱、垛所占的面积。

（3）电梯井脚手架

分土建结构用和电梯设备安装用两种。按座（一台电梯）计算。其高度按电梯井坑底板面至电梯机房的楼板底距离计算。

4.4.13.3　防护脚手架

（1）沿街建筑外侧防护安全笆，仅适用于高度在 20m 以下的沿街建筑物。其工程量按建筑物外侧沿街长度的垂直投影面积计算。

（2）高压线防护架按搭设长度乘以高度以面积计算。搭设使用期超过基本使用期（5 个月），可按每增加 1 个月子目累计计算。

脚手架工程的项目在工程量清单中被列为措施项目。

4.5　建筑面积计算规则

4.5.1　建筑面积的概念与作用

4.5.1.1　建筑面积的概念

建筑面积，也称“建筑展开面积”，是指建筑物各层外围水平投影面积的总和。

建筑面积由建筑物的使用面积、辅助面积和结构面积组成。使用面积是指建筑物内各层平面布置中可直接为生产或生活使用的净面积，在居住建筑中，使用面积也可称“居住面积”。辅助面积是指建筑物各层平面布置中为辅助生产或生活所占净面积，如公共走廊（道）、电梯间、公共建筑中的卫生间等面积。使用面积与辅助面积的总和称“有效面积”。结构面积是指建筑物各层平面布置中的墙体、柱等结构所占的面积，不包括抹灰厚度所占的面积。

4.5.1.2　建筑面积的作用

建筑面积是一项反映或衡量建筑物技术经济指标的重要参数。

（1）在建筑设计中，利用建筑面积计算建筑平面系数、土地利用系数。

$$\text{建筑平面系数}=\frac{\text{使用面积}}{\text{建筑面积}}$$

$$\text{容积率}=\frac{\text{总建筑面积}}{\text{建筑用地面积}}$$

（2）在编制估算造价时，将建筑面积作为估算指标的依据，如单位面积造价＝工程造价/建筑面积（元/m^2）；在概预算编制时，利用建筑面积，计算建筑或结构的工程量；还可计算造价指标、材料消耗量指标等技术经济指标，如人工消耗指标＝人工消耗量/建筑面积（工日/m^2），材料消耗指标＝材料消耗量/建筑面积。

（3）在建筑施工企业管理中，完成建筑面积的多少，是反映企业的业绩大小，建筑面积是企业配备施工力量、物资供应、成本核算等依据之一。

（4）建筑面积也能衡量一个国家或地区的工农业发展状况及人民生活居住水平和文化生活福利设施建筑的程度，如人均住房面积指标等。

4.5.2　建筑面积计算规则

4.5.2.1　计算建筑面积的范围

（1）单层建筑物的建筑面积按其外墙勒脚以上结构的外围水平面积计算（图 4-35），并应符合下列规定：

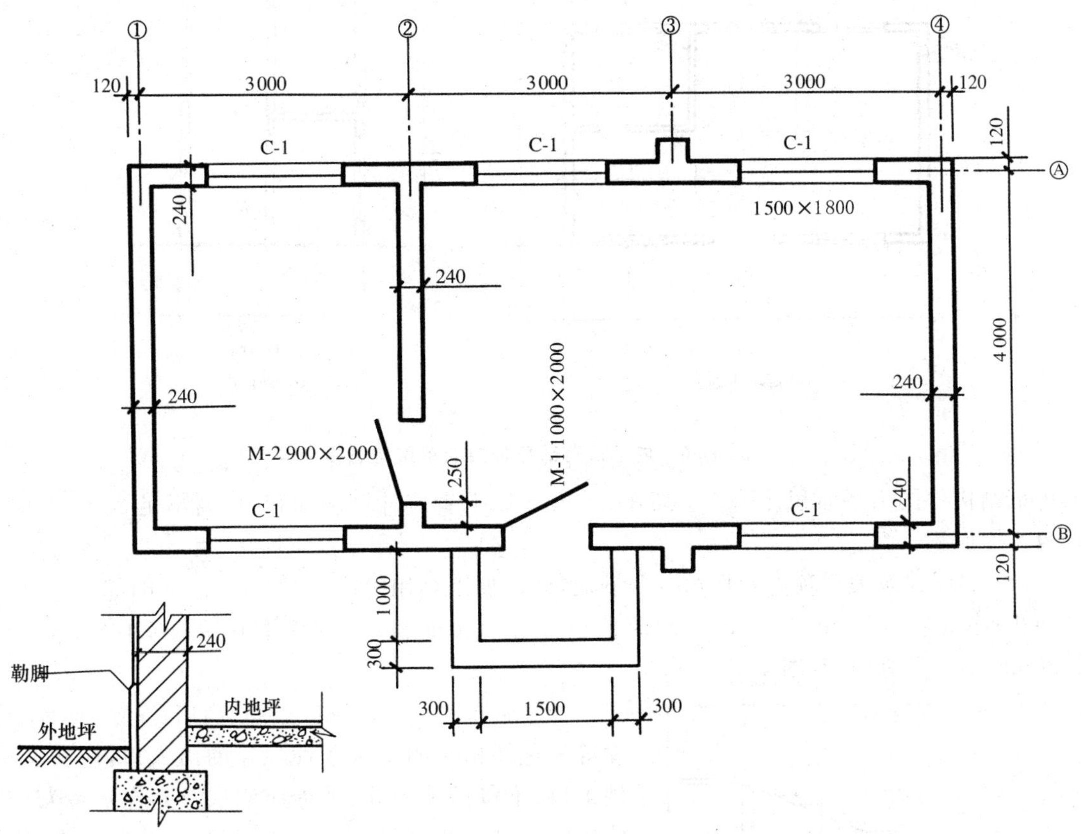

图 4-35　单层建筑面积示意图(单位:mm)

① 单层建筑物高度在 2.20m 及以上者应计算全面积；高度不足 2.20m 者应计算 1/2 面积。

② 利用坡屋顶内空间时净高超过 2.10m 的部位应计算全面积；净高在 1.20m 至 2.10m 的部位应计算 1/2 面积；净高不足 1.20m 的部位不应计算面积。

［例 4-22］ 图 4-35 为某单层建筑物的平面图，且该层层高为 2.9m，求建筑面积。

［解］ $S=(3.00\times3+0.24)\times(4.00+0.24)=39.18(\mathrm{m}^2)$

图中室外台阶、平台及墙垛不计算建筑面积。

(2) 单层建筑物内设有局部楼层者，局部楼层的二层及以上楼层，有围护结构的应按其围护结构外围水平面积计算(图 4-36)，无围护结构的应按其结构底板水平面积计算。层高在 2.20m及以上者应计算全面积；层高不足 2.20m 者应计算 1/2 面积。

［例 4-23］ 图 4-36 为某单层建筑物内部设有部分楼层的平面图和剖面图，二层层高为 2.6m，求其建筑面积：

［解］ $S=AB+ab$

(3) 多层建筑物首层应按其外墙勒脚以上结构外围水平面积计算；二层及以上楼层应按

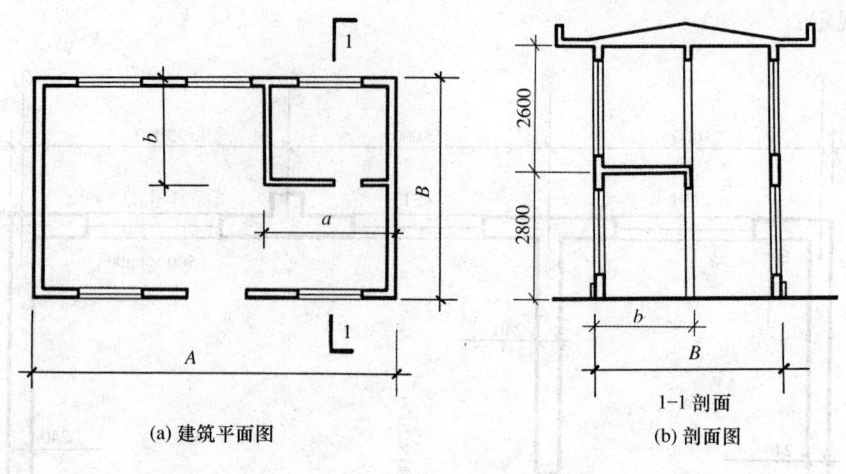

图 4-36 内部设有部分楼层的单层建筑物

其外墙结构外围水平面积计算。层高在2.20m及以上者应计算全面积；层高不足 2.20m 者应计算 1/2 面积。

(4) 多层建筑坡屋顶内和场馆看台下，当设计加以利用时净高超过 2.10m 的部位应计算全面积；净高在 1.20m 至 2.10m 的部位应计算 1/2 面积；当设计不利用或室内净高不足 1.20m时不应计算面积(图 4-37)。

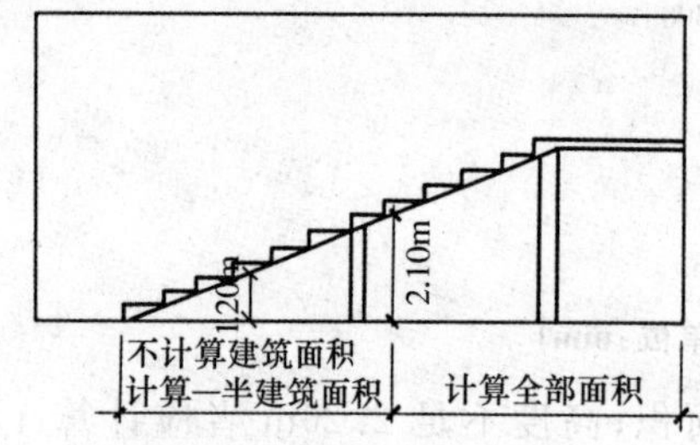

图 4-37 场馆看台加以利用时建筑面积计算示意图

(5) 地下室、半地下室(车间、商店、车站、车库、仓库等)，包括相应的有永久性顶盖的出入口，应按其外墙上口(不包括采光井、外墙防潮层及其保护墙)外边线所围水平面积计算。层高在 2.20m 及以上者应计算全面积；层高不足 2.20m 者应计算 1/2 面积。

图 4-38 为一地下室剖面图，图中的保护墙、防潮层和采光井不计算建筑面积，因为它们在出入口的下方。

地下室和其出入口的建筑面积的计算宽度分别为 b_1 和 b_2。

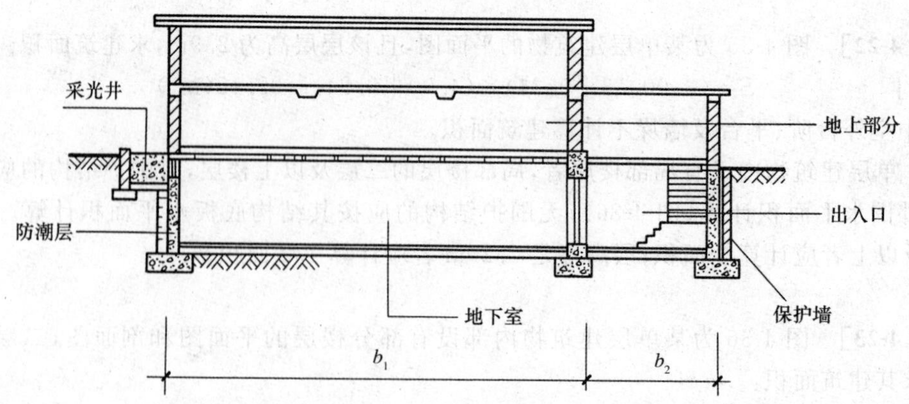

图 4-38 地下室剖面图

(6) 坡地的建筑物吊脚架空层、深基础架空层，设计加以利用并有围护结构的，层高在 2.20m及以上的部位应计算全面积；层高不足 2.20m 的部位应计算 1/2 面积。设计加以利用、无围护结构的建筑吊脚架空层，应按其利用部位水平面积的 1/2 计算；设计不利用的深基础架空层、坡地吊脚架空层、多层建筑坡屋顶内、场馆看台下的空间不应计算面积。

图 4-39 为架空深基础示意图，图 4-40 为坡地架空基础示意图。在两图中，架空层的层高为≥2.20m，若层高<2.20m 时，则需计算架空层面积的一半为建筑面积。

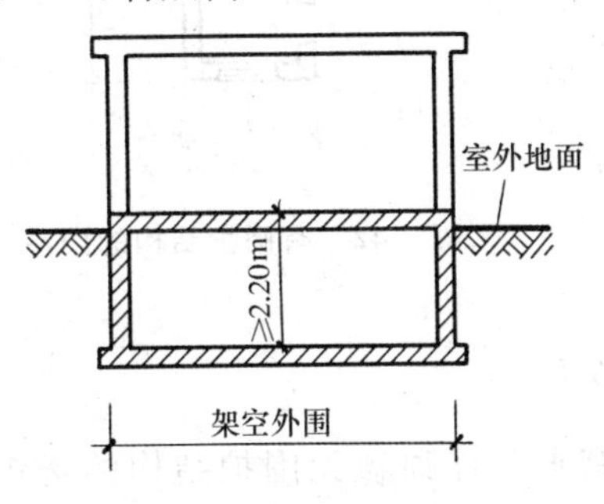

图 4-39 架空深基础示意图

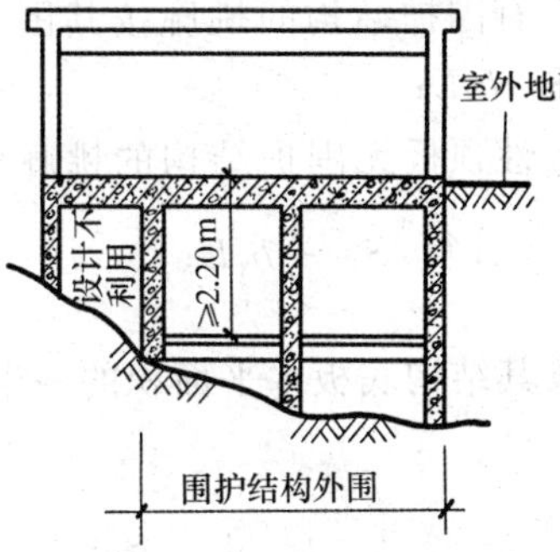

图 4-40 坡地架空基础示意图

(7) 建筑物的门厅、大厅按一层计算建筑面积。门厅、大厅内设有回廊时，应按其结构底板水平面积计算。层高在 2.20m 及以上者应计算全面积；层高不足 2.20m 者应计算 1/2 面积。

(8) 建筑物间有围护结构的架空走廊，应按其围护结构外围水平面积计算。层高在 2.20m及以上者应计算全面积；层高不足 2.20m 者应计算 1/2 面积。有永久性顶盖无围护结构的应按其结构底板水平面积的 1/2 计算(图 4-41)。

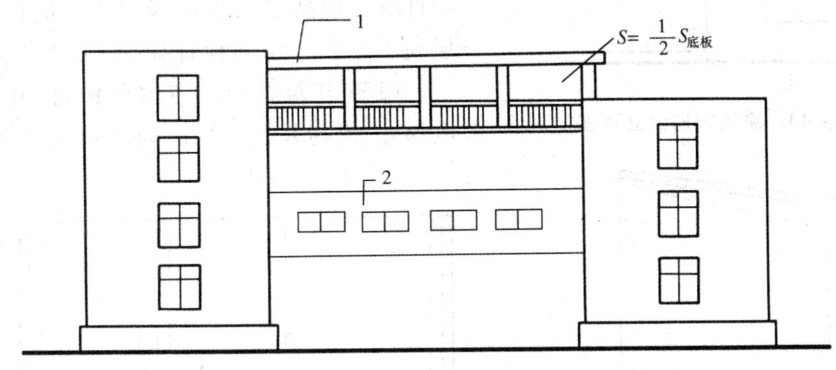

图 4-41 两建筑物间的架空走廊

1—有永久性顶盖无围护结构的架空走廊；2—有围护结构的架空走廊

(9) 立体书库、立体仓库、立体车库，无结构层的应按一层计算，有结构层的应按其结构层面积分别计算。层高在 2.20m 及以上者应计算全面积；层高不足 2.20m 者应计算 1/2 面积。

(10) 有围护结构的舞台灯光控制室，应按其围护结构外围水平面积计算。层高在 2.20m 及以上者应计算全面积；层高不足 2.20m 者应计算 1/2 面积。

(11) 建筑物外有围护结构的落地橱窗、门斗(图 4-42)、挑廊、走廊、檐廊，应按其围护结构外围水平面积计算。层高在 2.20m 及以上者应计算全面积；层高不足 2.20m 者应计算 1/2 面积。有永久性顶盖无围护结构的应按其结构底板水平面积的1/2计算。

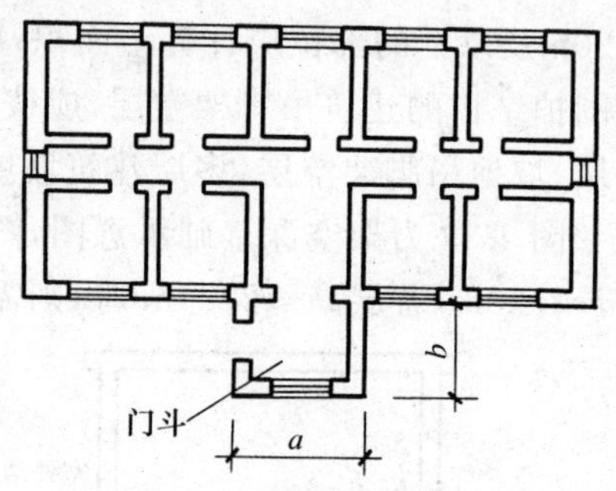

图 4-42 有围护结构的门斗

［例 4-24］ 图4-43所示为一幢建筑物的侧立面图，廊的两端外侧距离为 L，廊的顶板宽、围护结构宽和底板宽分别为 b_1，b_2 和 b_3，求该建筑物廊的建筑面积(每层层高均为3.20m)。

［解］ ① 有围护结构的挑廊按其围护结构外围水平面积计算：$S=b_2L$；

② 有永久性顶板无围护结构的挑廊按其结构底板水平面积的一半计算：$S=\frac{1}{2}b_3L$；

③ 走廊按其结构底板水平面积的一半计算：$S=\frac{1}{2}b_3L$。

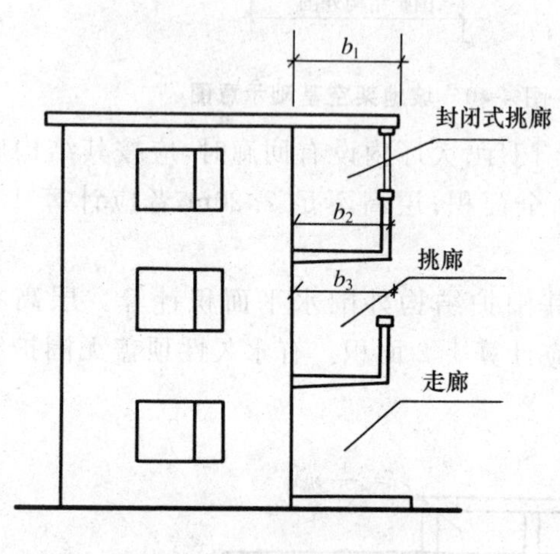
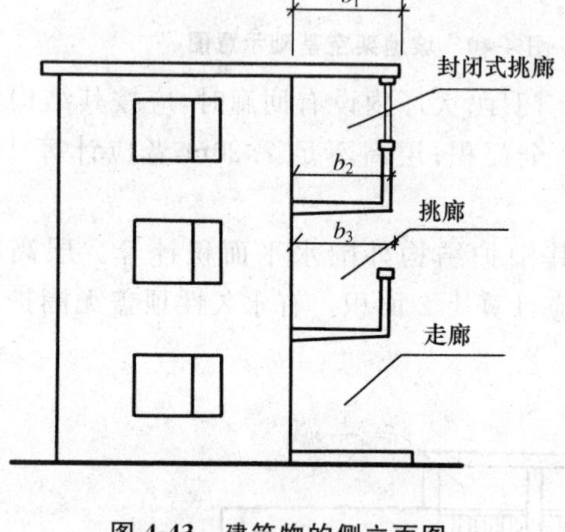

图 4-43 建筑物的侧立面图

(12) 有永久性顶盖无围护结构的场馆看台应按其顶盖水平投影响面积的1/2计算(图4-44)。

(13) 建筑物顶部有围护结构的楼梯间(图4-45)、水箱间、电梯机房等，层高在2.20m及以上者应计算全面积；层高不足2.20m者应计算1/2面积。

(14) 设有围护结构不垂直于水平面而超出底板外沿的建筑物，应按其底板面的外围水平面积计算。层高在2.20m及以上者应计算全面积；层高不足2.20m者应计算1/2面积。

(15) 建筑物内的室内楼梯间、电梯井、观光电梯井、提物井、管道井、通风排气竖井、垃圾道、附墙烟囱应按建筑物的自然层计算。

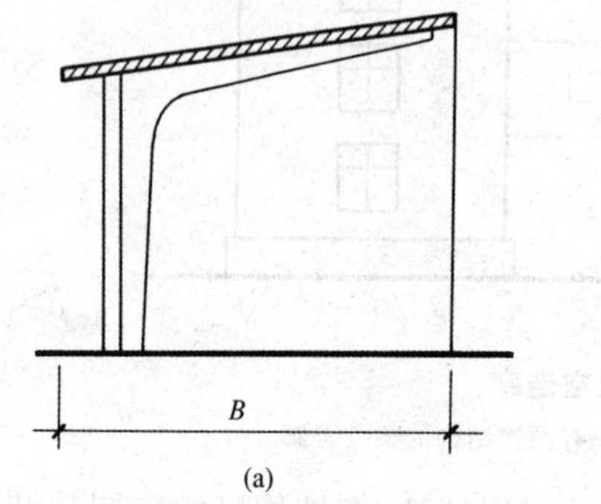

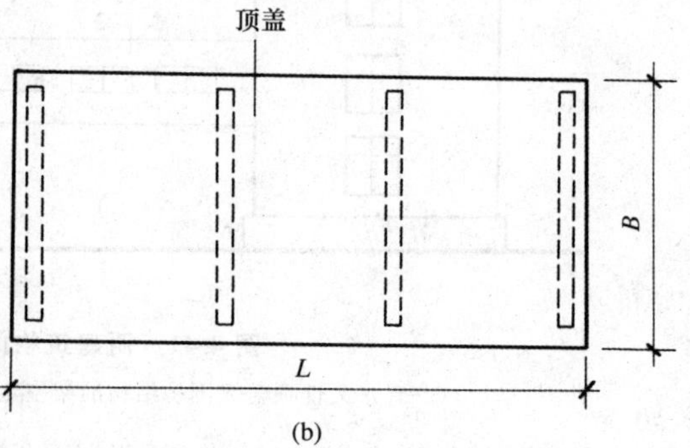

图 4-44 有永久性顶盖无围护结构的货(车)棚、站台等

(16) 雨篷结构的外边线至外墙结构外边线的宽度超过2.10m者，应按雨篷结构板的水平投影面积的1/2计算。

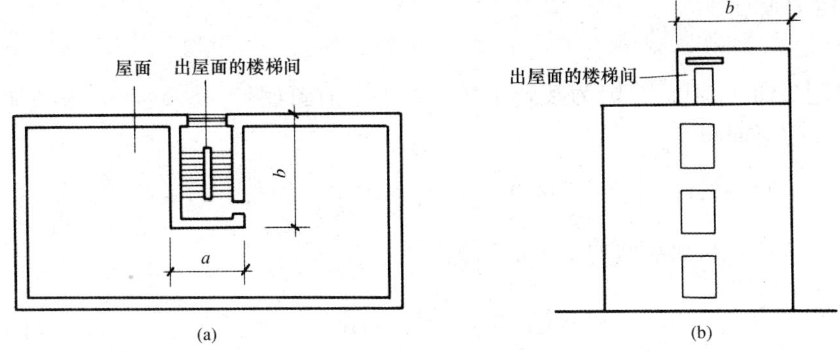

图 4-45　有围护结构的屋面楼梯间

［例 4-25］　图 4-46 中雨篷的长为 L，宽为 B，求雨篷的建筑面积：

［解］　① 当 $B>2.1$m 时，$S=\frac{1}{2}LB$；

② 当 $B\leqslant 2.1$m 时，$S=0$。

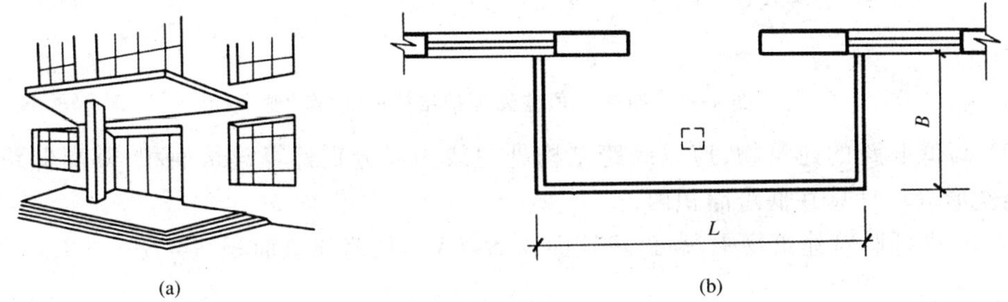

图 4-46　雨篷

(17) 有永久性顶盖的室外楼梯，应按建筑物自然层的水平投影响面积的 1/2 计算。

(18) 建筑物的阳台均应按其水平投影面积的 1/2 计算。

阳台就其外墙平面关系分有挑阳台、凹阳台和半挑半凹阳台，阳台就其是否有围护分为封闭阳台和不封闭阳台。

［例 4-26］　试计算图 4-47 阳台的建筑面积。

［解］阳台建筑面积：$S=\frac{1}{2}a_1b_1+\frac{1}{2}a_2b_2+\frac{1}{2}(a_3b_3+a_4b_4)$

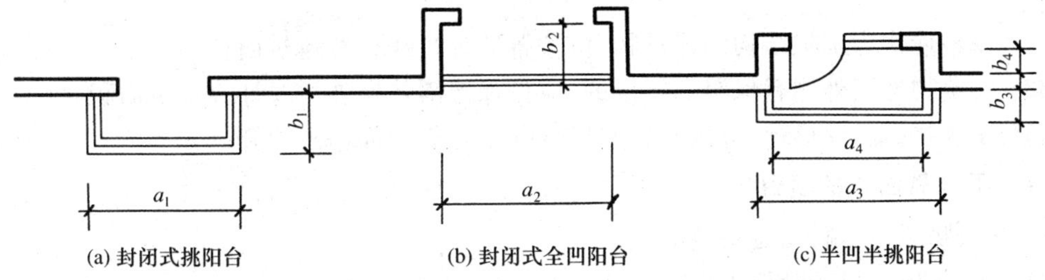

图 4-47　阳台平面示意图

(19) 有永久性顶盖无围护结构的车棚、货棚、站台、加油站、收费站等，应按其顶盖水平投影面积的 1/2 计算。

［例 4-27］ 图 4-44(a),(b)为某列车站台的平立面图,图 4-48(a),(b)为某加油站平立面图。试计算其建筑面积。

［解］ 图 4-44(a),(b)中,站台的建筑面积为:$S=\frac{1}{2}BH$,

图 4-48(a),(b)中,加油站的建筑面积为

$$S=\frac{1}{2}BL+AC$$

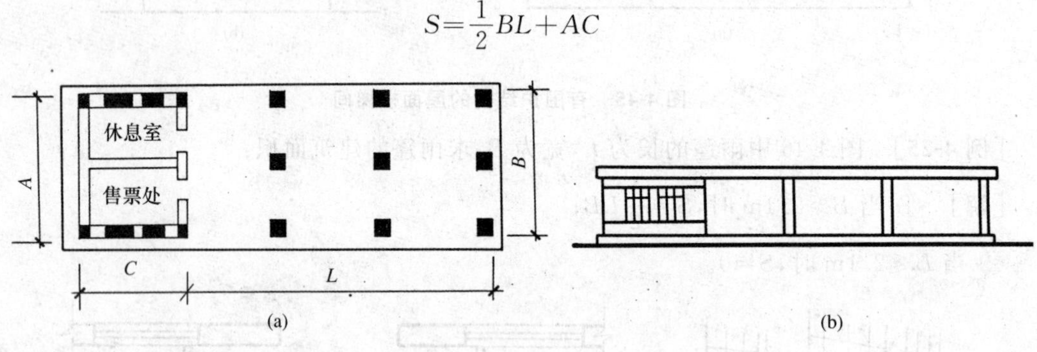

图 4-48 有永久顶盖无围护结构的货(车)棚

(20) 高低联跨的建筑物,应以高跨结构外边线为界分别计算建筑面积;其高低跨内部连通时,其变形缝应计算在低跨面积内。

图 4-49 高低联跨建筑物中,高跨建筑面积 $S=AL$,低跨建筑面积 $S=BL+CL$。

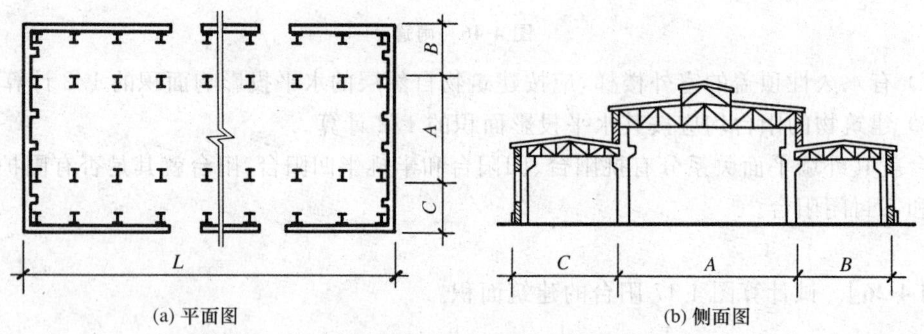

图 4-49 高低联跨建筑物

(21) 以幕墙作为围护结构的建筑物,应按幕墙外边线计算建筑面积。

(22) 建筑物外墙外侧有保温隔热层的,应按保温隔热层外边线计算建筑面积。

(23) 建筑物内的变形缝,应按其自然层合并在建筑物面积内计算。

4.5.2.2 不计算面积的项目

(1) 建筑物通道(骑楼、过街楼的底层)。

(2) 建筑物内的设备管道夹层。

(3) 建筑物内分隔的单层房间,舞台及后台悬挂幕布、布景的天桥、挑台等。

(4) 屋顶水箱、花架、凉棚、露台、露天游泳池。

(5) 建筑物内的操作平台、上料平台、安装箱和罐体的平台。

(6) 勒脚、附墙柱、垛、台阶、墙面抹灰、装饰面、镶贴块料面层、装饰性幕墙、空调室外机搁板(箱)、飘窗、构件、配件、宽度在 2.10m 及以内的雨篷以及与建筑物内不相连通的装饰性阳台、挑廊。

(7) 无永久性顶盖的架空走廊、室外楼梯和用于检修、消防等的室外钢楼梯、爬梯。

(8) 自动扶梯、自动人行道。

(9) 独立烟囱、烟道、地沟、油(水)罐、气柜、水塔、贮油(水)池、贮仓、栈桥、地下人防通道、地铁隧道。

图 4-50 为若干项不计算建筑面积的示意图。

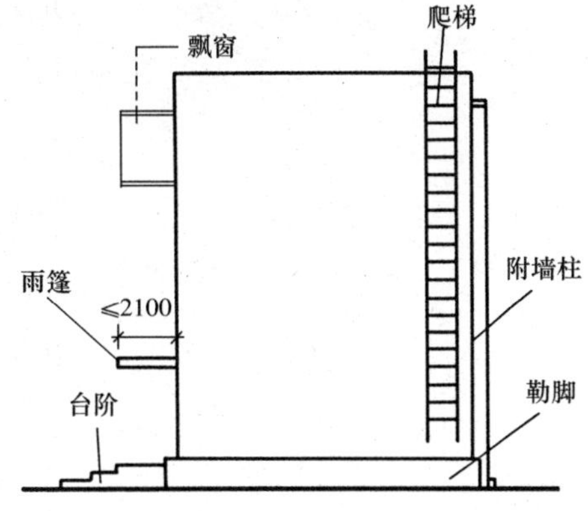

图 4-50 不计算建筑面积示意图

复习思考题

1. 何谓工程量?工程量、实物量与工程计量的区别是什么?

2. 工程计量的内容是什么?它们各有什么作用?

3. 工程计量的一般方法有哪些?

4. 分部分项工程量清单项目是如何编码的?请例举某工程两种规格的预制钢筋混凝土桩的项目编码:断面 450mm×450mm,长度 25m;断面 400mm×400mm,长度 15m。

5. 试用工程量清单计算规则,计算图 4-51 所示的下列工程量,砖基础、钢筋混凝土带基及其垫层同图 4-52 中±0.00 以下所示。

(1) 场地平整;(2) 挖基础土方;(3) 砖基础;(4) 现浇混凝土基础;(5) 场内回填、室内回填与基础回填土方量。

6. 试用工程量清单计算规则计算图 4-52、图 4-53 所示项目的下列工程量:

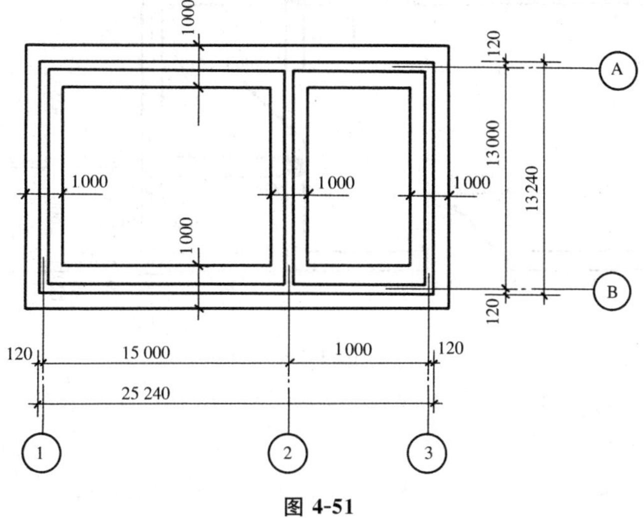

图 4-51

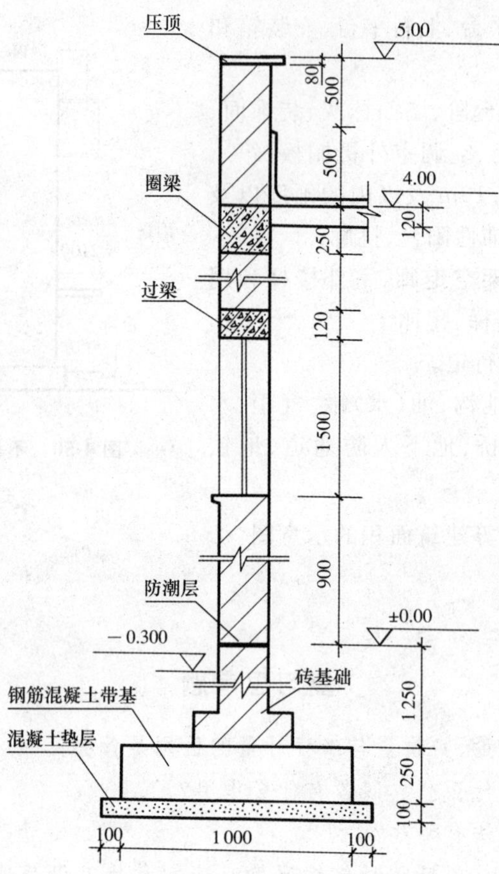

图 4-52

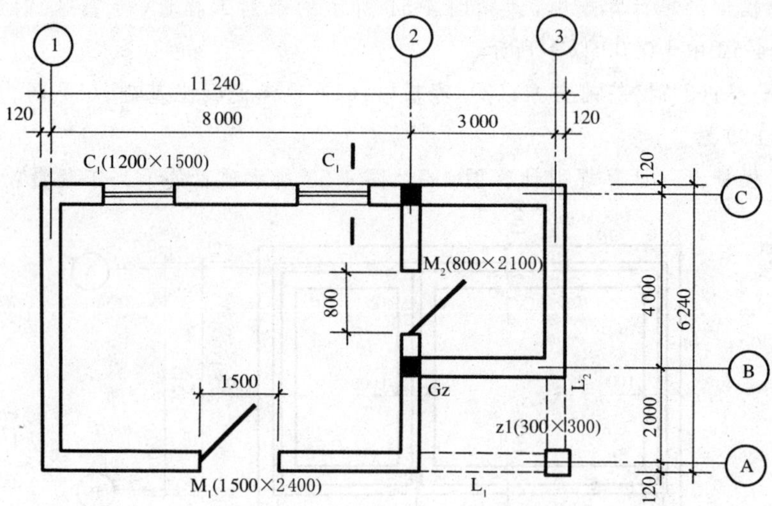

图 4-53

(1) 计算实心砖外墙(多孔砖);

(2) 计算实心砖内墙(加气砖块);

(3) 计算现浇柱、梁工程量(L_1,L_2 断面均为 200mm×300mm);

(4) 计算现浇圈梁、过梁工程量；

(5) 计算构造柱工程量；

(6) 计算门窗工程量；

(7) 外墙面面砖工程量；

(8) 内墙面抹灰工程量；

(9) 屋面现浇楼板工程量；

(10) 屋面防水工程量。

7. 试用预算定额工程量计算规则计算图4-51所示的工程量。计算项目与第5题相同。

8. 试用预算定额工程量计算规则计算图4-52、图4-53所示的工程量。计算项目与第6题相同。

9. 建筑面积对工程造价有何作用？建筑面积由哪几部分组成？

10. 根据建筑面积计算规则，试统计哪些是计算一半面积为建筑面积的？哪些面积是不计算建筑面积的？

5 投资估算、设计概算、施工图预算的编制

学习重点和目的 本章主要介绍了建设项目在不同阶段进行造价控制的各类技术经济文件，包括投资估算、设计概算、施工图预算。通过本章的学习，要求了解投资估算、设计概算、施工图预算的概念，熟悉投资估算的编制方法，掌握设计概算、施工图预算的编制方法。

5.1 投资估算

5.1.1 概述

投资估算是指在整个投资决策过程中，依据现有的资料和一定的方法，对建设项目的投资数额进行的估计。

工程建设投资估算的准确性直接影响到项目的投资决策、基建规模、工程设计方案和投资经济效果，并直接影响到工程建设能否顺利进行。项目建议书阶段的投资估算，是项目主管部门审批项目建议书的依据之一，并对项目的规划、规模起参考作用。项目可行性研究阶段的投资估算，是项目投资决策的重要依据，也是研究、分析、计算项目投资经济效果的重要条件。项目投资估算对工程设计概算起控制作用。设计概算不得任意突破批准的投资估算额，并应控制在投资估算额以内。

项目投资估算可作为项目资金筹措及制订建设贷款计划的依据，建设单位可根据批准的投资估算额，进行资金筹措和向银行申请贷款。同时是核算建设项目固定资产投资需要额和编制固定资产投资计划的重要依据。也是工程设计招标，优选设计单位和设计方案的依据。

5.1.1.1 投资估算的内容

整个建设项目的投资估算总额，是从筹建、施工直至建成投产的全部建设费用，其包括的内容视项目的性质和范围而定。全厂性工业项目或整体性民用工程的投资估算所包括的费用如下：

(1) 工程费用

包括主体工程，工艺设备、电源、水源、动力供应等辅助工程，室外总图工程（如大型土方、道路、管线及构筑物和绿化等），市政工程（或摊销）等建设费。

(2) 工程建设其他费用

包括建设单位管理费、征地费、勘察设计费、生产准备费等。

(3) 预备费

包括设备、材料的价差、设计变更、施工内容变化所增加的费用以及应考虑的不确定情况发生的费用等。

(4) 协作工程投资、投资调节税、贷款利息等

如铁路专用线路、公路专用线路以及 110kV 以下的输电线路等协作工程投资费用以及拟建项目预计交纳的固定资产投资方向调节税、项目建设期的贷款利息等。

5.1.1.2 投资估算的依据

(1) 项目建议书；

(2) 项目建设规模、产品方案；

(3) 工程项目、辅助工程一览表；

(4) 工程设计方案、图纸及主要设备、材料表；

(5) 设备价格、运杂费率、当地材料预算价格；

(6) 同类型建设项目的投资资料；

(7) 有关规定，如对项目建设投资的要求、银行贷款利息率等。

5.1.1.3 投资估算的编制步骤

(1) 收集整理资料阶段。收集已建成或正在建设的，符合现行技术政策和技术发展方向，有代表性的工程设计施工图，标准设计以及相应的施工图预算、竣工决策等资料，对资料数据进行认真的分析、整理、归类，按照编制年度的现行定额、费用标准和价格，调整成编制年度的造价水平及相互比例。

(2) 平衡整理阶段。收集来的资料虽经过分析、整理和归类，但由于设计方案建设条件和时间的不同会带来差异与影响，数据可能会失准或多项漏项等，必须对资料进行综合平衡调整。

(3) 测算审查阶段。将新编的估算指标和选定工程的概预算在同一条件下进行比较，测算其“量差”的偏离程度是否符合编制要求，如果偏差过大，要进行修正。在认真测算并作必要的调整后定稿，并送国家授权机关审批。

5.1.2 投资估算的编制方法

投资估算的编制方法针对不同对象可以有多种，不同的方法精确度也有所不同，为了提高投资估算的科学性和精确性，应按项目的性质技术资料和数据的具体情况，有针对性地选用适宜的方法。

5.1.2.1 固定资产投资估算方法

1) 静态投资估算方法

静态投资的估算是建设项目投资估算的基础，所以必须全面、准确地进行分析计算，力求切合实际。根据静态投资费用项目内容的不同，投资估算采用的方法和深度也不尽相同。

(1) 设备购置费用的估算

设备购置费用在静态投资中占有很大的比重。在项目规划或可行性研究中，对工程情况不完全了解，不可能将所有设备开出清单进行分项详细计算，但根据工业生产建设的经验，辅助生产设备、服务设施的装备水平与主体设备购置费用之间存在着一定的比例关系，类似地，设备安装费与设备购置费用之间也有一定的比例关系，因此，在对主体设备或类似工程情况已有所知的情况下，有经验的造价工程师往往采用比例估算的办法估算投资。

(2) 房屋建筑物的造价估算

房屋建筑物的造价估算与厂址、现场施工条件、采用工程技术有关，这些需要在规划或可行性研究中预先明确。房屋、建筑物进行造价估算时，经常采用投资估算指标法即根据各种具体的投资估算指标，进行单位工程投资的估算。投资估算指标的形式较多，例如，元/m^2，元/m^3，元/(kV·A)等。根据这些投资估算指标，乘以所需的面积、体积、容量等，就可以求出相应的土建工程、给排水工程、照明工程、采暖工程、变配电工程等各单位工程的投资。在此基础上，可汇总成每一单项工程的投资。另外，再估算工程建设其他费用及预备费，即求得建设项目总投资。

采用这种方法时，要注意：① 若套用的指标与具体工程之间的标准或条件有差异时应加以必要的局部换算或调整；② 使用的指标单位应密切结合每个单位工程的特点，能正确反映其设计参数，切勿盲目地单纯地套用一种单位指标。

在编制可行性研究报告投资估算时，应根据可行性研究报告的内容及国家有关规定和估算指标等，以估算编制时的价格进行编制，并应按照有关规定，合理地预测估算编制后至竣工期间工程的价格、利率、汇率等动态因素的变化，打足建设投资，不留缺口，确保投资估算的编制质量。

2）动态投资的估算

动态投资包括预备费、建设期利息和固定资产投资方向调节税等三部分内容，如果是涉外项目，还应该计算汇率的影响。动态投资的估算应以基准年静态投资的资金使用计划额为基础来计算以上各种变动因素，而不是以编制年的静态投资为基础计算。

预备费、建设期利息和固定资产投资方向调节税的具体内容及计算方法见第 2 部分第2.5,2.6 节内容。

5.1.2.2 流动资金的估算方法

流动资金是指建设项目投产后为维持正常生产经营用于购买原材料、燃料、支付工资及其他生产经营费用所必不可少的周转资金。它是伴随着固定资产投资而发生的永久性流动资产投资，它等于项目投产运营后所需全部流动资产扣除流动负债后的余额。其中，流动资产主要考虑应收账款、现金和存货；流动负债主要考虑应付款和预收款。

在项目总投资的估算中，采用的是铺底流动资金（式 5-1），是保证项目投产后，能正常生产经营所需要的最基本的周转资金数额。铺底流动资金是项目总投资中的一个组成部分，在项目决策阶段，这部分资金就要落实。

$$铺底流动资金=流动资金\times 30\% \tag{5-1}$$

流动资金的估算一般采用以下两种方法。

(1) 扩大指标估算法

是按照流动资金占某种基数的比率来估算流动资金。一般常用的基数有销售收入、经营成本、总成本费用和固定资产投资等，采用何种基数依行业习惯而定。采用的比率可以根据经验、现有同类企业的实际资料或行业、部门给定的参考值确定。扩大指标估算法简便易行，但准确度不高，适用于项目建议书阶段的估算。

(2) 分项详细估算法

也称分项定额估算法。它是国际上通行的流动资金估算方法，是按照下列公式分项详细估算：

$$流动资金=流动资产-流动负债 \tag{5-2}$$

$$流动资产=现金+应收及预付账款+存货 \tag{5-3}$$

$$流动负债=应付账款+预收账款 \tag{5-4}$$

$$流动资金本年增加额=本年流动资金-上年流动资金 \tag{5-5}$$

5.2 设计概算

5.2.1 概述

设计概算是设计文件的重要组成部分，是在投资估算的控制下由设计单位根据初步设计(或扩大初步设计)图纸，概算定额(或概算指标)，各项费用定额或取费标准(指标)，建设地区自然、技术经济条件和设备、材料价格等资料，编制和确定的建设项目从筹建至竣工交付使用所需全部费用的文件。采用两阶段设计的建设项目，初步设计阶段必须编制设计概算；采用三阶段设计的建设项目，技术设计阶段必须编制修正概算。

设计概算的编制应包括编制期价格、费率、利率、汇率等确定静态投资和编制期到竣工验收前的工程和价格变化等多种因素的动态投资两部分。静态投资作为考核工程设计和施工图预算的依据；动态投资作为筹措、供应和控制资金使用的限额。

5.2.1.1 设计概算的作用

(1) 设计概算是编制建设项目投资计划、确定和控制建设项目投资的依据

国家规定，编制年度固定资产投资计划，确定计划投资总额及其构成数额，要以批准的初步设计概算为依据，没有批准的初步设计及其概算的建设工程不能列入年度固定资产投资计划。

经批准的建设项目设计总概算的投资额，是该工程建设投资的最高限额。在工程建设过程中，年度固定资产投资计划安排，银行拨款或贷款，施工图设计及其预算、竣工决算等，未经按规定的程序批准，都不能突破这一限额，以确保国家固定资产投资计划的严格执行和有效控制。

设计概算是签订建设工程合同和贷款合同的依据。《中华人民共和国合同法》明确规定，建设工程合同是承包人进行工程建设，发包人支付价款的合同。合同价款的多少是以设计概预算为依据的，而且总承包合同不得超过设计总概算的投资额。

设计概算是银行拨款或签订贷款合同的最高限额，建设项目的全部拨款或贷款以及各单项工程的拨款或贷款的累计总额，不能超过设计概算。如果项目的投资计划所列投资额或拨款与贷款突破设计概算时，必须查明原因后由建设单位报请上级主管部门调整或追加设计概算总投资额，未批准之前，银行对其超支部分拒绝拨付。

(2) 设计概算是控制施工图设计和施工图预算的依据

经批准的设计概算是建设项目投资的最高限额，设计单位必须按照批准的初步设计及其总概算进行施工图设计，施工图预算不得突破设计概算。如确需突破总概算时，应按规定程序批经审批。

(3) 设计概算是衡量设计方案经济合理性和选择最佳设计方案的依据

设计概算是设计方案技术经济合理性的综合反映，据此可以用来对不同的设计方案进行技术与经济合理性的比较，以便选择最佳的设计方案。

(4) 设计概算是工程造价管理及编制招标标底和投标报价的依据

设计总概算一经批准，就作为工程造价管理的最高限额，并据此对工程造价进行严格的控制。以设计概算进行招投标的工程，投标单位编制标底是以设计概算造价为依据的，并以此作为评标定标的依据。承包单位为了在投标竞争中取胜，也必须以设计概算为依据，编制出合适

的投标报价。

(5) 设计概算是考核建设项目投资效果的依据

通过设计概算与竣工决算对比，可以分析和考核投资效果的好坏，同时还可以验证设计概算的准确性，有利于加强设计概算管理和建设项目的造价管理工作。

5.2.1.2 设计概算的内容

设计概算可分单位工程概算、单项工程综合概算和建设项目总概算三级。各级概算之间的相互关系如图 5-1 所示。

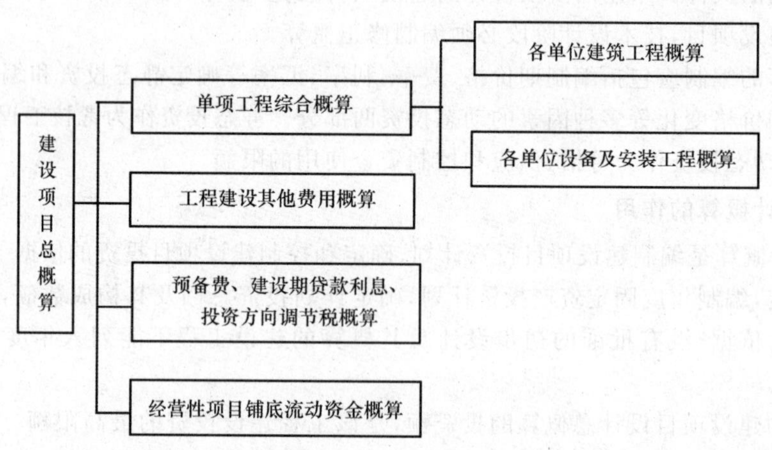

图 5-1 各级概算关系图

1) 单位工程概算

单位工程概算是确定各单位工程建设费用的文件，是编制单项工程综合概算的依据，是单项工程综合概算的组成部分。单位工程概算按其工程性质分为建筑工程概算和设备及安装工程概算两大类。建筑工程概算包括土建工程概算，给排水、采暖工程概算，通风、空调概算，电气、照明工程概算，弱电工程概算，特殊构筑物工程概算等；设备及安装工程概算包括机械设备及安装工程概算，电气设备及安装工程概算，热力设备及安装工程概算，工具、器具及生产家具购置费概算等。

2) 单项工程综合概算

单项工程综合概算是确定一个单项工程所需建设费用的文件，它是由单项工程中的各单位工程概算汇总编制而成的，是建设项目总概算的组成部分。单项工程综合概算的组成如图 5-2 所示。

3) 建设项目总概算

建设项目总概算是确定整个建设项目从筹建到竣工验收所需全部费用的文件，它是由各单项工程综合概算、工程建设其他费用概算、预备费、建设期贷款利息和固定资产投资方向调节税概算汇总编制而成的，如图 5-3 所示。

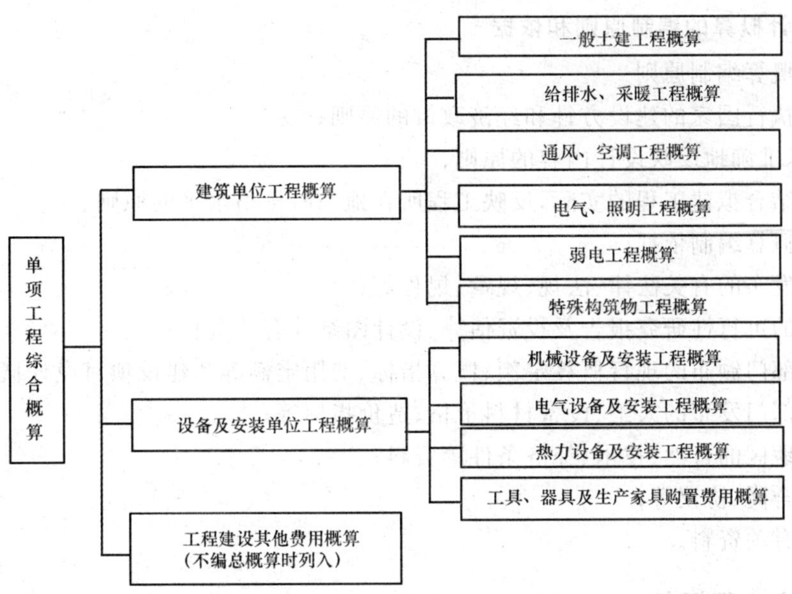

图 5-2　单项工程综合概算的组成

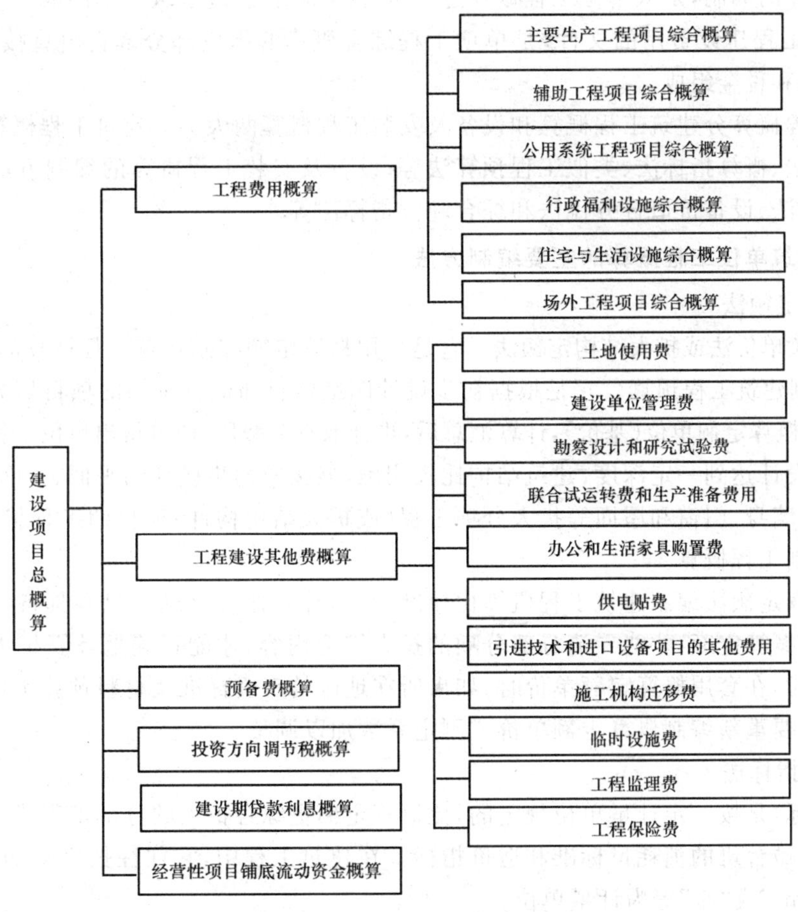

图 5-3　建设项目总概算的组成

5.2.1.3 设计概算的编制原则和依据

1）设计概算编制原则

① 严格执行国家的建设方针和经济政策的原则；

② 完整、准确地反映设计内容的原则；

③ 坚持结合拟建工程的实际，反映工程所在地当时价格水平的原则。

2）设计概算编制依据

① 国家发布的有关法律、法规、规章、规程等；

② 批准的可行性研究报告及投资估算、设计图纸等有关资料；

③ 有关部门颁布的现行概算定额、概算指标、费用定额等和建设项目设计概算编制方法；

④ 有关部门发布的人工、设备材料价格、造价指标等；

⑤ 建设地区的自然、技术、经济条件等资料；

⑥ 有关合同、协议等；

⑦ 其他有关资料。

5.2.2 单位工程概算

设计概算的编制，是从单位工程概算这一级开始编制，经过逐级汇总而成。单位工程概算是确定单位工程建设费用的文件，是单项工程综合概算的组成部分。它由直接工程费、间接费、计划利润和税金组成。

单位工程概算分建筑工程概算和设备及安装工程概算两大类。建筑工程概算的编制方法有概算定额法、概算指标法、类似工程预算法等；设备及安装工程概算的编制方法有预算单价法、扩大单价法、设备价值百分比法和综合吨位指标法等。

5.2.2.1 建筑单位工程概算的主要编制方法

1）概算定额法

又叫扩大单价法或扩大结构定额法。它是采用概算定额编制建筑工程概算的方法，类似用预算定额编制建筑工程预算。它是根据初步设计图纸资料和概算定额的项目划分计算出工程量，然后套用概算定额单位(基价)，计算汇总后，再计取有关费用，便可得出单位工程概算造价。

当初步设计达到一定深度，建筑结构比较明确，能按照初步设计的平面、立面、剖面图纸计算出楼地面、墙身、门窗和屋面等扩大分项工程(或扩大结构构件)项目的工程量时，可采用概算定额法编制工程概算。

采用概算定额法编制建筑工程概算比较准确，但计算比较繁琐。只有具备一定的设计基本知识，熟悉概算定额，才能弄清分部分项的扩大综合内容，才能正确地计算扩大分部分项的工程量。同时，在套用概算定额单价时，如果所在地区的工资标准及材料预算价格与概算定额不一致，则需要重新编制概算定额单价或测定系数加以调整。

2）概算指标法

概算指标，是按一定计量单位规定的，比概算定额更综合扩大的分部工程或单位工程等人工、材料和机械台班的消耗量标准和造价指标。在建筑工程中，它往往按完整的建筑物、构筑物以“m^2”，“m^3”或“座”等为计量单位。

当初步设计深度不够，不能准确地计算出工程量，但工程设计是采用技术比较成熟而又有类似工程概算指标可以利用时，可采用概算指标法编制概算。

概算指标法是采用直接费指标，用拟建的厂房、住宅的建筑面积（或体积）乘以技术条件相同或基本相同的概算指标得出直接费，然后按规定计算出其他直接费、现场经费、间接费、利润和税金等，编制出单位工程概算。

3）类似工程预算法

类似工程预算法是利用技术条件与设计对象相类似的已完工程或在建工程的工程造价资料来编制拟建工程设计概算的方法。当拟建工程初步设计与已完工程或在建工程的设计相类似又没有可用的概算指标时，可采用类似工程预算法编制概算，但必须对差异进行调整，包括建筑、结构、地区工资、材料预算价格、施工机械台班费、间接费等的差异。

5.2.2.2 设备及安装单位工程概算的编制方法

包括设备购置费用概算和设备安装工程费用概算两大部分。

（1）设备购置费概算

设备购置费（式(5-6)，式(5-7)）是根据初步设计的设备清单计算出设备原价，并汇总求出设备总原价，然后按有关规定的设备运杂费率乘以设备总原价，两项相加即为设备购置费概算。

$$设备购置费概算=\sum(设备清单中的设备数量\times设备原价)\times(1+运杂费率) \tag{5-6}$$

或

$$设备购置费概算=\sum(设备清单中的设备数量\times设备预算价格) \tag{5-7}$$

国产标准设备原价可根据设备型号、规格、性能、材质、数量及附带的配件，向制造厂家询价或向设备、材料信息部门查询或按主管部门规定的现行价格逐项计算。非主要标准设备和工器具、生产家具的原价可按主要标准设备原价的百分比计算，百分比指标按主管部门或地区有关规定执行。

国产非标准设备原价在设计概算时可按下列两种方法确定：

① 非标设备台（件）估价指标法

$$非标准设备原价=设备台数\times每台设备估价指标(元/台) \tag{5-8}$$

② 非标设备吨重估价指标法

$$非标准设备原价=设备吨重\times每吨重设备估价指标(元/t) \tag{5-9}$$

（2）设备安装工程费概算的编制方法

设备安装工程费概算的编制方法是根据初步设计深度和要求明确的程度来确定，其主要编制方法如下：

① 预算单价法。当初步设计较深，有详细的设备清单时，可直接按安装工程预算定额单价编制安装工程概算，概算编制程序基本同于安装工程施工图预算。该法具有计算比较具体，精确性较高的优点。

② 扩大单价法。当初步设计深度不够，设备清单不完备，只有主体设备或仅有成套设备重量时，可采用主体设备、成套设备的综合扩大安装单价来编制概算。

上述两种方法的具体操作与建筑工程概算相类似。

③ 设备价值百分比法，又称安装设备百分比法。当初步设计深度不够，只有设备出厂价而无详细规格、重量时，安装费可按占设备费的百分比计算。其百分比值（即安装费率）由主管部门制定或由设计单位根据已完成的类似工程确定。该法常用于价格波动不大的定型产品和

通用设备产品。

④ 综合吨位指标法。当初步设计提供的设备清单有规格和设备重量时，可采用综合吨位指标编制概算，其综合吨位指标由主管部门或由设计院根据已完成的类似工程资料确定，该法常用于设备价格波动较大的非标准设备和引进设备的安装工程概算。

5.2.3 单项工程概算

单项工程综合概算是确定单项工程建设费用的综合性文件，它是由该单项工程的各专业的单位工程概算汇总而成的，是建设项目总概算的组成部分。

单项工程综合概算文件一般包括编制说明（不编制总概算时列入）和综合概算表（含其所附的单位工程概算表和建筑材料表）两大部分。当建设项目只有一个单项工程时，此时，综合概算文件（实为总概算）除包括上述两大部分外，还应包括工程建设其他费用、建设期贷款利息、预备费和固定资产投资方向调节税的概算。

5.2.3.1 编制说明

编制说明应列在综合概算表的前面，其内容如下：

(1) 编制依据。包括国家和有关部门的规定、设计文件、现行概算定额或概算指标、设备材料的预算价格和费用指标等。

(2) 编制方法。说明设计概算是采用概算定额法，还是采用概算指标法。

(3) 主要设备、材料（钢材、木材、水泥）的数量。

(4) 其他需要说明的有关问题。

5.2.3.2 综合概算表

综合概算表是根据单项工程所辖范围内的各单位工程概算等基础资料，按照国家或部委所规定统一表格进行编制。

(1) 综合概算表的项目组成。工业建设项目综合概算表由建筑工程和设备及安装工程两大部分组成；民用工程项目综合概算表就只有建筑工程一项。

(2) 综合概算的费用组成。一般应包括建筑工程费用、安装工程费用、设备购置及工器具和生产家具购置费等。当不编制总概算时，还应包括工程建设其他费用、建设期贷款利息、预备费和固定资产方向调节税等费用项目。

5.3 施工图预算的编制

5.3.1 概述

施工图预算是在施工图设计完成后，工程开工前，根据已批准的施工图纸，在施工组织设计或施工方案已确定的前提下，按照国家或地区现行的统一预算定额、单位估价表、合同双方约定的费用标准等有关文件的规定，进行编制和确定的单位工程造价的技术经济文件。

施工图预算是建筑产品计划价格，它是在按照预算定额的计算规则分别计算分部分项工程量的基础上，逐项套用预算定额基价或单位估价表，然后累计其定额直接费，并计算其他直接费、现场经费、间接费、利润、税金，汇总出单位工程造价，同时作出工料分析。

5.3.1.1 施工图预算的作用

(1) 施工图预算是设计阶段控制工程造价的重要环节，是控制施工图设计不突破设计概算的重要措施。

(2) 施工图预算是确定最终工程造价的基本依据。最终工程造价都是在施工图预算基础上经过适当的变化和调整后形成的。

(3) 施工图预算是建设银行拨付工程价款的依据。建设银行根据施工图预算按时定期将甲方银行存款拨给乙方，并监督甲乙双方按照工程价款结算办法，办理工程价款结算，保证工程施工的顺利进行。

(4) 施工图预算是施工企业进行(施工图预算与施工预算)对比和加强成本管理的依据。施工企业根据"两算"对比情况，分析节约和亏损原因，采取措施降低成本，提高经济效益。

5.3.1.2 施工图预算的内容

施工图预算有单位工程预算、单项工程预算和建设项目总预算。单位工程预算是根据施工图设计文件、现行预算定额、费用定额以及人工、材料、设备、机械台班预算等价格资料，以一定方法，编制单位工程的施工图预算；然后汇总所有各单位工程施工图预算，成为单项工程施工图预算；再汇总各单项工程施工图预算，便是一个建设项目建筑安装工程的总预算。

单位工程预算包括建筑工程预算和设备安装工程预算。建筑工程预算按其工程性质分为一般土建工程预算、卫生工程预算(包括室内外给排水工程、采暖通风工程、煤气工程等)、电气照明工程预算、弱电工程预算、特殊构筑物如炉窑、烟囱、水塔等工程预算和工业管道工程预算等。设备安装工程预算可分为机械设备安装工程预算、电气设备安装工程预算和热力设备安装工程预算等。

5.3.1.3 施工图预算编制的依据

(1) 施工图纸、说明书和相关的标准图集

经审定的施工图纸、说明书和相关的标准图集，完整地反映了工程的具体内容，各部分的具体做法、结构尺寸、技术特征和施工方法，是划分工程项目和计算分项工程量的主要依据。

(2) 已审批的施工组织设计或施工方案

施工组织设计是确定单位工程进度计划、施工方法或主要技术措施，以及施工现场平面布置等内容的文件。它确定了土方开挖的施工方法、余土或缺土的处理，施工机械使用情况，结构件预制加工方法及运距，重要的梁板柱的施工方案和重要或特殊机械设备的安装方案等，这些都是编制预算不可缺少的依据。

(3) 现行预算定额及单位估价表

预算定额是编制预算时确定各分项工程的工程量，计算工程直接费，确定人工、材料、机械台班等实物消耗量的主要依据。预算定额中所规定的工程量计算规则、计量单位、分项工程内容及有关说明，是编制预算时计算工程量的主要依据。

单位估价表中的基价是由人工费、材料费、机械台班费用构成，材料费用在工程成本中占有很大比重，一般建筑工程材料费占成本的55%左右，安装工程占80%左右，在市场经济条件下，材料价格随市场的变化而发生较大的波动。因此，合理地确定材料、人工、机械台班的市场价格，是编制施工图预算的基础。

(4) 各种取费标准

取费标准即国家或地区、行业的费用定额，费用定额规定了现场经费、间接费、利润、税金的费率及计算的依据和程序。

(5) 甲乙双方签订的合同或协议

施工企业与建设单位签订的合同或协议是双方必须遵守和履行的文件，在合同中明确了施工的范围、内容，从而决定施工图预算各分部工程的构成。

(6) 工具书和预算员工作手册

工具书、工作手册包括计算各种构件面积和体积的公式，钢材、木材等各种材料规格型号及单位用量数据，金属材料重量表，特殊断面(如砖基础大放脚、屋架杆件长度系数等)结构构件工程工程量速算方法等。

5.3.1.4 施工图预算的编制步骤

施工图预算的编制步骤框图见图 5-4。

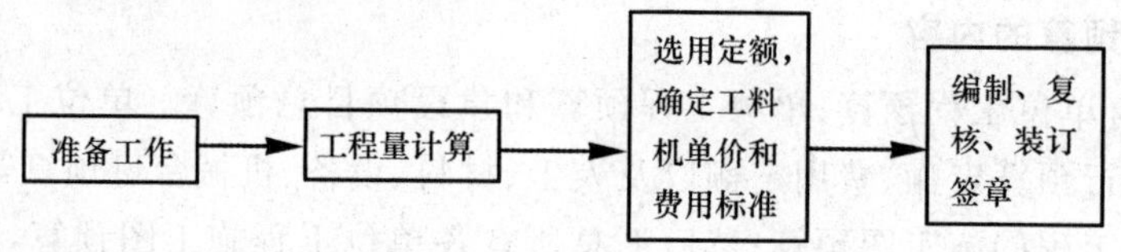

图 5-4 施工图预算的编制步骤

各步骤的具体内容如下所述：

(1) 编制施工图预算的准备工作

① 收集、整理和审核施工图纸

在编制预算之前，必须充分熟悉施工图纸，了解设计意图和工程全貌，对施工图中的问题、疑难和建议要同设计单位协商，应把设计中的错误、疑点消除在编制预算之前，一般按以下顺序进行：

ⅰ. 核对施工图纸

ⅱ. 阅读和审核施工图

通过熟悉图纸，要达到对该项建筑物的全部构造、构件联结、材料做法、装饰要求及特殊装饰等，都有一个清晰的认识，把设计意图形成立体概念，为编制工程预算创造条件。现以编制一般土建工程预算为例，介绍阅读、审核施工图的顺序、要求及注意事项(表 5-1)。

表 5-1 阅读、审核施工图的顺序、要求及注意事项

序号	图纸名称	识读要求	注意事项
1	总平面图	了解新建工程的位置、坐标、标高、等高线，地上和地下障碍物，地形、地貌等情况	1. 该单项工程与建筑总平面图、各种图纸、图纸与说明等相互间有无矛盾和错误； 2. 各分项工程(或结构构件)的构造、尺寸和定的材料、品种、规格以及它们互相间的关系是否相符； 3. 门窗及混凝土构件表与图示的规格、数量是否相符； 4. 详图、说明、尺寸、符合是否齐全； 5. 图纸中结构、构造上是否有逻辑性的错误； 6. 施工图上是否有标注得不够清楚的地方
2	建筑施工图	包括各层平面、立面、剖面、楼梯详图、特殊房间布置等，要逐层逐间核对其室内开间、进深、高度、檐高、屋面泛水、坡度、建筑配件细部等尺寸有无矛盾	
3	基础平面图	掌握基础工程的做法、基础槽底标高、计算尺寸、管道及其他布置等情况，并结合节点大样、首层平面图，核对轴线、基础墙身、楼梯基础等部位的尺寸	
4	结构施工图	包括各层平面图、节点大样、结构部件及梁(板、柱)配筋图等。结合建筑平(立、剖)面图，对结构尺寸、总长、总高、分段长、分层高、大样详图、节点标高、构件规格数量等数据进行核算。有关构件间的标高和尺寸必须交圈对口，以免发生差错	

ⅲ. 设计交底和图纸会审

施工单位在熟悉和自审图纸的基础上，参加由建设单位组织设计单位和施工单位共同进行设计交底的图纸会审会议。

预算人员参加图纸会审时，应注意：阅读施工图过程中所发现图纸中的问题，或不清楚之处，请设计单位及时解决；了解有无设计变更的内容；了解工程的特点和施工要求。

② 收集、熟悉定额的相关资料

主要收集预算定额、单位价格表、费用定额。

熟悉预算定额的分部分项工程划分方法，以便正确地将项目分解使之与定额子目一一对应；熟悉各分项工程包含的工作内容，以便正确选用定额、换算定额和补充定额；熟悉工程量计算规则，以便正确计算工程量，从而提高预算文件的正确性；熟悉单位估价表和费用定额的计算基础，以便合理计算预算造价。

③ 熟悉施工组织设计或施工方案的有关内容

在编制预算时，应了解熟悉施工组织设计中影响工程预算造价的有关内容，如施工方法和施工机械的选择、构(配)件的加工和运输方式等。

如果施工图预算与施工组织设计或施工方案同时进行编制时，可将预算方面需要解决的问题，提请有关部门先行确定。若某些工程没有编制施工组织设计或施工方案，则应把预算方面需要解决的问题向有关人员了解清楚，使预算反映工程实际，从而提高预算编制质量。

④ 了解其他有关情况

(2) 工程量计算

根据预算定额的分部分项工程划分方法，将本工程分解并列出分项工程名称，即将施工图反映的工程内容，用预算定额分项工程名称表达。列分项项目一般按定额中分部分项工程排列顺序进行，要求做到不重复、不遗漏，对于定额中没有而施工图中有的项目，应做补充定额。

工程量是施工图预算的主要基础数据，应按预算定额制定的计算规则，认真、仔细计算，要求做到不遗漏、不重复，以便校对和审核。

(3) 选用定额，确定工、料、机单价和费用标准

① 选用定额

工程量计算完毕并经汇总、校对无误后，便可选用定额，俗称套定额。选用定额时，要分析定额项目工作内容与实际工作内容是完全吻合、部分吻合，还是属于定额缺项。然后根据定额说明分别采取“对号入座”、“强行入座”、“生搬硬套”、换算定额或补充定额。

② 确定工、料、机台班单价

根据工程进度计划、目前市场价格信息及其价格趋势，确定人工、材料和机械台班的单价。

③ 确定费用标准

费用标准即为除直接费以外的费用计算所需的费率标准，包括间接费、利润和税金等费率。在传统的静态计算工程造价模式中，费率是按照费用定额(根据企业性质或项目类别由定额管理部门编制)确定，在“控制量、指导价、竞争费”的半动态计价模式下，费率由甲乙双方在合同谈判时协商确定；在动态的工程量清单计价模式中，费率由施工单位根据自身条件及市场因素确定，并通过评标中标确认。

(4) 编制工程预算书及复核、装订签章

5.3.2 施工图预算的编制

一般施工图预算有单价法和实物法两种编制方法。单价法又分为工料单价法和综合单价法。

5.3.2.1 工料单价法

单价法是用事先编制好的分项工程的估价表来编制施工图预算的方法。工料单价法，是指按施工图计算的各分项工程的工程量，乘以相应单价，汇总相加，得到单位工程的人工费、材料费、机械施工费之和；再加上按规定程序计算出来的其他直接费、现场经费、间接费、计划利润和税金，得到单位工程的工程承发包价。

以建筑工程为例，工料单价法可以建设部《全国统一建筑工程基础定额》(以下简称基础定额)，经各省、市、自治区和地区修编后的地方基础定额以及企业自编的消耗量定额为基础。在基础定额和自编定额基础上采用工料单价法，是可以满足目前计价实际需要的一种计算方法。

(1) 工料单价的确定

① 步骤：

ⅰ. 选择相对应的基础(地区、企业)消耗量定额子目；

ⅱ. 按市场价格取定人工、材料、机械台班价格；

ⅲ. 计算相应在基础(地区、企业)消耗量定额子目直接费。

② 计算式：

$$工料单价=\sum 定额人工、材料、机械消耗量\times 相应单价 \tag{5-10}$$

③ 实例：

表 5-2 以《上海建筑和装饰工程预算定额》(2000)中 10-5-7 铝合金玻璃隔断为例说明该分项工程的工料单价的形成，表中定额消耗量采用预算定额中给定数值，单价为上海市 2005 年 8 月市场指导，可以求得铝合金玻璃隔断的工料单价为 83.06 元/m^2。

表 5-2 铝合金玻璃隔断工料单价表 单位：m^2

项目		单位	单价/元	铝合金玻璃隔断	
				定额消耗量	合价
人工	木工	工日	35	1.0914	38.199
	其他工	工日	25	0.1189	2.973
	人工工日	工日		1.2103	41.172
材料	水泥砂浆	m^3	144.23	0.0005	0.072
	玻璃	m^2	14	1.23	17.220
	玻璃硅胶	支	10	0.5	5.000
	膨胀螺栓 M8	套	0.71	3.3854	2.404
	自攻螺钉	个	0.03	19.13	0.574
	铝合金型材	m	2.5	3.7983	9.496
	其他铁件	kg	5.49	0.4	2.196
	其他材料费	%		0.23	0.085
机械	管子切割机	台班	51.54	0.094	4.845
合计		元			83.06

(2) 工料单价法计价程序

工料单价法计价程序可以参考表 2-1,表 2-2,表 2-3。

5.3.2.2　综合单价法

综合单价法,是指分项工程单价为全费用单价(一般不含措施费),即单价中考虑了其他直接费、现场经费、间接费、计划利润和税金等的取费标准,将各分项工程量乘以综合单价的合价汇总后,生成工程承发包价。

综合单价法与工料单价法相比,在使用上更直观、实用,更易控制造价,它接近市场行情,有利于竞争,有利于降低工程发包承包价格,是值得提倡的一种计价方法,也是国际上通行的一种计价方法。

1) 综合单价的确定

(1) 步骤

① 选择相应基础(地区、企业)消耗量子目;

② 按市场价格取定人工、材料、机械台班价格;

③ 计算相应基础(地区、企业)消耗量定额子目直接费;

④ 按一定比例取定其他直接费费率或加入一定幅度系数;

⑤ 按百分比的形式,分别取定间接费率、利润率、税率计算间接费、利润、税金;

⑥ 汇总直接费、间接费、利润、税金组合成一定计量单位的综合单价。

(2) 计算式

综合单价=(人工、材料、机械耗量×相应单价)×(1+其他直接费率)
×(1+间接费率)×(1+利润率)×(1+税率)

(3) 实例

以表 5-2 所示的铝合金玻璃隔断为例,假定其他直接费费率为 10%,间接费率为 7%,利润率为 5%,税金为 3.41%,计算铝合金玻璃隔断的综合单价,计算过程见表 5-3。

表 5-3　　　　**铝合金玻璃隔断综合单价**　　　　单位:m^2

项　　目		单位	单价/元	铝合金玻璃隔断	
				定额消耗量	合　价
人　工	木工	工日	35	1.0914	38.199
	其他工	工日	25	0.1189	2.973
	人工工日	工日		1.2103	41.172
材　料	水泥砂浆	m^3	144.23	0.0005	0.072
	玻璃	m^2	14	1.23	17.220
	玻璃硅胶	支	10	0.5	5.000
	膨胀螺栓 M8	套	0.71	3.3854	2.404
	自攻螺钉	个	0.03	19.13	0.574
	铝合金型材	m	2.5	3.7893	9.496
	其他铁件	kg	5.49	0.4	2.196
	其他材料费	%		0.23	0.085
	材料费小计	元			37.046

续表

项目		单位	单价/元	铝合金玻璃隔断	
				定额消耗量	合 价
机械	管子切割机	台班	51.54	0.094	4.845
一、	工料单价合计:41.172+37.046+4.845=83.063				
二、	综合费用计算:8.31+6.40+4.89+3.50=23.10元				
1.	其他直接费:83.063×10%=8.31元				
2.	间接费:(83.063+8.31)×7%=91.373×7%=6.40元				
3.	利润:(91.373+6.40)×5%=97.773×5%=4.89元				
4.	税金:(97.773+4.89)×3.41%=3.50元				
三、	综合单价:83.06+23.10=106.16元				

2）综合单价法的计价顺序

综合单价法的计价顺序可以参考表2-4,表2-5,表2-6。

5.3.2.3 实物法

实物法是首先根据施工图纸分别计算出分项工程量,然后套用相应预算人工、材料、机械台班的定额用量,再分别乘以工程所在地当时的人工、材料、机械台班的实际单价,求出单位工程的人工费、材料费和施工机械使用费,并汇总求和,进而求得直接工程费,并按规定计取其他各项费用,最后汇总得出单位工程施工图预算造价。

(1) 步骤

实物法编制施工图预算的步骤与单价法大致相同,只是计算工、料、机费用及汇总这三项费用的方法不同。其具体步骤如下:

① 计算单位工程所需的工、料、机消耗量

根据预算人工定额所需的各类人工工日的数量,乘以各分项工程的工程量,算出各分项工程所需的各类人工工日的数量,然后统计汇总,获得单位工程所需的各类人工工日消耗量。材料消耗量、机械台班数量也采用相同计算方法。

② 计算并汇总直接费

人工单价、设备、材料的预算价格和施工机械台班单价,可由工程造价主管部门定期发布价格、造价信息。企业也可以根据自己的情况自行确定。

③ 计算其他各项费用,汇总造价。

(2) 计算式

单位工程施工图预算定额直接费 =∑(工程量×材料预算定额用量×当时当地材料单价)

+∑(工程量×人工预算定额用量×当时当地人工工资单价)

+∑(工程量×机械台班预算定额用量×当时当地机械台班单价)

5.3.2.4 单价法与实物法的比较

单价法与实物法的比较见表5-4所示。

表 5-4　　单价法与实物法比较表

比较项目	单价法	实物法
相同	1. 工程量计算，人工、材料、机械台班消耗量计算，以国家或地区颁发的预算定额为准 2. 现场经费、间接费、利润、其他费用和税金的计算，以地区颁发的费用定额为准	
不同		
1. 计算直接费的方法	先用分项工程的工程量和预算基价计算分项工程的定额直接费，再经有关计算后汇总得直接工程费	先计算、汇总得出单位工程所需的各种工、料、机消耗量，然后乘以工、料、机单价，再汇总计算出该工程的直接费
2. 工料分析的目的	在直接费计算后进行工、料分析，主要为了造价计算过程中进行价差调整提供数据	计算直接费之前进行工、料分析，主要是为了计算单位工程的直接费
3. 调差	需要	不需要
4. 动态性	一般	能动态地反映建筑产品价格，适应市场经济，符合价值规律，有利于企业之间的竞争和管理

5.3.2.5　施工图预算编制实例

计算某基础分部的造价。

依据：

①《上海市建筑和装饰工程预算定额》(2000)；

②《上海市建筑工程施工费用顺序表》(2000)；

③ 人工、机械、材料的价格采用上海市 2005 年 5 月定额管理总站发布的信息价；

④ 其他：施工措施费为 1 万元，综合费用率 9%，工程在市区施工，其余费率按规定。

(1) 工程量计算书如表 5-5 所示。

表 5-5　　工程量计算书

序号	定额编号	名称	单位	工程量	计算过程
1	1-1-2	人工挖土方　深度 1.5m 以内	m^3	204.98	略
2	1-1-8	人工回填土　夯填	m^3	197.73	略
3	1-1-10	平整场地	m^2	415.14	略
4	3-1-1	砖基础　统一砖	m^3	28.03	略
5	4-1-1	模板　基础垫层	m^2	17.32	略
6	4-1-2	模板　钢筋混凝土带基	m^2	43.5	略
7	4-4-1	钢筋　带基	t	1.27	略
8	4-8-1	现浇泵送混凝土　基础垫层	m^3	10.54	略
9	4-8-2	现浇泵送混凝土　带基	m^3	22.00	略

(2) 编制施工图预算书。根据工料单价法的原理，将上述计算得到的工程量，输入预算软件自动生成各类表格，包括：施工图预算书，工、料、机明细表，费用表等一系列预算表格。其中，施工图预算书如表 5-6 所示。

表 5-6 预算书

序号	定额编号	名称	单位	工程量	单价/元	合价/元
1	1-1-2	人工挖土方　埋深 1.5m 以内	m^3	204.98	11.33	2321.46
2	1-1-8	人工回填土　夯填	m^3	197.73	5.5	1087.52
3	1-1-10	平整场地	m^2	415.14	1.75	727.53
4	3-1-2	砖基础　统一砖	m^3	28.03	303.36	8503.06
5	4-1-1	模板　基础垫层	m^2	17.32	23.57	408.2
6	4-1-2	模板　钢筋混凝土带基	m^2	43.50	36.66	1594.84
7	4-4-1	钢筋　带基	t	1.27	3085.96	3919.17
8	4-8-1	现浇泵送混凝土　基础垫层	m^3	10.54	302.92	3192.75
9	4-8-2	现浇泵送混凝土　带基	m^3	22	310.9	6839.86
		合　计				28594.39

自动生成的工、料、机明细表如表 5-7 所示。

表 5-7 工、料、机明细表

序号	编号	名　称	单位	单价/元	数量	合价/元
1	rg001	砖瓦工	工日	33	23.711	782.45
2	rg002	混凝土工	工日	30	4.988	149.64
3	rg003	钢筋工	工日	29	5.551	160.99
4	rg014	其他工	工日	25	148.851	3721.28
5	rg038	木工	工日	35	13.206	462.2
6		(其他)材料费	%		194.702	194.7
7	c005	木模板成材	m^3	1227	0.361	443.6
8	d0002	水泥 32.5 级	kg	0.28	1759.275	492.6
9	e0010	黄砂中砂	kg	0.06	10251.16	615.07
10	e0099	统一砖 240mm×115mm×53mm	块	0.44	14549.476	6401.77
11	n0003	工具式组合钢模板	kg	4	47.061	188.24
12	n005	零星卡具	kg	4	6.866	27.46
13	n007	钢连杆	kg	4	8.617	34.47
14	n0009	钢拉杆	kg	6.22	25.269	157.17
15	n0037	钢丝#18～#22	kg	7	3.81	26.67
16	n0278	圆钉	kg	4	8.075	32.3
17	z0006	水	m^3	1.92	26.367	50.63
18	z0015	草袋	m^2	2	2.596	5.19
19	jp3115	现浇泵送混凝土(5-40)C20	m^3	288.95	10.645	3075.99
20	jp3117	现浇泵送混凝土(5-40)C30	m^3	296.75	22.33	6630.89
21	zgj001	成型钢筋	t	2895	1.293	3713.42
22	jx0132	汽车式起重机 5t	台班	342	0.289	98.7
23	jx0174	载重汽车 4t	台班	228	0.473	107.81

续表

序号	编号	名　称	单位	单价/元	数量	合价/元
24	jx0246	灰浆搅拌机 200L	台班	50	0.844	42.19
25	jx0287	木工圆锯机 ϕ500	台班	22	0.051	1.13
26	jx0339	电动单级离心清水泵 ϕ100	台班	86	12.258	1054.17
27	jx0688	混凝土振捣器　平板式	台班	11	0.648	7.13
28	jx0689	混凝土振捣器　插入式	台班	12	1.353	16.24

(3) 计算费用表。利用预算软件,套定额可以得到费用表 5-8,即该工程基础分部的造价为 42629.08 元。

表 5-8　　费用表

序号	名称	表达式	金额
(一)	直接费	A+B+C	28594.39
A	人工费	人工费	5276.56
B	材料费	材料费	21990.47
C	机械费	机械费	1327.37
(二)	综合费用	(一)×9%	2573.5
(三)	施工措施费	详见施工措施费清单表	10000
(四)	其他费用	$P+Q$	55.47
P	定额编制管理费	(一)×0.5‰	14.3
Q	工程质量监督费	[(一)+(二)+(三)]×1‰	41.17
(五)	税金	[(一)+(二)+(三)+(四)]×3.41%	1405.72
(六)	工程施工费用	(一)+(二)+(三)+(四)+(五)	42629.08
(七)	造价金额大写	肆万贰仟陆佰贰拾玖元零捌分	42629.08

复习思考题

1. 简述投资估算的意义与作用。
2. 试述投资估算的编制步骤。
3. 简述工程建筑投资估算的编制依据。
4. 固定资产投资估算的方法有哪些?
5. 流动资金的估算方法有哪些,铺底流动资金与流动资金的关系如何?
6. 静态投资估算方法有几种?
7. 简述各级概算的内容并说明其相互关系。
8. 简述设计概算的编制原则和依据。
9. 单位工程概算的编制方法有哪些? 比较各编制方法的编制原理和适用条件。
10. 施工图预算的作用有哪些?
11. 施工图预算的编制依据是什么?

12. 试述施工图预算的编制程序。

13. 什么是工料单价法与综合单价法？

14. 什么是实物法？

15. 已知：某砖混结构建筑物有200m^3 的一砖厚外墙，该地区使用的定额中，每 10m^3 砖砌体的预算定额单价为1312.13元，相应消耗量及当时市场指导价见下表，其他直接费率为10%，间接费率为5%，利润率为4%，税率为3.41%。

	红砖	砂浆	水	综合工日	砂浆搅拌机	起重机
消耗量	5.32千块	2.4m^3	1m^3	2.54工日	0.4台班	0.4台班
市场价	200元/千块	25元/m^3	1.5元/m^3	30元/工日	20元/台班	80元/台班

试分别用工料单价法、综合单价法、实物法计算该墙体工程的预算造价。

6 工程项目招投标与合同价款的确定

学习重点和目的 本章主要介绍了工程项目招投标的概念和基本程序，叙述了施工项目招投标中合同价款的确定。通过本章的学习，了解工程项目招投标的概念，了解工程招标的范围和投标的程序，掌握合同价款的确定和工程量清单的计价。

6.1 工程项目招投标

6.1.1 招标投标的概念和性质

6.1.1.1 招标投标的概念

建设工程招标是指招标人在发包建设项目之前，公开招标或邀请投标人，根据招标人的意图和要求提出报价，择日当场开标，以便从中择优选定中标人的一种经济活动。

建设工程投标是工程招标的对称概念，指具有合法资格和能力的投标人根据招标条件，经过初步研究和估算，在指定期限内填写标书，提出报价，并等候开标，决定能否中标的经济活动。建设工程招标是要约邀请，而投标是要约，中标通知书是承诺。我国《合同法》明确规定，招标公告是要约邀请。也就是说，招标实际上是邀请投标人对其提出要约(即报价)，属于要约邀请。投标则是一种要约，它符合要约的所有条件，如具有缔结合同的主观目的；一旦中标，投标人将受投标书约束；投标书的内容具有足以使合同成立的主要条件等。招标人向中标的投标人发出的中标通知书，则是招标人同意接受中标的投标人的投标条件，即同意接受投标人的要约的意思表示，应属于承诺。

6.1.1.2 建设项目强制招标的范围

我国《招标投标法》指出，凡在中华人民共和国境内进行下列工程建设项目，包括项目勘察、设计、施工、监理以及与工程建设有关的重要设备、材料等采购，必须进行招标。一般包括：

(1) 大型基础设施、公用事业等关系到社会公共利益、公共安全的项目；

(2) 全部或者部分使用国有资金投资或国家融资的项目；

(3) 使用国际组织或者外国政府贷款、援助资金的项目。

6.1.1.3 建设工程招标的种类

(1) 建设工程项目总承包招标

建筑工程项目总承包招标又叫建设项目全过程招标，在国外称之为“交钥匙”承包方式。它是指从项目建议书开始，包括可行性研究报告、勘察设计、设备材料询价与采购、工程施工、生产准备、投料试车，直到竣工投产、交付使用全面实行招标。工程总承包企业根据建设单位提出的工程使用要求，对项目建议书、可行性报告、勘察设计、设备询价与选购、材料订货、工程施工、职工培训、试生产、竣工投产等实行全面投标报价。

(2) 建设工程勘察招标

建设工程勘察招标人就拟建工程的勘察任务发布通知，以法定方式吸引勘察单位参加竞争，经招标人审查获得投标资格的勘察单位按照招标文件的要求，在规定的时间内向招标人填报标书，招标人从中选择条件优越者的法律行为。

(3) 建设工程设计招标

建设工程设计招标是指招标人就拟建工程的设计任务发布通知，以吸收设计单位参加竞争，经招标人审查获得投标资格的设计单位按照招标文件的要求，在规定时间内向招标人填报标书，招标人从中择优确定中标单位来完成工程设计任务。设计招标主要是设计方案招标，工业项目可进行可行性研究方案招标。

(4) 建设工程施工招标

建设工程施工招标，是指招标人就拟建的工程发布公告或者邀请，以法定方式吸引建设施工企业参加竞争，招标人从中选择条件优越者完成工程建设任务的法律行为。

(5) 建设工程监理招标

建设工程监理招标，是指招标人为了委托监理任务的完成，以法定方式吸引监理单位参加竞争，招标人从中选择条件优越者的法律行为。

(6) 建设工程材料设备招标

建设工程材料设备招标，是指招标人就拟购买的材料设备发布或者邀请，以法定方式吸引建设工程材料设备供应商参加竞争，招标人从中选择条件优越者购买其材料设备的法律行为。

6.1.1.4 建设工程招标的方式

建设工程招标的方式可以从不同角度分类：

(1) 从竞争程度进行分类，可以分为公开招标和邀请招标

公开招标是指招标人通过报刊、广告或电视台等公共传播媒介介绍、发布招标公告或信息而进行招标。它是一种无限制的竞争方式。公开招标的优点是招标人有较大的选择范围，可在众多的投标人中选定报价合理、工期较短、信誉良好的承包商，有助于打破垄断，实行公平竞争。

邀请投标是指招标人以投标邀请书的方式邀请特定的法人或者其他组织投标。招标人采用邀请招标方式的，应当向三个以上具备承担招标项目的能力、资信良好的特定的法人或者其他组织发出投标邀请书。邀请招标虽然也能够邀请到有经验和资信可靠的投标者投标，保证履行合同，但是限制了竞争范围，可能会失去技术上和报价上有竞争力的投标者。因此，在我国建设市场中应大力推行公开招标。

一般在以下几种情况下才可以采用邀请招标方式：

① 因技术复杂、专业性强或者其他特殊要求等原因，只有少数几家潜在投标者可以选择的；

② 采购规模小，为合理减少采购费用和采购时间而不适宜公开招标的；

③ 法律或者国务院规定的其他不适宜公开招标的情形。

(2) 从招标的范围进行分类，可以分为国际招标和国内招标

国家经贸委将国际招标界定为“是指符合招标文件规定的国内、国外法人或其他组织，单独或联合其他法人或者其他组织参加投标，并按招标文件规定的币种结算的招标活动”；国内招标则“是指符合文件规定的国内法人或其他组织，单独或联合其他国内法人或其他组织参加投标，并用人民币结算的招标活动”。

6.1.2 建设项目招投标的程序

6.1.2.1 招标活动的准备工作

项目招标前，招标人应当办理有关的审批手续，确定招标方式以及划分标段等工作。

6.1.2.2 招标公告和投标邀请书的编制与发布

招标人采用公开招标，应发布招标公告；采用邀请招标，应向三个以上具备承担招标项目的能力和资信的特定法人或者其他组织发出参加投标的邀请。

按照《招标投标法》的规定，招标公告与投标邀请书应当载明同样的事项，具体包括以下内容：

(1) 招标人的名称和地址；

(2) 招标项目的性质；

(3) 招标项目的数量；

(4) 招标项目的实施地点；

(5) 招标项目的实施时间；

(6) 获取招标文件的办法。

6.1.2.3 资格预审

资格预审是指招标人在招标开始之前或开始初期，由招标人对申请参加投标的潜在投标人进行资质条件、业绩、信誉、技术、资金等多方面情况进行资格审查。只有在资格预审中被认定为合格的潜在投标人(或投标人)，才可以参加投标。如果国家对投标人的资格条件具有规定的，依照其规定。资格预审的目的是为了排除那些不合格的投标人，进而降低招标人的采购成本，提高招标工作的效率。资格预审的程序如下：

(1) 发布资格预审通告

资格预审通告是指招标人向潜在投标人发出的参加资格预审的广泛邀请。就建设项目招标而言，可以考虑由招标人在一家全国或者国际发布的报刊和国务院为此目的指定的这类刊物上发表邀请资格预审的公告。资格预审公告至少包括下述内容：招标人的名称和地址；招标项目名称；招标项目的数量和规模；交货期或者交工期；发售资格预审文件的时间、地点以及发放的办法；资格预审文件的售价；提交申请书的地点和截止时间以及评价申请书的时间表；资格预审文件送交地点、送交的份数以及使用的文字等。

(2) 发出资格预审文件

资格预审公告后，招标人向申请参加资格预审的申请人发放或者出售资格审查文件。资格预审的内容包括基本资格审查和专业资格审查两部分。基本资格审查是指对申请人的合法地位和信誉等进行的审查，专业资格审查是对已经具备基本资格的申请人履行拟定招标采购项目能力的审查。

(3) 对潜在投标人资格的审查和评定

招标人在规定时间内，按照资格预审文件中规定的标准和方法，对提交资格预审申请书的潜在投标人资格进行审查。审查的重点是资格审查，内容包括：

① 施工经历，包括以往承担类似项目的业绩；

② 为承担本项目所配备的人员状况，包括管理人员和主要人员的名单和简历；

③ 为履行合同任务而配备的机械、设备以及施工方案等情况；

④ 财务状况，包括申请人的资产负债表、现金流量表等。

(4) 发出预审合格通知书

6.1.2.4 编制和发售招标文件

按照我国《招标投标法》的规定，招标文件应当包括招标项目的技术要求，对投标人资格审查的标准、投标报价要求和评标标准等所有实质性要求和条件以及拟签合同的主要条款。建设工程招标文件是由招标单位或其委托的咨询机构编制发布的。它既是投标单位编制投标文件的依据，也是招标单位与将来中标单位签订工程承包合同的基础，招标文件中提出的各项要求，对整个招标工作乃至承发包双方都有约束力。

招标文件应当包括下列内容：

(1) 投标须知，包括工程概况，招标范围，资格审查条件，工程资金来源或者落实情况(包括银行出具的资金证明)，标段划分，工期要求，质量标准，现场踏勘和答疑安排，投标文件编制、提交、修改、撤回的要求，投标报价要求，投标有效期，开标时间和地点，评标的方法和标准等；

(2) 招标工程的技术要求和设计文件；

(3) 采用工程量清单招标的，应当提供工程量清单；

(4) 投标函的格式及附录；

(5) 拟签订合同的主要条款。

招标文件一般发售给通过资格预审、获得投标资格的投标人。投标人在收到招标文件后，应认真核对，核对无误后应以书面形式予以确认。

招标文件的修改。招标人对于已发出的招标文件需进行必要的澄清或者修改时，应当在招标文件要求提交投标文件截止时间至少 15 日前，以书面形式通知所有招标文件收受人。该澄清或者修改的内容为招标文件的组成部分。

6.1.2.5 勘察现场与召开投标预备会

(1) 勘察现场

① 投标人进行现场勘察的目的在于了解工程场地和周围环境情况，以获取投标人认为有必要的信息。为便于投标人提出问题并得到解答，勘察现场一般安排在投标预备会前的 1～2 天。

② 投标人在勘察现场中如有疑问问题，应在投标预备会前以书面形式向招标人提出，但应给招标人解答时间。

③ 招标人应向投标人介绍有关现场的以下情况：施工现场是否达到了招标文件规定的条件；施工现场的地理位置和地形、地貌；施工现场的地质、土质、地下水位、水文等情况；施工现场气候条件，如气温、湿度、风力、年雨雪量等；现场环境，如交通、饮水、污水排放、生活用电、通信等；工程在施工现场中的位置或布置；临时用地、临时设施的搭建等。

(2) 召开投标预备会

投标人在领取招标文件、图纸和有关技术资料及勘察现场时，提出疑问问题，招标人可通过以下方式进行解答。

① 收到投标人提出的疑问问题后，应以书面形式进行解答，并将解答同时送达所有获得招标文件的投标人。

② 收到提出的疑问问题后，通过投标预备会进行解答，并以会议记录形式同时送达招标

文件的投标人。召开投标预备会一般应注意：

ⅰ. 投标预备会的目的在于澄清招标文件中的疑问，解答投标人对招标文件和勘察现场中所提出招标文件的疑问问题。

ⅱ. 投标预备会在招标管理机构监督下，由招标单位组织并主持召开，在预备会上对招标文件和现场情况进行介绍或解释，并解答投标单位提出的疑问问题，包括书面提出的和口头提出的询问。

ⅲ. 在投标预备会上还应对图纸进行交底和解释。

ⅳ. 投标预备会结束，由招标人整理会议记录和解答内容，尽快以书面形式将问题及解答同时发送到所有获得招标文件的投标人。

ⅴ. 所有参加投标预备会的投标人应签到登记，以证明出席投标预备会。

ⅵ. 不论招标人以书面形式向投标人发放任何资料文件，还是投标单位以书面形式提出问题，均应以书面形式予以确认。

6.1.2.6　建设项目投标

（1）投标前的准备

① 投标人及其资格要求。投标人是响应招标、参加投标竞争的法人或者其他组织。响应招标，是指投标人应当对招标人在招标文件中提出的实质性要求和条件作出响应。自然人不能作为建设工程项目的投标人。

② 调查研究，收集投标信息和资料。

③ 建立投标机构。

④ 投标抉择。

（2）投标文件的编制

投标人应当按照招标文件的要求编制投标文件，对招标文件提出的实质性要求和条件作出响应。招标文件允许投标人提供备选标的，投标人可以按照招标文件的要求提交替代方案，并做出相应报价作备选标。投标文件应当包括下列内容：

① 投标函；

② 施工组织设计或者施工方案；

③ 投标报价；

④ 招标文件要求提供的其他资料。

（3）投标文件的递交。我国《招标投标法》规定，投标人应当在招标文件要求提交投标文件的截止时间前，将投标文件送达投标地点。招标人收到招标文件后，应当签收保存，不得开启。投标人少于3个的，招标人应当依照本法重新招标，在招标文件要求提交投标文件的截止时间后送达的投标文件，招标人应当拒收。投标人在招标文件要求提交投标文件的截止时间前，可以补充、修改或者撤回已提交的投标文件，并书面通知招标人。补充、修改的内容为招标文件的组成部分。

6.1.2.7　开标、评标和定标

在工程项目招投标过程中，开标、评标和定标是招投标程序中极为重要的环节，其过程应由招投标管理机构全过程监督、检查。本书在此不再详述。

6.2 施工招投标

6.2.1 施工招投标概述

施工招标是指招标单位的施工任务发包，鼓励施工企业投标竞争，从中选出技术能力强、管理水平高、信誉可靠且报价合理的承建单位，并以签订合同的方式约束双方在施工过程中行为的经济活动。施工招标的最明显特点是发包工作内容明确具体，各投标人编制的投标书在评标中易于横向对比。虽然投标人是按招标文件的工程量表中规定的工作内容和工程量编制报价的，但投标实际上是施工单位完成该项目任务的技术、经济、管理等综合能力的竞争。

6.2.1.1 施工招标单位应具备的条件

根据我国《招标投标法》规定，招标人应是"提出招标项目，进行招标的法人或者其他组织"。"招标人应具有进行招标项目的相应资金或者资金来源已经落实，并应当在招标文件中如实载明"。同时，"招标人具有编制招标文件和组织评标能力的，可以自行办理招标事宜"。

按照建设部的有关规定，依法必须进行施工招标的工程，招标人自行办理施工招标事宜的，应当具有编制招标文件和组织评标的能力。

(1) 有专门的施工招标组织机构；

(2) 有与工程规模、复杂程度相适应并具有同类工程施工招标经验、熟悉有关工程施工招标法律法规的工程技术、概预算及工程管理的专业人员。

不具备上述条件的，招标人应当委托具有相应资格的工程招标代理机构代理施工招标。

按照建设部第79号令《工程建设项目招标代理机构资格认定办法》规定，申请工程招标代理机构资格的单位应具备下列条件：

(1) 是依法设立的中介组织；

(2) 与行政机关和其他国家机关没有行政附属关系或者其他利益关系；

(3) 有固定的营业场所和开展工程招标代理业务所需设施及办公条件；

(4) 有健全的组织机构和内部管理的规章制度；

(5) 具备编制招标文件和组织评标的相应专业力量；

(6) 具有可以作为评标委员会成员人选的技术、经济等方面的专家库。

6.2.1.2 施工投标单位应具备的基本条件

我国《招标投标法》规定，投标人是响应招标、参加投标竞争的法人或者其他组织。投标人应当具备招标项目的能力。建设部第89号令指出，施工指标的投标人是响应施工招标、参与投标竞争的施工企业。投标人应当具备相应的施工企业资质，并在工程业绩、技术能力、项目经理资格条件、财务状况等方面满足招标文件提出的要求。

投标人应具备的条件：

(1) 投标人应当具有承担招标项目的能力。投标人应当具有与投标项目相适应的技术力量、机械设备、人员、资金等方面的能力，具有承担该招标项目的能力。参加投标项目是投标人的营业执照中的经营范围所允许的，并且投标人要具备相应的资质等级。因为国家有关规定要求，承包建设项目的单位应当持有依法取得的资质证书，并在其资质等级许可的范围内承揽工程，禁止超越本企业资质等级许可的业务范围或者以其他企业的名义承揽建设项目。

(2) 投标人应当符合招标文件规定的资格条件。招标人可以在招标文件中对投标人的资格条件作出规定，投标人应当符合招标文件规定的资格条件，如果国家对投标人的资格条件有规定的，则依照其规定。对于参加建设项目设计、建筑安装以及主要设备、材料供应等投标的单位，必须具备下列条件：

① 具有招标条件要求的资质证书，并为独立的法人实体；

② 承担过类似建设项目的相关工作，并有良好的工作业绩和履约记录；

③ 财产良好，没有处于财产被接管、破产或其他关、停、并、转状态；

④ 在最近 3 年没有骗取合同以及其他经济方面的严重违法行为；

⑤ 近几年有较好的安全记录，投标当年内没有发生重大质量事故和特大安全事故。

投标人不得相互串通投标报价，不得排挤其他投票人的公平竞争，不得损害招标人或者其他投标人的合法权益。禁止投标人以向招标人或者评标委员会成员行贿的手段谋取中标。投标人不得以低于成本的报价竞标，也不得以他人名义投票或者以其他方式弄虚作假，骗取中标。

6.2.1.3　施工投标文件编制时应遵循的规定

（1）做好编制投标文件准备工作。投标单位领取招标文件、图纸和有关技术资料后，应仔细阅读"投标须知"，投标须知是投标单位投标时应注意和遵守的事项。另外，还须认真阅读合同条件、规定格式、技术规范、工程量清单和图纸。如果投标单位的投标文件不符合招标文件的要求，责任由投标单位自负。实质上不响应招标文件要求的投标文件将被拒绝。投标单位应根据图纸核对招标单位在招标文件中提供的工程量清单中的工程项目和工程量；如发现项目或数量有误时应在收到招标文件 7 日内以书面形式向招标单位提出。

组织投标班子，确定参加投标文件编制人员，为编制好投标文件和投标报价，应尽量收集现行定额标准、取费标准及各类标准图集。收集掌握有关法律、法规文件，以及材料和设备价格情况。

（2）投标文件编制中，投标单位应依据招标文件和工程技术规范要求，并根据施工现场情况编制施工方案或施工组织设计。

投标文件编制完成后应仔细整理、核对，按招标文件的规定进行密封和标志。并提供足够份数的投标文件副本。

（3）投标单位必须使用招标文件中提供的表格格式，但表格可以按同样格式扩展。

（4）投标文件在"前附表"所列的投标有效期日历日内有效。

（5）投标单位应提供不少于"前附表"规定数额的投标保证金，此投标保证金是投标文件的一个组成部分。按招标文件要求投标单位提交的投标保证金，应随投标文件一并提交招标单位。对于未能按要求提交投标保证金的投标，招标单位将视为不响应投标而予以拒绝。

招标单位对未中标的投标单位的投标保证金应尽快退还（无息），最迟不超过规定的投标有效期期满后的 14 天。

中标单位的投标保证金，按要求提交履约保证金并签署合同协议后，予以退还（无息）。如投标单位有下列情况，将被没收投标保证金：投标单位在投标有效期内撤回其投标文件；中标单位未能在规定期限内提交履约保证金签署合同协议。

（6）投标文件的份数和签署。投标单位按招标文件所提供的表格格式，编制一份投标文件"正本"和"前附表"所述份数的"副本"，并由投标单位法定代表人亲自签署并加盖法人单位公章和法定代表人印鉴。

6.2.2 工程投标的顺序

6.2.2.1 投标报价前期的调查研究，收集信息资料

调查研究主要是对投标和中标后履行合同有影响的各种客观因素、业主和监理工程师的资信以及工程项目的具体情况等进行深入细致的了解和分析。具体包括以下内容。

(1) 政治和法律方面

投标人首先应当了解在招标投标活动中以及在合同改造过程中有可能涉及到的法律，也应当了解与项目有关的政治形势、国家政策等，即国家对该项目采取的是鼓励政策还是限制政策。

(2) 自然条件

自然条件包括工程所在地的地理位置和地形、地貌，气象状况，包括气温、湿度、主导风向、年降水量等，洪水、台风及其他自然灾害状况等。

(3) 市场状况

投标人调查市场情况是一项非常艰巨的工作，其内容也非常多，主要包括：建筑材料、施工机械设备、燃料、动力、水和生活用品的供应情况和价格水平，还包括过去几年批发物价和零售物价指数以及今天的变化趋势和预测；劳务市场情况，如工人技术水平、工资水平、有关劳动保护和福利待遇的规定等；金融市场情况，如银行贷款的难易程度以及银行贷款利率等。

对材料设备的市场情况尤需详细了解。包括原材料和设备的来源方式，购买成本，来源国或厂家的供货情况；材料、设备购买时的运输、税收、保险等方面的规定、手续、费用；施工设备的租赁、维修费用；使用投标人本地原材料、设备的可能性及成本比较。

(4) 工程项目方面的情况

工程项目方面的情况包括工作性质、规模、发包范围；工程的技术规模和对材料性能及工人技术水平的要求；总工期及分批竣工交付使用的要求；施工场地的地形、地质、地下水位、交通运输、给排水、供电、通讯条件的情况；工程项目资金来源；对购买器材和雇佣工人有无限制条件；工程价款的支付方式、外汇所占比例；监理工程师的资历、职业道德和工作作风等。

(5) 业主情况

包括业主的诚信情况、履约态度、支付能力，在其他项目上有无拖欠工程款的情况，对实施的工程需求的迫切程度等。

(6) 投标人自身情况

投标人对自己内部情况、资料也应当进行归纳管理。这类资料主要用于招标人要求的资料审查和本企业履行项目的可能性。

(7) 竞争对手资料

掌握竞争对手的情况，是投标策略中的一个重要环节，也是投标人参加投标能否获胜的重要因素。投标人在制定投标策略时必须考虑到竞争对手的情况。

6.2.2.2 是否参加投标作出决策

承包商在是否参加投标的决策时，应考虑到以下几个方面的问题：

(1) 承包招标项目的可能性与可行性。如，本企业是否有能力（包括技术力量、设备机械等）承包该项目，能否抽调出管理力量、技术力量参加项目承包，竞争对手是否有明显的优势等。

(2) 招标项目的可靠性。如，项目的审批程序是否已经完成、资金是否已经落实等。

(3) 招标项目的承包条件。如果承包条件苛刻，自己无力完成施工，则应放弃投标。

6.2.2.3 研究招标文件并制定施工方案

(1) 研究招标文件

投标单位报名参加或接受邀请参加某一工程的投标，通过了资格审查，取得招标文件之后，首要的工作就是认真仔细地研究招标文件，充分了解其内容和要求，以便有针对性地安排投标工作。

(2) 制定施工方案

施工方案是投标报价的一个前提条件，也是招标单位评标时要考虑的因素之一。施工方案应由投标单位的技术负责人主持制定，主要应考虑施工方法、主要施工机具的配置、各工种劳动力的安排及现场施工人员的平衡、施工进度及分批竣工的安排、安全措施等。施工方案的制定应在技术和工期两方面对招标单位有吸引力，同时又有助于降低施工成本。

6.2.2.4 投标报价的编制

(1) 投标报价的原则

投标报价的编制主要是投标单位对承建招标工程所要发生的各种费用的计算。在进行投标计算时，必须首先根据招标文件进一步复核工程量。作为投标计算的必要条件，应预先确定施工方案和施工进度，此外，投标计算还必须与采用的合同形式相协调。报价是投标的关键性工作，报价是否合理直接关系到投标的成败。

① 以招标文件中设定的发承包双方责任划分，作为考虑投标报价费用项目和费用计算的基础；根据工程发承包模式考虑投标报价的费用内容和计算深度。

② 以施工方案、技术措施等作为投标报价计算的基本条件。

③ 以反映企业技术和管理水平的企业定额作为计算人工、材料机械台班消耗量的基本依据。

④ 充分利用现场考察、调研成果、市场价格信息和行情资料，编制基价，确定调价方法。

⑤ 报价计算方法要科学严谨、简明适用。

(2) 投标报价的计算依据

① 招标单位提供的招标文件。

② 招标单位提供的设计图纸、工程量清单及有关技术说明书等。

③ 国家及地区颁发的现行建筑、安装工程预算定额及与之相配套执行的各种费用定额规定等。

④ 地方现行材料预算价格、采购地点及供应方式等。

⑤ 因招标文件及设计图纸等不明确，咨询后由招标单位书面答复的有关资料。

⑥ 企业内部制定的有关取费、价格等的规定、标准。

⑦ 其他与报价计算有关的各项政策、规定及调整系数等。

在标价的计算过程中，对于不可预见费用的计算必须慎重考虑，不要遗漏。

(3) 投标报价的编制方法

① 以定额计价模式投标报价。一般是采用预算定额来编制，即按照定额的分部分项工程子目逐项计算工程量，套用定额基价或根据市场价格确定直接费，然后再按规定的费用定额计取各项费用，最后汇总形成标价。

② 以工程量清单计价模式投标报价。这是与市场经济相适应的投标报价方法，是现行的投标报价的方法，也是国际通用的竞争性招标方式所要求的。一般是由标底编制单位根据业主委托，将拟建招标工程全部项目的内容按相关的计算规则计算出工程量，列在清单上作为招

标文件的组成部分，供投标人逐项填报价单，计算出总价，作为投标报价，然后通过评标竞争，最终确定合同价。工程量清单报价由招标人给出工程量清单，投标者填报单价，单价应完全依据企业技术、管理水平等企业实力而定，以满足市场竞争的需求。

采用工程清单综合单价计算投标报价时，投标人填入工程量清单中的单价是综合单价，应包括人工费、材料费、机械费、其他直接费、间接费、利润、税金以及材料差价及风险金等全部费用，将工程量与该单价相乘得出合价，将全部合价汇总后即得出投标总报价。分部分项工程费、措施项目费和其他项目费用按综合单价计价。工程量清单计价由投标报价构成。工程量清单计价的投标报价由分部分项工程费、措施项目费和其他各项费用构成。

分部分项工程费是指完成"分部分项工程量清单"项目所需的费用。投标人负责填写分部分项工程量清单中的金额，按照综合单价填报。分部分项工程量清单中的合价等于工程数量和综合单价的乘积。

措施项目费是指分部分项工程费以外，为完成该工程项目施工必须采取的措施所需的费用。投标人负责填写措施项目清单中的金额。措施项目清单中的措施项目包括通用项目、建筑工程措施项目、安装工程措施项目和市政工程措施项目等四类。措施项目清单中费用金额也是综合单价，包括人工费、材料费、机械费、管理费、利润、风险因素等项目。

其他项目费指的是分部分项工程费和措施项目费用以外，该工程项目施工中可能发生的其他费用。其他项目清单包括的项目分为招标人部分和投标人部分工程量清单计价模式下的投标总价。

规费和税金。

工程量清单计价模式下的投标总价具体如图 6-1 所示。

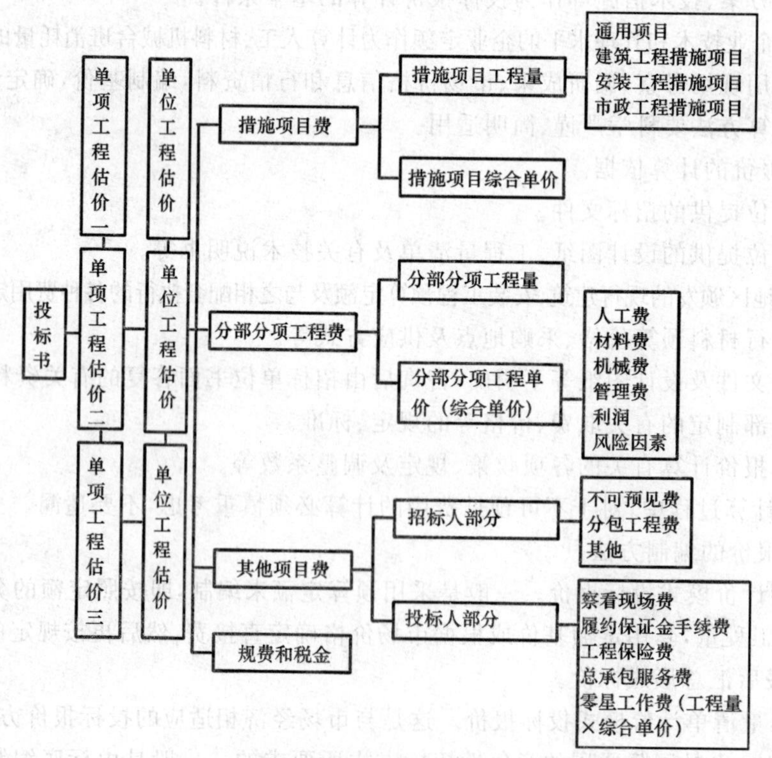

图 6-1　工程量清单计价模式下投标总价的构成

（4）投标报价的编制顺序

图 6-2 为工程投标报价编制的一般顺序。

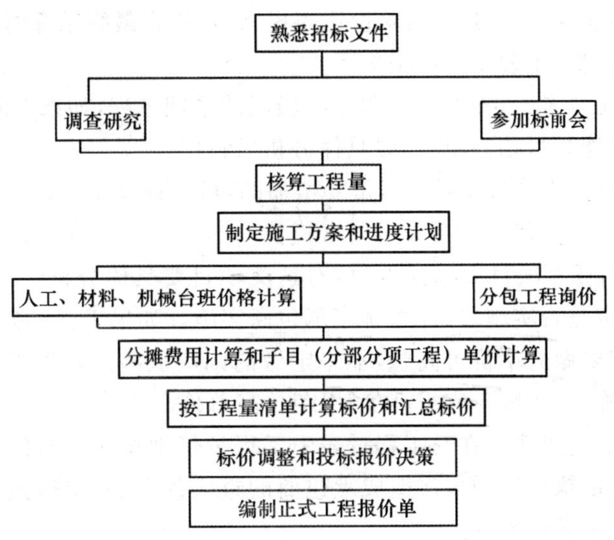

图 6-2　投标报价编制程序

6.2.2.5　投标报价的策略

根据投标报价的程序进行计算汇总后可以得到工程成本总价，但是这个价格还不能作为投标报价，必须根据对市场、本企业、竞争对手和项目本身的分析，对计算出来的工程总价作某些必要的调整。调整投标报价应当建立在对工程盈亏分析的基础上，盈亏预测应用多种方法从多角度进行，找出计算中的问题以及分析可能通过采取哪些措施降低成本、增加盈利，确定最后的投标报价。

投标策略是指承包商在投标竞争中的系统工程部署及其参与投标竞争的方式和手段，也是在计算汇总之后确定最终的投标报价的决策。投标策略作为投标取胜的方式、手段和艺术，贯穿于投标竞争的始终。常用的投标策略主要有：

（1）根据招标项目的不同特点采用不同报价

投标报价时，既要考虑自身的优势和劣势，也要分析招标项目的特点。按照工程项目的不同特点、类别、施工条件等来选择报价策略。

① 遇到如下情况报价可高一些：施工条件差的工程；专业要求较高的技术密集型工程，企业在这方面又有专长，声望也较高；总价低的小工程，以及自己不愿做、又不方便不投标的工程；特殊的工程如港口码头、地下开挖工程等；工期要求急的工程；投标对手少的工程；支付条件不理想的工程等。

② 遇到如下情况报价可低一些：施工条件好的工程；工作简单、工程量大而一般公司都可以做的工程；本公司目前急于打入某一市场、某一地区，或在该地区面临工程结束，机械设备等无工地转移时；本公司在附近有工程，而本项目又可利用该工程的设备、劳务，或有条件短期内突击完成的工程；投标对手多，竞争激烈的工程；非急需工程；支付条件好的工程。

（2）不平衡报价法

这一方法是指一个总报价基本确定后，通过调整内部各个项目的报价，以期既不提高总报价、不影响中标，又能在结算时得到更理想的经济效益。一般可以考虑在以下几方面采用不平衡报价：

① 能够早日结账收款的项目(如开办费、基础工程、土方开挖、桩基等)可适当提高。

② 预计今后工程量会增加的项目，单价适当提高，这样在最终结算时可多赚钱；将工程量可能减少的项目单价降低，工程结算时损失不大。

上述两种情况要统筹考虑，即对于工程量有错误的早期工程，如果实际工程量可能小于工程量表中的数量，则不能盲目抬高单价，要具体分析后再定。

③ 设计图纸不明确，估计修改后工程量要增加的，可以提高单价；而工程内容解说不清楚的，则可适当降低一些单价，待澄清后可再要求提价。

④ 暂定项目，又叫任意项目或选择项目，对这类项目要具体分析。因为这类项目要在开工后再由业主研究决定是否实施，以及由哪家承包商实施。如果工程不分包，不会由另一家承包商施工，则其中肯定要做的单价可高些，不一定做的则应低些。如果工程分包，该暂定项目也可能由其他承包商施工时，则不宜报高价，以免抬高总价。

采用不平衡报价一定要建立在对工程量表中工程量仔细核对分析的基础上，特别是对报低单价的项目，如工程量执行时增多将造成承包商的重大损失；不平衡报价多和过于明显，可能会引起业主反对，甚至导致废标。

(3) 多方案报价法

对于一些招标文件，如果发现工程范围不很明确，条款不清楚或不公正，或技术规范要求过于苛刻时，则要在充分估计投标风险的基础上，按多方案报价法处理。即是按原招标文件报一个价；然后再提出，若某某条款作某些变动，另外报价，以吸引业主。

(4) 增加建议方案

有时招标文件中规定，可以是一个建议方案，即是可以修改原设计方案，提出投标者的方案。投标者这时应抓住机会，组织一批有经验的设计和施工工程师，对原招标文件的设计和施工方案仔细研究，提出更为合理的方案以吸引业主，促成自己的方案中标。这种新建议方案可以降低总造价或是缩短工期，或使工程运用更为合理。但要注意对原招标方案一定也要报价。建议方案不要写得太具体，要保留方案的技术关键，防止业主将此方案交给其他承包商。同时要强调的是，建议方案一定要比较成熟，有很好的可操作性。

6.3 合同价款的确定

6.3.1 投标报价中工程量清单计价

6.3.1.1 工程量清单计价办法

(1) 投标报价应根据招标文件中的工程量清单和有关要求、施工现场实际情况及拟订的施工方案或施工组织设计、企业定额和市场价格信息，并参考建设行政主管部门发布的消耗量定额进行编制。

(2) 工程量清单计价应包括按照招标文件规定完成工程量清单所需的全部费用，通常由分部分项工程费、措施项目费和其他项目费和规费、税金组成。

分部分项工程费是指为完成分部分项工程量所需的实体项目费用。

措施项目费是指分部分项工程费以外，为完成该工程项目施工，发生于该工程施工前和施工过程中的技术、生活、安全等方面的非工程实体项目所需的费用。

其他项目费是指分部分项工程费和措施项目费以外，该工程项目施工中可能发生的其他费用。

分部分项工程费、措施项目费和其他项目费用，均采用综合单价计价。综合单价是由完成规定计量单位的人工费、材料费、机械使用费、管理费、利润等费用组成，综合单价应考虑风险因素。

6.3.1.2 综合单价的计算

综合单价的计算见第 2 章，表 2-4，表 2-5，表 2-6。

6.3.2 工程量清单计价主要表格简介

工程量清单计价应采用统一格式。工程量清单计价格式应随招标文件发至投标人，由投标人填写。工程量清单计价格式应由下列内容组成：

6.3.2.1 封面

封面（表 6-1）由投标人按规定的内容填写、签字、盖章。

表 6-1　　封面

________________工程

工程量清单报价表

投标：____________________（单位签字盖章）

法定代表：____________________（签字盖章）

造价工程师

及注册证号：____________________（签字盖执业专用章）

编制时间：____________________

6.3.2.2 投标总价

投标总价（表 6-2）应按工程项目总价表（表 6-3）合计金额填写。

表 6-2　　投标总价表

投标总价

建设单位：____________________

工程名称：____________________

投标总价：（小写）：________________

（大写）：________________

投标人：　　（单位签字盖章）

法定代表人：　　（签字盖章）

编制时间：____________________

6.3.2.3 工程项目总价表

工程项目总价表(表 6-3)中单项工程名称按照单项工程费汇总表(表 6-4)的工程名称填写,金额按照单项工程费汇总表(表 6-4)的合计金额填写。

表 6-3 工程项目总价表

序号	单项工程名称	金额/元
合计		

6.3.2.4 单项工程费汇总表(表 6-4)

表 6-4 单项工程费汇总表

工程名称: 第 页 共 页

序号	单位工程名称	金额/元
合计		

注:1. 单位工程名称按照单位工程费汇总表(表 6-5)的工程名称填写。

2. 金额按照单位工程汇总表(表 6-5)的合计金额填写。

6.3.2.5 单位工程费汇总表(表 6-5)

表 6-5 单位工程费汇总表

序号	项目名称	金额/元
1	分部分项工程费合计	
2	措施项目费合计	
3	其他项目费合计	
4	规费	
5	税金	
合计		

注:单位工程汇总表中的金额应分别按照分部分项工程量清单计价表(表 6-6)、措施项目清单计价表(表 6-7)和其他项目清单计价表(表 6-8)的合计金额按有关规定计算的规费、税金填写。

6.3.2.6 分部分项工程量清单计价表(表 6-6)

表 6-6　　分部分项工程量清单计价表

工程名称：　　　　　　　　　　　　　　　　　　　　第　页　共　页

序号	项目编码	项目名称	计量单位	金额/元	
				综合单价	合价
		本页小计			
		合计			

注：1. 综合单价应包括完成一个规定计量单位工程所需的人工费、材料费、机械使用费、管理费和利润，并应考虑风险因素。

2. 分部分项工程量清单计价包中的序号、项目编码、项目名称、计量单位、工程数量必须按分部分项工程量清单中的相应内容填写。

6.3.2.7 措施项目清单计价表(表 6-7)

表 6-7　　措施项目清单计价表

工程名称：　　　　　　　　　　　　　　　　　　　　第　页　共　页

序号	项目名称	金额/元
合计		

注：1. 措施项目清单计价表中的序号、项目名称必须按措施项目清单中的相应内容填写。

2. 投标人可根据施工组织设计采取的措施增加项目。

6.3.2.8 其他项目清单计价表(表 6-8)

表 6-8　　其他项目清单计价表

工程名称：　　　　　　　　　　　　　　　　　　　　第　页　共　页

序号	项目名称	金额/元
1	招标人部分	
2	投标人部分	
	小计	
合计		

注：1. 其他项目清单计价表中的序号、项目名称必须按其他项目清单中的相应内容填写。

2. 招标人部分的金额必须按招标人提出的数额填写。

6.3.3 工程量清单计价模式中合同价款的确定

6.3.3.1 复核工程量

在投标报价中，首先要复核各个分部分项工程的工程量，若有疑问在投标答疑会上提出，若招标单位未调整工程量，则在综合单价中进行调整。

6.3.3.2 确定综合单价，确定分部分项工程费用

按照表 2-4，表 2-5，表 2-6 的计价程序计算综合单价和合价，填入表 6-6。

综合单价中的人工费、材料费、机械使用费应参考市场价格进行确定。

管理费用的计取反映了企业的管理水平和市场竞争力。投标报价时承包人应根据企业和市场的情况确定在该工程上的管理费率。

利润是指承包人的预期收益，确定利润取值的目标是考虑既可以获得最大的可能利润，又要保证投标价格具有一定的竞争性。投标报价时承包人应根据市场竞争情况确定在该工程上的利润率。

风险费对承包人来说是一个未知数，如果预计的风险没有全部发生，则可能预计的风险费有剩余，这部分剩余和利润加在一起就是盈余；如果风险费估计不足，则由盈利来补贴。风险费率定得过低，有可能是工程项目在实施时没有足够的准备来应对风险；如果风险费率定得过高，又使企业在投标报价时在价格上处于劣势。因此在投标时应该根据工程规模及工程所在地的实际情况，由有经验的专业人员对可能的风险因素进行逐项分析后确定一个比较合理的费用比率。

各项分部分项工程费用确定以后，分部分项工程费用汇总填入单位工程费汇总表(表 6-5)。

6.3.3.3 措施项目费确定

措施项目清单是由招标人提供的。投标报价时可根据实际工程施工组织设计采取的具体措施，在招标人提供的措施项目清单上，填写相应的措施项目费用；也可以在招标人提供的措施项目清单基础上，增加措施项目，填写费用。对于清单中列出而实际未采用的措施则不填写报价。

措施项目的计列应以施工的实际发生为准，依据施工组织设计进行报价，填入表 6-7。

措施项目费汇总后填入单位工程费汇总表(表 6-5)。

6.3.3.4 其他项目费用确定

其他项目清单费用是指预留金、材料购置费(招标人部分)、总包服务费、零星工程项目费等估算金额的费用。其他项目费包括招标人部分和投标人部分，填入表 6-8。

(1) 招标人部分

① 预留金：预留金主要是考虑可能发生的工程量变化和费用增加而预留的金额。例如：清单编制时的遗漏、设计深度不足或差错引起的工程量增加或施工过程中的变更和索赔。设计深度较深、设计质量较好、工程结构不太复杂的工程项目预留金一般取工程总造价的 3%～5%；对于初步设计或建筑结构比较新颖的工程项目预留金一般取工程总造价的 10%～15% 或更多。在施工过程中预留金的支付与否、支付额度以及用途都必须通过(监理)工程师的批准。

② 材料购置费：材料购置费是指业主处于特殊的目的或要求，对工程消耗的某些材料在

招标文件中规定由招标人采购的拟建工程材料费。

③ 其他:招标人可增列的项目。例如:指定分包工程费等。

(2) 投标人部分

① 总包服务费:如果有分包,在投标报价时应估计总包服务费,列入其他项目清单。

② 零星工作费:零星工作费包括了零星项目中的人工、材料和机械的费用,由工程量清单中其他项目清单计价表(表 6-8)的附表详细列出。一般工程以人工计量为基础,按人工消耗总量的 1%计取;材料消耗主要是辅助材料的消耗,按不同消耗材料类别列项,按工人日消耗量计入;机械可按施工机械消耗总量的 1%取值。

在零星工作项目中,招标人已经列出了暂定数量,投标人应根据表中内容填写综合单价和合价。

③ 其他:投标人可增列的项目。

其他项目费用汇总后填入单位工程费汇总表(表 6-5)。

6.3.3.5 规费和税金的确定

规定计取的规费和税金,填入单位工程费汇总表(表 6-5)

6.3.3.6 投标报价的确定

单位工程费用汇总后填入单项工程费汇总表(表 6-4),再汇总进入工程项目总价表(表 6-3),形成投标报价(表 6-2)。

6.3.3.7 合同价款的确定

若中标,签定合同,此投标报价即为合同价款。

复习思考题

1. 建设项目强制招标的范围有哪些?
2. 投标文件的编制应包括哪些内容?投标文件在递交时应注意哪些事项?
3. 投标报价前期应注意调查研究收集什么资料?
4. 投标报价有哪些策略,应如何应用?
5. 工程量清单投标报价有哪些表格要填写?试叙述计算填写的过程。

7 工程项目施工发包承包价格的动态管理

学习重点和目的 本章主要叙述了建筑工程价款在工程项目施工中的支付过程和要求，包括在工程开工前建设单位应向施工单位支付工程预付款；在施工过程中对工程价款实行中间结算、变更及索赔；完成施工后进行工程竣工结算，标志着双方经济关系的结束。

了解工程价款的结算方法，掌握工程预付款的概念、计算方法和抵扣方法，熟悉工程进度款的概念、拨付方法，熟悉工程竣工结算的概念、作用和竣工结算书的内容、编制方法，掌握工程价款变更、索赔的程序及相关费用的计算，掌握工程价款动态结算的方法。

7.1 工程价款结算方法

工程价款的结算是指承包商在工程实施过程中，依据承包合同中关于付款条款的规定和已经完成的工程量，并按照规定的程序向建设单位（业主）收取工程价款的一项经济活动。它是工程项目承包中的一项十分重要的工作，是反映工程进度的主要指标，是加速资金周转的重要环节，是考核经济效益的重要指标。

我国现行工程结算根据不同情况，可采取不同方式，如按月结算、竣工后一次结算、分段结算、按目标结算等。

7.1.1 按月结算

实行旬末或月中预支，月终结算，竣工后清算的方法。跨年度竣工的工程，在年终进行工程盘点，办理年度结算。我国现行建筑安装工程价款结算中，相当一部分是实行这种按月结算的方式。

7.1.2 竣工后一次结算

建设项目或单项工程全部建筑安装工程建设期在12个月以内，或者工程承包合同价值在100万元以下的，可以实行工程价款每月月中预支，竣工后一次结算。

7.1.3 分段结算

即当年开工、当年不能竣工的单项工程或单位工程，按照工程形象进度，划分不同阶段进行结算。分段结算可以按月预支工程款。分段的划分标准由各省、自治区、直辖市、计划单列市规定。

对于以上3种主要结算方式的收支确认，国家财政部在1999年1月1日起实行的《企业会计准则——建造合同》讲解中作了如下规定：

——实行旬末或月中预支，月终结算，竣工后清算办法的工程合同，应分期确认合同价款收入的实现，即各月份终了，与发包单位进行已完工程价款结算时，确认为承包合同已完工程部分的工程收入实现，本期收入额为月终结算的已完工程价款金额。

——实行合同完成后一次结算工程价款办法的工程合同，应于合同完成、施工企业与发包单位进行工程合同价款结算时，确认为收入实现，实现的收入额为承发包双方结算的合同价款总额。

——实行按工程形象进度划分不同阶段、分段结算工程价款办法的工程合同，应按合同规定的形象进度分次确认已完阶段工程收益实现。即应于完成合同规定的工程形象进度或工程阶段，与发包单位进行工程价款结算时，确认为工程收入的实现。

7.1.4 按目标结算

即在工程合同中，将承包工程的内容分解成不同的控制界面，以业主验收控制界面作为支付工程价款的前提条件。也就是说，将合同中的工程内容分解成不同的验收单元，当承包商完成单元工程内容并经业主(或其委托人)验收后，业主支付构成单元工程内容的工程价款。

按目标结算，应对控制界面的设定有明确描述，便于量化和质量控制，同时要适应项目资金的供应周期和支付频率。

按目标结算，实质上是运用合同手段、财务手段对工程的完成进行主动控制。承包商要想获得工程价款，必须充分发挥自己的组织实施能力，在保证质量前提下，加快施工进度，完成界面内的工程内容。若拖延工期，业主可推迟付款，增加承包商的财务费用、运营成本、降低收益；若承包商积极组织施工，提前完成控制界面内的工程内容，则承包商可提前获得工程价款，增加承包收益，客观上承包商因提前工期而增加了有效利润；同时，若质量无法达到合同约定的标准，业主不予验收，承包商也会因此而受到损失。

7.1.5 其他

结算方式也可采用承包商和业主合同中事先约定的其他结算方式。

7.2 工程预付款

7.2.1 工程预付款的概念

预付款又称备料款，它是建设单位按规定拨付给承包单位的备料周转金，以便承包单位提前储备材料和订购构配件。包工不包料的工程，原则上建设单位不需预付备料款。实行预付备料款的工程项目，建设单位与承包单位应在签订的施工合同或协议中写明工程备料款预支数额、扣还的起扣点、办理的手续和方法。

7.2.2 工程预付款的拨付

一般工程预付款仅用于承包单位支付施工开始时与本工程有关的动员费用，如滥用此款，建设单位有权立即收回。在承包方向建设单位提交金额等于预付款数额的银行保函后(发包方认可的银行)，建设单位按规定的金额和规定的时间向承包方支付预付款，在建设单位全部扣回预付款之前，该银行保函将一直有效。当预付款被建设单位扣回时，银行保函金额相应递减。建设单位向承包单位预付的备料款，应在双方签订施工承包合同后一个月内付清。

承包单位向建设单位预收备料款的数额应以保证当年施工正常储备需要为原则，一般取决于主要材料(包括构配件)占建筑安装工作量的比重、材料储备期和施工期以及承包方式等因素。预收备料款的数额，可按下列公式计算：

$$预收备料款的数额=\frac{年度建安工作量\times主要材料占建安工作量的比重}{年度施工日历天数}\times材料储备天数 \quad (7\text{-}1)$$

备料款额度一般建筑工程不应超过当年建筑工作量（包括水、电、暖）的30%；安装工程按年安装工作量的10%拨付；材料占比重较多的安装工程按年计划产值的15%左右拨付。

财政部、建设部于2004年10月颁布的《建设工程价款结算暂行办法》（财建[2004]369号）中规定：建设工程施工专业分包或劳务分包，总（承）包人与分包人必须依法订立专业分包或劳务分包合同，按照本办法的规定在合同中约定工程价款及其结算办法。其中，关于预付备料款的规定如下：

(1) 包工包料工程的预付款按合同约定拨付，原则上预付比例不低于合同金额的10%，不高于合同金额的30%；对重大工程项目，按年度工程计划逐年预付。计价执行《建设工程工程量清单计价规范》(GB50500—003)的工程，实体性消耗和非实体性消耗部分应在合同中分别约定预付款比例。

(2) 在具备施工条件的前提下，发包人应在双方签订合同后的一个月内或不迟于约定的开工日期前的7天内预付工程款，发包人不按约定预付，承包人应在预付时间到期后10天内向发包人发出要求预付的通知，发包人收到通知后仍不按要求预付，承包人可在发出通知14天后停止施工，发包人应从约定应付之日起向承包人支付应付款的利息（利率按同期银行贷款利率计），并承担违约责任。

(3) 预付的工程款必须在合同中约定抵扣方式，并在工程进度款中进行抵扣。

(4) 凡是没有签订合同或不具备施工条件的工程，发包人不得预付工程款，不得以预付款为名转移资金。

在实际工作中，工程备料款的额度应根据工作性质、承包方式和工期长短，在保证建筑安装企业能有计划地生产、供应、储备并促进工程顺利进行的前提下，有关主管部门、地方政府财政部门和地方政府建设行政主管部门可参照本办法，结合本部门、本地区实际情况，另行制订具体办法，并报财政部、建设部备案。

7.2.3 备料款的扣回

由于备料款是按施工图预算或当年建安投资额所需要的储备材料计算的，因而当工程施工达到一定进度、材料储备随之减少时，预收备料款应当陆续扣还给建设单位，在工程竣工前扣完。确定预收备料款开始抵扣时间，应该以未施工工程所需主要材料及构配件的耗用额刚好同预收备料款相等为原则。工程备料款的起扣点可按下式计算：

$$备料款起扣时的已完工程价值=当年施工合同总值-\frac{预收备料款数额}{主要材料比重(\%)} \quad (7\text{-}2)$$

或

$$备料款起扣时的工程进度=\left(1-\frac{预收备料款的额度(\%)}{主要材料比重(\%)}\right)\times100\% \quad (7\text{-}3)$$

[例7-1] 某工程主要材料占建安工作量的比重为60%，预收备料款额度为20%，试求预收备料款起扣点。

[解] 预收备料款起扣时的工程进度（即起扣点）应为

$$\left(1-\frac{20\%}{60\%}\right)\times 100\%=66.67\%$$

即当工程进度达到66.67%时开始起扣。因未完工程33.33%所需的主要材料接近20%（33.33%×60%=20%）。

应扣还的预收备料款可按下面两个公式计算：

第一次低扣额=(累计已完工程价值—起扣点已完工程价值)×主要材料比重

以后每次抵扣额=每次完成工程价值×主要材料比重

［例 7-2］ 某施工企业承建某建设单位的建筑安装工程，双方签订合同中规定当年计划工作量为800万元，预收备料款额度为25%，若主要材料比重为55%，各月完成的工程量见表7-1，试计算6月份和7月份月终结算时应抵扣的工程备料款数额及结算额。

表 7-1 **各月工程量完成表** 单位：万元

3月	4月	5月	6月	7月	8月	9月
100	110	130	140	102	110	108(竣工)

［解］

预收工程备料款数额为800×25%=200(万元)

起扣点已完工程价值为 $800-\frac{200}{55\%}=436.36$ 万元

(1) 5月份累计完成工程量为340万元，6月份累计完成工程量为480万元，6月月终结算时应抵扣的备料款为第一次抵扣，其数额为

$$(480-436.36)\times 55\%=24(\text{万元})$$

结算额为140—24=116(万元)

(2) 7月份应低扣的备料款数额为

$$102\times 55\%=56.1(\text{万元})$$

结算额为102—56.1=45.9(万元)

另外，若求例7-2中各月份的抵扣额、结算额，计算结果可见表7-2，读者可尝试演算一下。

表 7-2 **各月工程款结算表** 单位：万元

款项 \ 月份	3月	4月	5月	6月	7月	8月	9月
每月完成工程量	100	110	130	140	102	110	108
累计完成工程量	100	210	340	480	582	692	800
抵扣备料款	—	—	—	24	56.1	60.5	59.4
每月工程款结算额	100	110	130	116	45.9	49.5	48.6

工程款累计结算额为100+110+130+116+45.9+49.5+48.6=600万元，加上预付备料款200万元，正好等于800万元。

在实际建筑工程经济活动中，有些工程工期较短，备料款无需分期扣回；有些工程跨年度施工，备料款可以不扣或少扣，并于次年按应付备料款调整，多还少补。对于跨年度施工，如预计次年承包工程价值大于或等于当年承包工程价值时，可以不扣回当年的备料款；若小于当年承包工程价值

时，当年扣回部分备料款，并将未扣回部分转入次年，直到竣工年度再按有关方法扣回。

7.3 工程进度款

7.3.1 工程进度款的概念

工程进度款是指为了使建筑安装企业在施工过程中耗用的资金及时得到补偿，及时反映工程进度和施工企业的经营成果，对工程价款实行中间结算的办法。即按逐月完成工程量乘以工料单价法或综合单价法计算工程价款，向建设单位办理价款结算手续。

7.3.2 工程进度款的拨付

工程进度款结算拨付的原则是工程进度款和预付的备料款之和应等于工程实际完成价值和应付未完工备料款之和。即工程进度要与付款相对应。

工程结算的方法见 7.1 相关内容，在实际工程中采用何种结算方式应在合同中写明。

《建设工程价款结算暂行办法》(财建[2004]369 号)规定工程进度款的结算和支付要求如下：

7.3.2.1 工程进度款结算方式

(1) 按月结算与支付。即实行按月支付进度款，竣工后清算的办法。合同工期在两个年度以上的工程，在年终进行工程盘点，办理年度结算。

(2) 分段结算与支付。即当年开工、当年不能竣工的工程按照工程形象进度，划分不同阶段支付工程进度款。具体划分在合同中明确。

7.3.2.2 工程量计算

(1) 承包人应当按照合同约定的方法和时间，向发包人提交已完工程量的报告。发包人接到报告后 14 天内核实已完工程量，并在核实前 1 天通知承包人，承包人应提供条件并派人参加核实，承包人收到通知后不参加核实，以发包人核实的工程量作为工程价款支付的依据。发包人不按约定时间通知承包人，致使承包人未能参加核实，核实结果无效。

(2) 发包人收到承包人报告后 14 天内未核实完工程量，从第 15 天起，承包人报告的工程量即视为被确认，作为工程价款支付的依据，双方合同另有约定的，按合同执行。

(3) 对承包人超出设计图纸(含设计变更)范围和因承包人原因造成返工的工程量，发包人不予计量。

7.3.2.3 工程进度款支付

(1) 根据确定的工程计量结果，承包人向发包人提出支付工程进度款申请，14 天内，发包人应按不低于工程价款的 60%，不高于工程价款的 90%向承包人支付工程进度款。按约定时间发包人应扣回的预付款，与工程进度款同期结算抵扣。

(2) 发包人超过约定的支付时间不支付工程进度款，承包人应及时向发包人发出要求付款的通知，发包人收到承包人通知后仍不能按要求付款，可与承包人协商签订延期付款协议，经承包人同意后可延期支付，协议应明确延期支付的时间和从工程计量结果确认后第 15 天起计算应付款的利息(利率按同期银行贷款利率计)。

(3) 发包人不按合同约定支付工程进度款，双方又未达成延期付款协议，导致施工无法进行，承包人可停止施工，由发包人承担违约责任。

7.4 工程变更款

工程变更一般是指在工程施工过程中，根据合同约定的施工程序，工程内容、数量、质量要求及标准等作出的变更。

7.4.1 工程变更的原因

(1) 业主新的意向。如业主对工程项目的建筑、材料与设备选用等产生新的要求，业主修改项目计划、削减项目的投资，导致图纸修改。

(2) 由于业主指令错误或其他责任的原因造成承包商施工方案或施工计划的改变。

(3) 由于设计人员没有很好地理解业主的意图，或设计的错误，导致图纸修改。

(4) 由于监理方错误理解设计图纸，或实施监理过程中存在缺陷，导致工程变更。

(5) 由于承包商事先没有充分理解业主、设计与监理等方的意图或要求，在制定施工组织设计或施工措施方面存在缺陷，在施工中采取纠正措施而发生的工程变更。

(6) 由于工程环境的变化，预定的工程条件不准确，要求采用新的实施方案或计划而引起的工程变更。

(7) 由于产生新技术和知识，有必要改变原设计、原施工方案或实施计划进行修改导致工程变更。

(8) 政府部门对工程新的要求，如国家计划变化、环境保护要求、城市规划变动，以及有关法律、法规和规范、标准的修订等引起工程变更。

(9) 由于合同实施出现问题，必须调整合同目标或修改合同条款。

(10) 由于出现了不可抗力的原因，导致无法按原设计图纸、原施工方案或进度计划进行施工。

7.4.2 工程变更范围

根据我国建设部和工商行政管理总局颁发的《建设工程施工合同示范文本》(GF—99—0201)规定，工程变更包括设计变更和工程质量标准等其他实质性内容的变更，其中设计变更包括：

(1) 更改工程有关部分的标高、基线、位置和尺寸；

(2) 增减合同中约定的工程量；

(3) 改变有关工程的施工时间和顺序；

(4) 其他有关工程变更需要的附加工作。

而国际咨询工程师联合会(FIDIC)施工合同条件中规定，工程变更范围可能包括：

(1) 改变合同中所包括的任何工作的数量；

(2) 改变任何工作的质量和性质；

(3) 改变工程任何部分的标高、基线、位置和尺寸；

(4) 删减任何工作；

(5) 任何永久工程需要的附加工作、工程设备、材料或服务；

(6) 改动工程的施工顺序或时间安排。

7.4.3 工程变更的程序

工程变更是产生工程索赔的主要起因，不仅会造成工程进度的延误，有时也会增加工程费用，对工程施工管理带来困难，容易引起合同双方的争议。因此，要充分重视工程变更管理问题。

通常工程变更的程序如下：

7.4.3.1 工程变更的提出

根据项目实施的具体情况，业主方、设计方、监理方、承包方等项目参与各方均可以根据工程的实施条件或工程需要提出工程变更。

7.4.3.2 工程变更的批准

承包商提出的工程变更，应交设计或监理工程师审查并批准，往往以技术核定单的形式形成工程变更；设计方提出的工程变更应该与业主协商或经业主审查并批准；由业主方提出的工程变更，涉及到设计修改的应与设计单位协商，出设计修改图；监理方发出工程变更，一般会以施工合同或工程工作协调会会议记要的形式确定，通常应事先征得业主的同意；而由于政府部门或新技术等原因要求工程变更的，可采用设计修改、技术核定签发或工程师书面指令等形式。

7.4.3.3 工程变更指令的发出与执行

工程变更指令可采用书面和口头两种形式。一般情况下要求用书面形式发布指令，但由于情况紧急而来不及发出书面指令，承包人应执行工程师的口头指令，并根据合同规定要求工程师书面认可。

当工程变更价款尚未确定，或者承包人对工程师答应给予补偿的费用不满意时，从工程项目出发，承包商应先执行工程变更的工作，然后再就变更价款进行协商确定或索赔。

7.4.3.4 工程变更责任的分析

工程变更责任的分析是工程变更价款和工程索赔的依据之一。应根据变更的具体情况分析确定工程变更的责任。

(1) 业主承担的责任

由于业主要求、政府部门要求、环境变化、监理指挥失误或失职、不可抗力、原设计错误等导致设计修改，造成施工方案的变更，以及工期的延长和费用的增加，承包商可向业主索赔。

(2) 承包商责任

由于承包商编制的施工方案、施工措施出现错误、疏忽而导致设计修改或施工方案变更，造成工程费用增加和工期延长应由承包人承担责任。

此外，在工程合同签订以后，或承包方的施工组织设计被工程师(或业主方)确认后，业主为了加快工期，提高工程质量等要求变更施工方案，由此引起的费用增加可以向业主索赔。

7.4.4 工程变更价款的确定方法

7.4.4.1 《计价规范》约定的工程变更价款的确定方法

根据《计价规范》(GB50500—2003)，合同价采用综合单价。当发生工程变更时，除合同另有约定以外，一般可按照下列规定执行：

(1) 新的工程量清单项目

由于工程量清单项目遗漏或设计变更引起新的工程量清单项目，其工程量由发包人计算，其综合单价由承包人提出，经发包人确认后作为结算的依据。

(2) 工程量增减

由于工程量清单的工程数量有误或设计变更引起工程量增减变化，当增减幅度在合同约定幅度以内的，应执行原有的综合单价；若超出合同约定幅度以外的，其增加部分的工程量或减少后剩余部分的工程量的综合单价由承包人提出，经发包人确认后作为结算依据。

7.4.4.2 《建设工程施工合同》(示范文本)GF—99—0201 约定的工程变更价款确定方法

(1) 合同中已有适用于变更工程的价格，按合同已有的价格作为变更合同价款；

(2) 合同中只有类似于变更工程的价格，可以参照类似价格作为变更合同价款；

(3) 合同中既没有适用也没有类似于变更工程的价格，则由承包人指出适当的变更价格，经工程师确认后执行。

7.4.4.3 FIDIC 施工合同条件约定的工程变更价款的确定方法

FIDIC 施工合同条件约定：工程变更的费率或价格应采用合同相同工作内容的费率或价格；如合同中无此项工作，应取类似工作的费率或价格。而只有在满足下列条件时，可对有关工作内容采用新的费率或价格：

(1) 如果此项工作实际测量的工程量比工程量表或其他报表中规定的工程量的变动大于10%；

(2) 工程量的变化与该项工作规定的费率的乘积超过了中标的合同金额的0.01%；

(3) 此工程量的变化直接造成该项工作单位成本的变动超过1%；

(4) 此项工作不是合同中规定的“固定费率项目”；

(5) 此工作是根据变更与调整的指示进行的。

7.4.4.4 工程变更项目的单价和价格的确定

合同中工程量清单的单价和价格由承包商投标时提供，用于变更工程项目的单价和价格，容易被业主、承包商及监理工程师所接受，从合同意义上讲也是比较公平的。

采用合同中工程量清单的单价或价格有几种情况：①直接套用，即从工程量清单上直接拿来使用；②间接套用，即依据工程量清单，通过换算后采用；③部分套用，即依据工程量清单，取其价格中的某一部分使用。

7.5 工程施工索赔

工程索赔是在工程承包合同履行中，当事人一方由于另一方未履行合同所规定的义务或者出现了应当由对方承担的风险而遭受损失时，向另一方提出赔偿要求的行为。索赔是国际工程承包中经常发生并且随处可见的正常现象，在承包合同中都有索赔的条款。索赔的性质属于经济补偿行为，而不是惩罚。在我国，索赔刚刚起步，还需要在实践中加以总结，使承包者能够利用工程索赔手段来保护自身的利益。

7.5.1 工程索赔的概念和分类

7.5.1.1 工程索赔的概念

索赔是指在合同实施过程中,合同参与方不履行合同或未能正确地履行合同中所规定的义务而遭受损失,合同当事一方向另一方提出的补偿要求。索赔是工程承包中经常发生的正常现象。由于施工现场条件、气候条件的变化,施工进度、物价的变化,以及合同条款、规范、标准文件和施工图纸的变更、差异、延误等因素的影响,使得工程承包中不可避免地出现索赔。

我国《建设工程施工合同示范文本》中的索赔规定是双向的,既包括承包人向发包人的索赔,也包括发包人向承包人的索赔。但在工程实践中,发包人索赔数量较小,而且处理方便,可以通过各种方式:如冲账、扣拨工程款、扣保证金等实现对承包人的索赔;而承包人对发包人的索赔则相对困难些。

索赔有较广泛的含义,可以概括为:

(1) 一方违约使另一方蒙受损失,受损一方向对方提出赔偿损失的要求;

(2) 发生应当由发包方承担责任的特殊风险或遇到不利自然条件等情况,使承包商蒙受较大损失而向发包方提出补偿损失要求;

(3) 承包商本人应当获得的正当利益,由于没能及时得到监理工程师的确认和发包方应当给于的支付,而以正式函件向发包方提出索赔。

7.5.1.2 工程索赔产生的原因

(1) 当事人违约

当事人违约常常表现为没有按照合同约定履行自己的义务。发包方违约常常表现为没有为承包人提供合同约定的施工条件、未按照合同约定的期限和数额付款等,也包括工程师未能按照合同约定完成工作,如未能及时发出图纸、指令。承包方违约的情况则主要是没有按照合同约定的质量、期限完成施工,或者由于不当行为给发包人造成其他损害。

(2) 不可抗力事件

不可抗力又可以分为自然事件和社会事件。自然事件主要是不利的自然条件和客观障碍,如在施工过程中遇到了经现场调查无法发现、业主提供的资料中也未提到的、无法预料的情况,如地下水、地质断层等。社会事件则包括国家政策、法律、法令的变更,战争,罢工等。

(3) 合同缺陷

合同缺陷表现为合同文件规定不严谨甚至矛盾,合同中的遗漏或错误。在这种情况下,工程师应当给予解释,如果这种解释将导致成本增加或工期延长,发包人应当给予补偿。

(4) 工程变更

工程变更包括工程量的变更、工程项目的变更、进度计划的变更、施工条件的变更等。

(5) 工程师指令

工程师指令有时也会产生索赔,如工程师指令承包人加速施工、进行某项工作、更换某些材料、采取某些措施等。

(6) 其他第三方原因

常常表现为与工程有关的第三方的问题而引起的对本工程的不利影响。

7.5.1.3 工程索赔的分类

(1) 按索赔的合同依据分类

按索赔的合同依据可以将索赔分为合同中明示的索赔和合同中默示的索赔。

① 合同中明示的索赔，即指承包人所提出的索赔要求，在该工程项目的合同文件中有文字依据，承包人可以据此提出索赔要求，并取得经济补偿。

② 合同中默示的索赔，即承包人的该项索赔要求，虽然在工程项目的合同条款中没有专门的文字叙述，但可以根据该合同的某些条款的含义，推论出承包人有索赔权。这种索赔要求，同样有法律效力，有权得到相应的经济补偿。

(2) 按索赔的目的分类

按索赔目的可以将工程索赔分为工期索赔和费用索赔。

① 工期索赔。由于非承包人责任的原因而导致施工进程延误，要求批准顺延合同工期的索赔，称之为工期索赔。工期索赔形式上是对权利的要求，以避免在原定合同竣工日不能完工时，被发包人追究拖期违约责任。一旦获得批准合同工期顺延后，承包人不仅免除了承担拖期违约赔偿费的严重风险，而且可能提前工期得到奖励，最终仍反映在经济收益上。

② 费用索赔。费用索赔的目的是要求经济补偿。当施工的客观条件改变导致承包人增加开支，要求对超出计划成本的附加开支给予补偿，以挽回不应由他承担的经济损失。

(3) 按索赔事件的性质分类

按索赔事件的性质可以将工程索赔分为工程延误索赔、工程变更索赔、合同被迫终止索赔、工程加速索赔、意外风险和不可预见因素索赔和其他索赔。

① 工程延误索赔。因发包人未按合同要求提供施工条件，如未及时交付设计图纸、施工现场、道路等，或因发包人指令工程暂停或不可抗力事件等原因造成工期拖延的，承包人对此提出索赔。这是工程中常见的一类索赔。

② 工程变更索赔。由于发包人或监理工程师指令增加或减少工程量或增加附加工程、修改设计、变更工程顺序等，造成工期延长和费用增加，承包人对此提出索赔。

③ 合同被迫终止的索赔。由于发包人或承包人违约以及不可抗力事件等原因造成合同非正常终止，无责任的受害方因其蒙受经济损失而向对方提出索赔。

④ 工程加速索赔。由于发包人或工程师指令承包人加快施工速度，缩短工期，引起承包人人力、财力、物力的额外开支而提出的索赔。

⑤ 意外风险和不可预见因素索赔。在工程实施过程中，因人力不可抗拒的自然灾害、特殊风险以及一个有经验的承包人通常不能合理预见的不利施工条件或外界障碍，如地下水、地质断层、溶洞、地下障碍物等引起的索赔。

⑥ 其他索赔。如因货币贬值、汇率变化、物价上涨、工资上涨、政策法令变化等原因引起的索赔。

7.5.1.4 工程索赔的内容

从发生索赔的原因上划分，主要有以下几种情况。

(1) 承包商向发包人提出索赔的内容

① 合同文件有关的问题

合同文件是由业主一方委托有关人员编制的，由于国际工程承包合同包括一系列的文件，这些合同文件本身的差错和相互之间的不一致，常常成为索赔的契机。如合同条文的错误、图纸的差错、工程量的差错、水文地质资料中的错误等，以及合同文件含糊不清；或图纸与技术规范不符，图纸与工程量不符，合同条件与其他文件的矛盾等。例如，中方某公司在尼日利亚承包一个水处理厂，标书条款上有"在建设工程期内承包商要为工程师提供和维修六套三居室的住宅”，中方理解为租用和维修住宅，标价仅为11万美元；但在工程师下达的开工会议文件中却明确指出是为工程师建造住宅，建筑费用花了77万美元，经过对合同文件的仔细研究，中方以合同文件前后矛盾为由进行索赔而最终获得成功。

② 工程施工有关问题

工程施工中，由于施工条件的变化，或因业主或工程师要求引起施工内容、进度计划的变化，以及业主提供施工材料不及时或质量方面的问题，也是承包商向业主提出索赔的主要内容。例如，中国某公司在香港承包一项开山填海工程，填海面积为36万 m^2，需挖土石方31万 m^2，承包商以低价开标，合同额为1.2亿港元。根据合同规定，承包商被指定在土地附近某一山头取土，但在开工时受到当地居民的强烈阻止，工程被迫停工41天，后来监理工程师通知承包商改在另一山头取土，这不仅增加了运距，而且由于地质结构不同而增加了开山取土的难度和工程量，据此，承包商向业主提出工程变更后工期延长和经济补偿的要求，最终通过工程变更补偿而索赔金额1300万港元。

③ 人力不可抗拒灾害和特殊风险

ⅰ 人力不可抗拒灾害

主要指自然灾害。由于许多合同规定承包商须以发包人和承包商的共同名义投保工程一切险，因此这类灾害造成的损失应当向承担保险的保险公司索赔。但是，在这种情况下，承包商仍有权要求业主顺延工期，如果灾害的损失特别严重，承包商还应当声明不放弃由于消除灾害后果而暂时停工所不得不对承包价作合理调整的权利。

ⅱ 特殊风险

一般指战争、敌对行动、入侵、核装置的污染和冲击波破坏、叛乱、革命、暴动、军事政变或篡夺政权、内乱等。由于这些特殊风险所产生的后果可能是严重的，在一般国际工程合同中，承包商可以得到由此损害引起的任何永久性工程及其材料的付款及合理的利润，以及一切修复费用及重建费用，这些费用还包括由上述特殊风险而导致的费用增加，如果由于特殊风险而导致合同终止，承包商还可获得施工机具设备的撤离费用和人员遣返费用。

④ 第三方的干挠影响

是针对指定分包商和一项工程由多个承包商施工的情况。所谓指定分包商，是指由发包人通过另外的招标或其他方式确定的分包商，而将这类分包商纳入主承包商管理之下。如果雇主直接为这类分包商签订一份单独合同，则属于上述的后一种情况。国际工程合同规定分包商的违约或延误造成的索赔，主承包商均可以免责。当一项工程由多个承包商施工，而工程师又缺乏足够的指挥和组织管理能力，在工地上产生严重干挠，或由于其他承包商未按工程施工进度施工，从而导致工程暂停，人工和机械窝工，影响安全生产，增加施工费用等，承包商均可以据以索赔。

⑤ 物价上涨和货币贬值等问题

合同条件中对于物价上涨和货币贬值有专门的补偿条款，但限制于在项目投标截止之日前的28天内。由于工程施工或预计施工所在国的任何法规、法令、政令的变更而使承包合同费用增加或由于政府授权机构对货币汇兑进行限制而影响合同价格，以及对于政府或中央银行正式宣告的货币贬值，承包商均有权向业主提出要求以补偿由此产生的损失。

(2) 发包人向承包商提出索赔的内容

发包人向承包商提出索赔，又称为反索赔，主要有以下几种情况：

① 工程量减少和工程成本降低

有两种情况，一是在施工过程中因工程师作出变更指示而发生；二是对工程量表中所开列的估算工程量进行实测后所作出的调整。一般合同规定，由于上述原因使合同总有效价的减少值超过15%，发包人方面可向承包商提出反索赔。但工程量减少会给承包商带来经济上的损失，承包商要限制工程量减少的数量，一般合同均规定工程量变化不超过25%。

在投标截止28天内，如工程所在国法规法令的变化而导致承包商在工程实施中降低成本，则业主有权要求调整合同价。

② 共同风险

国际承包工程历来被认为是一项“风险事业”，承包商和业主都会面临错综复杂的风险，一般合同条款都把下列风险称之为“雇主风险”即：

ⅰ 人力不可抗拒的自然灾害；

ⅱ 特殊风险；

ⅲ 由于雇主使用或占用合同规定提供给他的以外的任何永久工程的区段或部分而造成的损失或损害；

ⅳ 因工程设计不当造成的损失或损害。而这类设计不是由承包商提供或承包商负责的。

如前所述，由于雇主风险造成的承包商的任何损失或损坏，承包商均有权向业主提出索赔。但一个工程的实施所遇到的风险远不止这些。如政治方面，所在国法律法令的变化；经济方面，通货膨胀、外汇管制：技术方面，由于对工程所在地区自然条件估计不足造成的问题；管理方面，分包商的违约等。因此一般合同条件又在条款中规定：如果是由多种风险相结合造成的损失或损害，则工程师在决定增减合同价时，要考虑承包商和业主的责任所占比例。承包商可以从发包人方面得到补偿，发包人也可以从承包商处得到补偿。

③ 承包商违约

业主因承包商违约而提出反索赔。主要有三种情况：

ⅰ 工程延期

如对于应由承包商设计或提出图纸和规范的，承包商未按规定的时间完成设计或提交图纸及规范，承包商备料不及时而未能如期进行试验或检查，承包商责任造成的工程未能如期完成等。

ⅱ 额外支出

如因承包商未履行规定的义务，发包人雇佣他人完成所发生的费用；承包商未按规定保险而发生的损害；承包商运输设备造成工程所在地区道路的损害等。

ⅲ 工程质量不符合施工技术规范而造成的工程缺陷

如偷工减料、未按技术规范施工等。

由于在承包合同中通常把工程施工中的风险主要放在承包商这一方，如承包商违约，合同中规定有专门的罚款条件。而工程结算，一般是按照计划，如工程进度按工程施工的阶段进行结算，因此，业主的反索赔，主要表现为调整合同价或从将来付给承包商的任何款项中扣除，或视为承包商的一项债务予以收回。

7.5.2 工程索赔的处理原则和计算

7.5.2.1 工程索赔的处理原则

(1) 索赔必须以合同为依据。

(2) 及时、合理地处理索赔。

(3) 加强主动控制，减少工程索赔。

7.5.2.2 《建设工程施工合同文本》规定的工程索赔程序

(1) 承包人提出索赔申请。索赔事件发生在 28 天内，必须以正式函件向工程师发出索赔意向通知，声明对此事项要求索赔，同时仍须遵照工程师的指令继续施工。逾期申报时，工程师有权拒绝承包人的索赔要求。

(2) 发山索赔意向通知后 28 天内，向工程师提出补偿经济损失和(或)延长工期的索赔报告及有关资料。

(3) 工程师审核承包人的索赔申请。工程师在收到承包人送交的索赔报告和有关资料后，于 28 天内给予答复，或要求承包人进一步补充索赔理由和证据。工程师在 28 天内未予答复或未对承包人作进一步要求，视为该项索赔已经认可。

(4) 当该索赔事件持续进行时，承包人应当阶段性向工程师发出索赔意向，在索赔事件终了后 28 天内，向工程师提供索赔的有关资料和最终索赔报告。

(5) 工程师与承包人谈判。双方各自依据对这一事件的处理方案进行友好协商，尽可能通过谈判达成一致意见，则该事件较容易解决。如果双方对该事件的责任、索赔款额或工期展延天数分歧较大，通过谈判达不成共识的话，按照条款规定工程师有权确定一个他认为合理的单价或价格作为最终的处理意见报送业主并相应通知承包人。

(6) 发包人审批工程师的索赔处理证明。发包人首先根据事件发生的原因、责任范围、合同条款审核承包人的索赔申请和工程师的处理报告，再根据项目的目的、投资控制、竣工验收要求，以及针对承包人在实施合同过程中的缺陷或不符合合同要求的地方提出反索赔方面的考虑，决定是否批准工程师的索赔报告。

(7) 承包人是否接受最终的索赔决定。承包人同意了最终的索赔决定，这一索赔事件即告结束。若承包人不接受工程师的单方面决定或业主删减的索赔或工期展延天数，就会导致合同纠纷。最好通过谈判和调解使双方达成互让的解决方案，如果双方不能达成谅解，就只能诉诸仲裁或者诉讼。

同样，承包人未能按合同约定履行自己的各项义务和发生错误给发包人造成损失的，发包人也可按上述时限要求向承包人提出索赔。

7.5.2.3 索赔的依据

索赔的依据就是当事人之间各种约定的文件，包括以下几个方面：

(1) 合同和合同文件

(2) 施工文件

施工文件有一部分属于合同文件，如图纸、技术规范。有一些虽然不属于正式的合同文件，但它客观地反映了工程施工活动的记录，也是索赔的重要依据。如：

① 工程图纸和施工前与施工过程中编制的工程进度表；

② 每周的施工计划和每日的各项施工记录；

③ 会议记录、会议纪要等；

④ 由承包商提出的各类施工备忘录；

⑤ 来往信函；

⑥ 由工程师检查签字批准的各类工程检查记录和竣工验收报告；

⑦ 工程施工录像和照像资料；

⑧ 各类财务单据。包括工资单据、发票、收据等：

⑨ 其他资料。

从法律上讲，施工文件需得到工程师或工程师代表和承包商的确认，才能构成索赔的依据。

(3) 前期索赔文件

前期索赔，是指在投标者中标后至签订工程承包合同前这一期间所发生的索赔问题。如招标单位提出的超过原投标文件范围的要求、中标者的单方毁标等，都构成前期索赔的事实，而与之有关的招标文件以及招标所应适用的法律即为前期索赔的依据。

(4) 法律与法规

一般情况下，发包人往往依据本国法律的规定，要求在工程承包合同中确认本国有关的民商法为合同的准据法，并据此对合同进行解释。

索赔证据的收集，在进行干扰事件影响分析的同时，也要注意索赔证据的收集。

7.5.2.4 索赔值的计算

(1) 可索赔的费用

费用内容一般可以包括以下几个方面：

① 人工费。包括增加工作内容的人工费、停工损失费和工作效率降低的损失费等累计，但不能简单地用计日工费计算。

② 设备费。可采用机械台班费、机械折旧费、设备租赁费等几种形式。

③ 材料费。按实计算。

④ 保函手续费。工程延期时，保函手续费相应增加，反之，取消部分工程且发包人与承包人达成提前竣工协议时，承包人的保函金额相应折减，计入合同价内的保函手续费也应扣减。

⑤ 贷款利息。

⑥ 保险费。

⑦ 利润。

⑧ 管理费。此项又可分为现场管理费和公司管理费两部分，由于二者的计算方法不一样，所以在审核过程中应区别对待。

(2) 费用索赔的计算

计算方法有实际费用法、(修正)总费用法、合理价值法、分项法、协商调解与审判裁定等。

① 实际费用法。是按照每索赔事件所引起损失的费用项目分别分析计算索赔值，然后将各费用项目的索赔值汇总，即可得到总索赔费用值。该法是工程索赔计价中最普遍、最合理、最常用的计价方法，它比较客观地反映了索赔事项引起的工程成本增加值的实际状态。实际费用法计价原则是：

ⅰ 以承建商承建工程的实际开支(成本记录或单据)为根据，要求经济补偿；

ⅱ 该项工程索赔费用，仅限于索赔超原计划的额外费用，如所发生的额外直接费(人工费用、材料费、设备费)和管理费：

ⅲ 在额外直接费基础上，加上相应的间接费、利润等。

② 总费用法与修正总费用法。该法亦称总成本法，即索赔事项发生后，重新计算工程项目的实际总费用，再减去报价时的估算总费用，其公式为

$$索赔款额=实际总费用-报价估算费用 \tag{7-4}$$

修正总费用法是在总费用法计算的原则下，对其索赔项目进行修改和调正，如：

ⅰ 索赔款的计算时段仅限某工程受影响的时间。

ⅱ 只计算受影响的某项工作。

ⅲ 对投标报价的估算费用重新进行核算：按受影响时段内该项工作的实际单价进行计算，乘以实际完成的该项目的工程量，得出调整后的报价费用。与该项目无关的费用，不计入总费用内。

其公式为：

索赔款额＝某项工作修正后的实际总费用－该项目报价费用。　(7-5)

③ 合理价值法。该法是按照公认的公式调整理论进行的索赔补偿做法。当合同条款对此有明确规定或通过调解机构等解决索赔争端时，可考虑按合理价值法判定索赔金额。如世界银行或国际组织贷款项目流行的调价公式，即为典型范例。

④ 分项法。该法是按每个干扰事件，以及该事件所影响的各个费用项目分别计算索赔值的方法，其特点是：

ⅰ 比总费用法复杂，处理起来较难；

ⅱ 它反映实际情况，比较合理、科学；

ⅲ 为索赔报告的进一步分析评价、评估、审核，双方责任划分、双方谈判和最终解决提供便利条件；

ⅳ 应用面广，双方在逻辑上容易接受。

通常在实际工程中，费用索赔计算大都采用这种分项法计算索赔值，大体上分三步：

ⅰ 分析每个或每类干扰事件所影响的费用项目。该费用项目通常应与合同报价中的费用项目保持一致；

ⅱ 确定各费用项目索赔值的计算基础和计算方法，计算每个费用项目受干扰事件影响后的实际成本或费用值，并与合同报价中的费用值比对，即可得到该项费用的索赔值；

ⅲ 将各费用项目的计算值列表汇总，得到总费用索赔值。

在实际工程中，许多现场管理者提交的索赔报告常常仅考虑直接成本，即现场材料、人员、设备的损耗，而忽略计算一些附加成本，例如工地管理费分摊；由于完成工程量不足而没有获得企业管理费；人员在现场延长停滞时间所产生的附加费，如假期、差旅交通费、工地住宿补贴、平均工资的上涨；由于推迟支付而造成的财务利息损失；保险费和保函费用增加等。因此，在分项法计算时应该注意内容的完整性，否则会给自身带来损失。

⑤ 协商调解与审判裁定法。该法是解决索赔争端确定索赔款额的法律审判裁定途径。通过法庭审判，研究索赔资料、听证申辩，最终以仲裁判决方式确定索赔款额。这里要提醒的是承建商不到走投无路、万不得已的情况下，绝对避免走这一步。

协商调解法是通过双方友好协商和聘请调解机构，以通融道义的形式达到理赔和经济补偿的方法。其基本操作规程为

ⅰ 索赔通知；

ⅱ 索赔资料准备；

ⅲ 提交索赔金额的计算；

ⅳ 各方会商；

ⅴ 邀请中介机构调解人，召开几轮听证会，举行正式会议，最终就调解人建议达成“一揽子(协议)解决办法”或取得“综合索赔”结果；

ⅵ 如不能形成一致意见，那就要提交仲裁或诉讼；

ⅶ 定价和最终付款；

ⅷ 索赔善后事宜。

（3）工期索赔中应当注意的问题

① 划清施工进度拖延的责任。只有承包人不应承担任何责任的延误，才是可原谅的延期。有时工期延期的原因中可能包含有双方责任，此时工程师应进行详细分析，分清责任比例，只有可原谅延期部分才能批准顺延合同工期。可原谅延期，又可细分为可原谅并给予补偿费用的延期和可原谅但不给予补偿费用的延期。后者是指非承包人责任的影响并导致施工成本的额外支出，大多属于发包人应承担风险责任事件的影响，如异常恶劣的气候条件影响的停工等。

② 被延误的工作应是处于施工进度计划关键线路上的施工内容。只有位于关键线路上工作内容拖延后，才会影响到竣工日期。但有时也应注意，既要看被延误的工作是否在批准进度计划的关键路线上，又要详细分析这一延误对后续工作的可能影响。因为若对非关键路线工作的影响时间较长，超过了该工作可用于自由支配的时间，也会导致进度计划中非关键路线转化为关键路线，其滞后将影响总工期的拖延。此时，应充分考虑该工作的自由时间，给予相应的工期顺延，并要求承包人修改施工进度计划。

（4）工期索赔的计算

工期索赔的计算主要有网络图分析和比例计算法两种。

① 网络分析法是利用进度计划的网络图，分析其关键线路。如果延误的工作为关键工作，则总延误的时间为批准顺延的工期：如果延误的工作为非关键工作，当该工作由于延误超过时差限制而成为关键工作时，可以批准延误时间与时差的差值；若该工作延误后仍为非关键工作，则不存在工期索赔问题。

② 比例计算法

对于已知部分工程的延期的时间：

$$\text{工期索赔值}=\frac{\text{受干扰部分工程合同价}}{\text{原合同总价}}\times\text{该受干扰部分工期拖延时间} \tag{7-6}$$

对于已知额外增加工程量的价格：

$$\text{工期索赔值}=\frac{\text{额外增加的工程量的价格}}{\text{原合同总价}}\times\text{原合同总工期} \tag{7-7}$$

比例计算法简单方便，但有时不尽符合实际情况，比例计算法不适用于变更施工顺序、加速施工、删减工程量等实践的索赔。

［例 7-3］ 工期索赔的计算。

某工程原合同规定分两阶段进行施工，土建工程 21 个月，安装工程 12 个月。假定以一定量的劳动力需要量为相对单位，则合同规定的土建工程量可折算为 310 个相对单位，安装工程量折算为 70 个相对单位。合同规定，在工程量增减 10％的范围内，作为承包商的工期风险，不能要求工期补偿。在工程施工过程中，土建和安装的工程量都有较大幅度的增加。实际土建工程量增加到 450 个相对单位，实际安装工程量增加到 110 个相对单位。

承包商提出的工期索赔：

不索赔的土建工程量的高限为 310×1.1＝341 个相对单位

不索赔的安装工程量的高限为 70×1.1＝77 个相对单位

由于工程量增加而造成工期延长：

土建工程工期延长为 21×(450/341－1)＝6.7 个月

安装工程工期延长为 12×(110/77－1)＝5.1 个月

总工期索赔为 6.7＋5.1＝11.8 个月

7.5.3　索赔报告的内容

索赔报告的具体内容，随该索赔事件的性质和特点而有所不同。但从报告的必要内容与文字结构方面而论，一个完整的索赔报告应包括以下四个部分。

7.5.3.1　总论部分

一般包括：序言；索赔事项概述；具体索赔要求；索赔报告编写及审核人员名单。

文中首先应概要地论述索赔事件的发生日期与过程；施工单位为该索赔事件所付出的努力和附加开支；施工单位的具体索赔要求。在总论部分最后，附上索赔报告编写组主要人员及审核人员的名单，注明有关人员的职称、职务及施工经验，以表示该索赔报告的严肃性和权威性。总论部分的阐述要简明扼要，说明问题。

7.5.3.2　根据部分

本部分主要是说明自己具有的索赔权利，这是索赔能否成立的关键。根据部分的内容主要来自该工程项目的合同文件，并参照有关法律规定。该部分中施工单位应引用合同中的具体条款，说明自己理应获得经济补偿或工期延长。

一般地说，根据部分应包括以下内容：索赔实践的发生情况；已递交索赔意向书的情况；索赔事件的处理过程：索赔要求的合同根据；所附的证据资料。

在写法结构上，按照索赔实践发生、发展、处理和最终解决的全过程编写，并明确全文引用有关的合同条款，使建设单位和监理工程师能历史地、逻辑地了解索赔事件的始末，并充分认识该项索赔的合理性和合法性。

7.5.3.3　计算部分

索赔计算的目的，是以具体的计算方法和计算过程，说明自己应得经济补偿的款额或延长的时间。在款额计算部分，施工单位必须阐明下列问题：索赔款的要求总额；各项索赔款的计算，如额外开支的人工费、材料费、管理费和所失利润；指明各项开支的计算依据及证据资料，施工单位应注意采用合适的计价方法。至于采用哪一种计价法，首先，应根据索赔事件的特点及自己所掌握的证据资料等因素来确定。其次，应注意每项开支款的合理性，并指出相应的证据资料的名称及编号。切忌采用笼统的计价方法和不实的开支款额。

7.5.3.4　证据部分

证据部分包括该索赔事件所涉及的一切证据资料，以及对这些证据的说明，证据是索赔报告的重要组成部分，没有翔实可靠的证据，索赔是不能成功的。在引用证据时，要注意该证据的效力或可信程度。为此，对重要的证据资料最好附以文字证明或确认件。

7.5.4　工程索赔实例

实例一：

某建设工程系外资贷款项目，业主与承包商按照 FIDIC《土木工程施工合同条件》签订了施工合同。施工合同《专用条件》规定：钢材、木材、水泥由业主供货到现场仓库，其他材料由承包商自行采购。

当工程施工至第五层框架柱钢筋绑扎时，因业主提供的钢筋未到，使该项作业从10月3日至10月16日停工（该项作业的总时差为零）。10月7日至10月9日因停电、停水使第三层的砌砖停工（该项作业的总时差为4天）。10月14日至10月17日因砂浆搅拌机发生故障使第一层抹灰迟开工（该项作业的总时差为4天）。

为此，承包商于10月20日向工程师提交了一份索赔意向书，并于10月25日送交了一份工期、费用索赔计算书和索赔依据的详细材料。其计算书的主要内容如下：

（1）工期索赔

（a）框架柱扎筋　　10月3日至10月16日停工　　计14天

（b）砌砖　　10月7日至10月9日停工　　计3天

（c）抹灰　　10月14日至10月17日迟开工　　计4天

总计请求顺延工期：21天

（2）费用索赔

（a）窝工机械设备费

一台塔吊　　234元/天×14＝3276元

一台混凝土搅拌机　　55元/天×14＝770元

一台砂浆搅拌机　　24元/天×7＝168元

小计：4214元

（b）窝工人工费

扎筋　　20.15元/（人·天）×35人×14＝9873.50元

砌砖　　20.15元/（人·天）×30人×3＝1813.50元

抹灰　　20.15元/（人·天）×35人×4＝2821.00元

小计：14508.00元

（c）保函费延期补偿

$(1500000\times10\%\times6‰\div365)\times21\times10^{-4}=0.051781$ 万元＝517.81元

（d）管理费增加　　(4214＋14508.00＋517.81)×15%＝2885.97元

（e）利润损失　　(4214＋14508.00＋517.81＋2885.97)×5%＝1106.29元

小计：4510.07元

经济索赔合计：23232.07元

问题：

1. 承包商提出的工期索赔是否正确？应予批准的工期索赔为多少天？

2. 假定经双方协商一致，窝工机械设备费索赔按台班单价的65%计；考虑对窝工人工应合理安排工人从事其他作业后的降效损失，窝工人工费索赔按每工日10元计；保函费计算方式合理；管理费、利润损失不予补偿。试确定经济索赔额。

答：

1. 承包商提出的工期索赔不正确。

（1）框架柱绑扎钢筋停工14天，应予工期补偿。这是由于业主原因造成的，且该项作业位于关键路线上；

（2）砌砖停工，不予工期补偿。因为该项停工虽属于业主原因造成的，但该项作业不在关键路线上，且未超过工作总时差；

(3) 抹灰停工，不予工期补偿，因为该项停工属于承包商自身原因造成的。

同意工期补偿：14＋0＋0＝14 天

2. 经济索赔审定：

(1) 窝工机械费

塔吊 1 台：234 元/天×14×65％＝2129.4 元（按惯例闲置机械只应计取折旧费）；

混凝土搅拌机 1 台：55 元/天×14×65％＝500.5 元（按惯例闲置机械只应计取折旧费）；

砂浆搅拌机 1 台：24 元/天×3×65％＝46.8 元（因停电闲置只应计取折旧费）。

因故障砂浆搅拌机停机 4 天应由承包商自行负责损失，故不给补偿。

小计：2129.4＋500.5＋46.8＝2676.7 元

(2) 窝工人工费

扎筋窝工：10 元/（人・天）×35×14＝4900 元（业主原因造成，但窝工工人已做其他工作，所以只补偿工效差）。

砌砖窝工：10 元/（人・天）×30×3＝900 元（业主原因造成，只考虑降效费用）。

抹灰窝工：不应给补偿，因系承包商责任。

小计：4900＋900＝5800 元

3. 保函费补偿

1500000×10％×6‰÷365×14×10^{-4}＝0.035 万元

经济补偿合计：2676.7＋5800＋350＝8826.70 元

实例二：工效降低时引起的索赔

香港地区为完成同量的市政工程，在正常状态下需 1000 个小时，人工费为 HK＄65770.00；该工程施工正逢雨季工效降低，在此状态况下则需工时为 1228 个工时，人工费 HK＄80765.56，人工费超支 HK＄14995.56。显然，这是因工效降低而引起的人工费额外开支，该项工效降低的索赔金额计算如下：

1. 利用工效降低计价法公式，求得索赔金额为

80765.56－65770.00＝HK＄14995.56

2. 在上列额外开支人工费的基础上，加上合理的工程管理费 10％和利润 8％，

14995.56×10％＋14995.56×8％＝1499.56＋1199.64＝HK＄2699.20

3. 该项工效降低时段的总索赔金额为 14995.56＋2699.20＝HK＄17694.76

索赔率为 17695÷80765.56＝21.91％

7.6 工程竣工结算

7.6.1 工程竣工结算的概念和主要作用

7.6.1.1 工程竣工结算的概念

工程竣工结算是指一个单位或单项建筑安装工程完工，并经建设单位及有关部门验收点交后办理的工程财务结算。

工程竣工结算，意味着承发包双方经济关系的最后结束，因此，承发包双方对财务往来进行清算。结算则根据“工程结算书”和“工程价款结算账单”进行。工程结算书是施工单位根据合同造价、设计变更增（减）项目、现场技术经济签证费用和施工期间国家有关政策性费用调整

文件编制确定的工程最终造价的经济文件,表示向建设单位应收的全部工程价款;工程价款结算账单表示施工单位已向建设单位收取的工程款。结算书和结算账单均由施工单位在工程竣工验收点交后编制,送监理或建设单位审查确认、经有关部门审查同意,由承发包双方共同办理竣工结算手续后,才能进行工程结算。属于中央和地方财政投资工程的结算,需经财政主管部门委托的专业银行或中介机构审查,有的工程还需经审计部门审计。一般,当年开工、当年竣工的工程只需办理一次性结算;跨年度的工程,在年终办理一次年终结算,将未完工程结转到下一年度,此时竣工结算等于各年度结算的总和。

办理工程价款竣工结算的一般公式为

$$\frac{\text{竣工结算}}{\text{工程价款}}=\frac{\text{预算(或概算)}}{\text{或合同价款}}+\frac{\text{施工过程中预算或}}{\text{合同价款调整数额}}-\frac{\text{预付及已结算}}{\text{工程价款}}-\text{保修金} \tag{7-8}$$

7.6.1.2 竣工结算的主要作用

工程竣工结算的主要作用有:

(1) 竣工结算对施工企业来说是确定工程最终造价、完结建设单位与施工单位合同关系的经济责任的依据;

(2) 竣工结算为施工企业确定工程的最终收入,是施工企业经济核算和考核工程成本的依据;

(3) 竣工结算反映建筑安装工程工作量和实物量的实际完成情况,是建设单位编报竣工决算的依据;

(4) 竣工结算反映建筑安装工程实际造价,是编制概算定额、概算指标的基础资料。

7.6.2 工程竣工结算书的编制原则和依据

7.6.2.1 工程竣工结算书的编制原则

编制工程竣工结算书是一项细致的工作,它既要正确地贯彻执行国家及地方的有关规定,又要实事求是、客观地反映建筑安装工人所创造的价值。其编制原则如下:

(1) 严格遵守国家和地方有关规定,以维护建设单位和施工单位的合法权益。

(2) 坚持实事求是的原则。编制竣工结算书的项目,必须是具备结算条件的项目。要对办理竣工结算的工程项目进行全面清点,包括工程数量、质量等,都必须符合设计要求和施工验收规范,未完工程或工程质量不合格的,不能结算。需要返工的,应返修并经验收合格后,才能结算。

7.6.2.2 工程竣工结算书编制依据

(1) 工程竣工报告、竣工图及竣工验收单;

(2) 工程施工合同或施工协议书;

(3) 施工图预算或招投标工程的合同标价;

(4) 设计交底及图纸会审记录资料;

(5) 设计变更通知单及现场施工变更记录;

(6) 经建设单位签证认可的施工技术措施、技术核定单;

(7) 预算外各种施工签证或施工记录;

(8) 各种涉及工程造价变动的资料。

7.6.3 工程竣工结算书的内容

7.6.3.1 工程竣工结算书的编制基础

工程竣工结算书的编制基础随承包方式的不同而有差异，其结算方法均应根据各省市建设工程造价（定额）管理部门和施工合同管理部门的有关规定办理。

采用施工图预算承包方式的工程，由于在施工过程中不可避免地要发生一些变化，如设计变更，材料代用，施工条件变化，国家、地方新的经济政策出台，等等，而这些都会影响到原施工图预算价格的变化。因此，这类工程的结算书是在原工程预算书的基础上，加上设计变更原因造成的增、减项目和其他经济签证费用编制而成的，所以又称预算结算书。

采用招投标方式的工程，其结算原则上应按中标价格（即合同标价）进行。但是一些工期较长、内容比较复杂的工程，在施工中难免会发生一些较大的设计变更和材料调价。如果在合同中有规定允许调价的条文，施工企业在工程竣工结算时，可在中标价格的基础上进行调整。合同条文规定，允许调价范围以外发生的非施工企业原因造成的中标价格以外的费用，施工企业可以向建设单位提出洽商或补充合同作为结算调价的依据。

采用施工图预算加包干系数或平方米造价包干的住宅工程，为了分清承发包双方的经济责任，发挥各自的主动性，不再办理施工过程中零星项目变动的经济洽商，在工程竣工结算时也不再办理增减调整。但是，采用这两种承包方式，必须对工程施工期内各种价格变化进行预测，从而获得一个综合系数即风险系数。这种做法对承发包双方均具有很大的风险性，一般只适用于建筑面积小、工作量不大、工期短的工程，而对工期较长、结构类型复杂及材料品种多的工程不宜采用这种方法承包。

在签订合同条款时，预算外包干系数要明确包干内容及范围。包干费通常不包括下列费用：

（1）在原施工图基础上增加的建筑面积。

（2）工程结构设计变更、标准提高、非施工原因的工艺流程改变等。

（3）隐蔽性工程的基础加固处理。

（4）非人为因素所造成的损失。

总之，工程竣工结算应根据不同的承包方式，按承包合同规定的条文进行结算。

工程竣工结算书的内容与施工图预算书相同，其造价组成仍然是工程直接费、间接费、利润和税金。所不同的只是在原施工图预算的基础上作部分增、减调整。工程竣工结算书没有统一的格式和表格，一般可用预算表格代替，也可根据需要自行设计表格。

7.6.3.2 工程竣工结算书的内容

（1）工程变更

由于工程建设的周期长、涉及的经济关系和法律关系复杂、受自然条件和客观因素的影响大，导致项目的实际情况与项目招标投标时的情况相比会发生一些变化，这些变化导致了工程变更，如工程量变更、工程项目变更、进度计划变更、施工条件变更等，使得投标报价时的工程数量与实际施工的工程数量不符所发生的量差，这是编制工程竣工结算的主要部分。

我国现行工程变更价款的确定方法是依据《建设工程施工合同（示范文本）》中的规定：

① 合同中已有适用于变更工程的价格，按合同已有的价格变更合同价款。

② 合同中只有类似于变更工程的价格，可以参照类似价格变更合同价款。

③ 合同中没有适用或类似于变更工程的价格，由承包人提出适当的变更价格，经监理工程师确认后执行。

（2）定额计价模式下的价格调整

① 人工单价调整

在施工过程中，国家对工人工资政策性调整或劳务市场工资单价变化，一般按文件公布执行之日起的未完施工部分的定额工日数计算，采用按实或系数调整法。

② 材料价格调整

对市场不同施工期的材料价格与预算时的差价及其相应材料量进行调整。对于主要材料，分规格、品种以定额的分析量为准进行单项调整，市场价格以当地主管部门公布的指导价或中准价为准；对次要材料采用系数调整法，调价系数必须按有权机关发布的相关文件选用。

③ 机械价格调整

根据机械费增减总价，由主管部门测算，按季度或年度公布的综合调整系数，一次性进行调整。

④ 费用调整

费用价差产生原因有两个：

ⅰ 由于费用（包括间接费、利润、税金）是以工程直接费（或人工费、机械费）为基数计取的，工程量调整必然影响到费用的计算，所以费用也应作相应调整。

ⅱ 在施工期间国家、地方有新的费用政策出台，需要调整。

⑤ 其他费用

其他费用有窝工费、土方运费等，应一次结清，施工单位在施工现场使用建设单位的水、电费也应按规定在工程竣工时清算，付给建设单位，做到工完账清。

（3）工程量清单计价模式下的价格调整

可以采用下列两种方法：

① 采用合同中工程量清单的单价和价格

采用合同中工程量清单的单价和价格有几种情况：一是直接套用，即从工程量清单上直接拿来使用；二是间接套用，即依据工程量清单，通过换算后采用；三是部分套用，即依据工程量清单，取其价格的某一部分使用。

由于合同中的工程量清单的单价和价格是承包商投标时提供的，用于变更工程，容易被业主、承包商、监理工程师所接受，从合同意义上讲也是比较公平的。

② 协商单价和价格

协商单价和价格是基于合同中没有或者有但不合适的情况而采用的一种方法。

（4）索赔价款的结算

当发、承包人未能按合同约定履行自己的各项义务或发生错误，给另一方造成经济损失的，由受损方按合同约定提出索赔，索赔金额按合同约定支付。

《建设工程价款结算暂行办法》（财建[2004]369号）规定：发包人和承包人要加强施工现场的造价控制，及时对工程合同外的事项如实记录并履行书面手续。凡由发、承包双方授权的现场代表签字的现场签证以及发、承包双方协商确定的索赔等费用，应在工程竣工结算中如实办理，不得因发、承包双方现场代表的中途变更改变其有效性。

7.6.4 工程竣工结算书的编制方法

编制工程竣工结算书的方法有以下两种：

(1) 以原工程预算书为基础，将所有原始资料中有关的变动更改项目进行详细计算，将其结果纳入到原工程预算中进行增减调整。

(2) 根据更改修正的原始资料绘出竣工图，重新再编制一个完整的预算。

在实际工作中，一般使用前一种方法，只有当工程变更大、修改项目多时才采用后一种方法。

7.7 动态结算

工程建设项目中合同周期较长的项目，随着时间的推移，常会受到物价浮动等多种因素的影响，其中，主要是人工费、材料费、施工机械费、运费等的动态影响。由于我国现行的工程价款结算基本上是按照设计预算价值，以预算定额单价和各地造价管理部门公布的调价文件为依据进行的，而对价格波动等动态因素考虑不足，为避免承包商或业主遭受不必要的损失，有必要在工程价款结算中把多种动态因素纳入结算中加以考虑，使工程价款结算基本上能够反映工程项目的实际消耗费用，从而维护了合同双方的正当权益。

工程价款价差调整的方法有工程造价指数法、实际价格调整法、调价文件计算法、调值公式法等。

7.7.1 工程造价指数调整法

甲乙双方采取当时的预算(或概算)定额单价计算出承包合同价，待竣工时根据合理的工期和当地工程造价管理部门公布的该月度(或季度)的工程造价指数，对原承包合同价予以调整，重点调整那些由于实际人工费、材料费、施工机械费等费用上涨及工程变更因素造成的价差。

7.7.2 实际价格调整法

我国建筑材料市场采购的范围很大，有些地区规定对钢材、木材、水泥等的价格按实际价格结算，工程承包商可凭发票实报实销。在小型工程计算中，这种方法简便易行，但也带来副作用，它使承包商对降低成本不感兴趣。为此，地方基建主管部门需定期公布最高结算限价，同时，合同文件中也应规定建设单位或工程师有权要求承包商选择更廉价的供应来源。实际价格调整法仅适用于工期短、造价低的小型工程结算。

7.7.3 调价文件计算法

在合同工期内，甲乙双方按照造价管理部门调价文件的规定，在承包价的基础上进行抽料补差(同一价格期内按所完成的材料用量乘以价差)。也有的地区定期发布主要材料供应价格和管理价格，对这一时期的工程进行抽料补差。

7.7.4 调值公式法

在绝大多数国际工程项目中，一般都采用此法对工程价款进行动态结算。建筑安装工程费用价格调值公式一般包括固定部分、材料部分和人工部分，表达式如下：

$$P=P_0\left(a_0+a_1\frac{A}{A_0}+a_2\frac{B}{B_0}+a_3\frac{C}{C_0}+a_4\frac{D}{D_0}+\cdots\right)\tag{7-9}$$

式中 P,P_0——分别为实际结算款和预算进度款；

a_0——合同支付中不能调整的部分，即固定部分，其取值范围通常在 0.15～0.35 左右；

$a_1,a_2,a_3,a_4,\cdots$——代表有关各项费用（如人工费、钢材费用、水泥费用、运输费用等）在合同总价中的比重，且 $a_0+a_1+a_2+a_3+a_4+\cdots=1$；

$A_0,B_0,C_0,D_0,\cdots$——基准日期与 $a_1,a_2,a_3,a_4,\cdots$ 对应的各项费用的基期价格指数或价格；

$A,B,C,D,\cdots$——在结算月份与 $a_1,a_2,a_3,a_4,\cdots$ 对应的各项费用的现行价格指数或价格。

［例 7-4］

工程背景：

某承包商于某年承包某外资施工项目。与业主签订的承包合同的部分内容有：

（1）工程合同价 2000 万元，工程价款采用调值公式动态结算。该工程的人工费占工程价款的 35%，材料费占 50%（其中，水泥占 23%，钢材占 12%，红砖占 8%，其他等占 7%），不调值费用占有 15%，具体的调值公式为

$$P=P_0\times(0.15+0.35A/A_0+0.23B/B_0+0.12C/C_0+0.08D/D_0+0.07E/E_0)$$

式中 A_0,B_0,C_0,D_0,E_0——基期价格指数；

A,B,C,D,E——工程结算日期的价格指数。

（2）开工前业主向承包商支付合同价 20% 的工程预付款，当工程进度款达到合同价的 60% 时，开始从超过部分的工程结算款中按 60% 抵扣工程预付款，竣工前全部扣清。

（3）工程进度款逐月结算，每月月中预支半月工程款。

（4）业主自第一个月起，从承包商的工程价款中按 5% 的比例扣留保修金。工程保修期为一年。

该合同的原始报价日期为当年 3 月 1 日。结算各月份的工资、材料价格指数见表 7-3。

表 7-3　　工资、材料物价指数表

代　号	A_0	B_0	C_0	D_0	E_0
3 月指数	100	153.4	154.4	160.3	144.4
代　号	A	B	C	D	E
5 月指数	110	156.2	154.4	162.2	160.2
6 月指数	108	158.2	156.2	162.2	162.2
7 月指数	108	158.4	158.4	162.2	164.2
8 月指数	110	160.2	158.4	164.2	162.4
9 月指数	110	160.2	160.2	164.2	162.8

未调值前各月完成的工程情况为

5 月份完成工程 200 万元，其中业主供料部分材料费为 5 万元。

6 月份完成工程 300 万元。

7 月份完成工程 400 万元，另外由于业主方设计变更，导致工程局部返工，造成拆除材料费损失 1500 元，人工费损失 1000 元，重新施工人工、材料等费用合计 1.5 万元。

8 月份完成工程 600 万元。

9 月份完成工程 500 万元，另有批准的工程索赔款 1 万元。

［求］

(1) 工程预付款是多少？

(2) 确定每月终业主应支付的工程款。

［解］

(1) 工程预付款：2000 万元×20%＝400 万元

(2) 工程预付款的起扣点：2000 万元×60%＝1200 万元

5 月份调值公式计算得到调值系数为 1.408，其余月份参考计算，数值见表 7-4。

0.15＋0.35×110/100＋0.23×156.2/153.4＋0.12×154.4/154.4＋0.08×162.2/160.3＋0.07×160.2/144.4＝1.048

表 7-4　各月工程款结算表　单位：万元

月　份	5月	6月	7月	8月	9月
未调值前每月完成工程量	200	300	400	600	500
累计完成工程量	200	500	900	1500	2000
调值系数	1.048	1.046	1.049	1.059	1.061

5 月份月终支付：

200×1.048×(1－5%)－5－200×50%＝94.12 万元（注：5%为扣留保留金，5 为业主提供材料费，200×50%为月中预支半月工程款）

6 月份月终支付：

300×1.046×(1－5%)－300×50%＝148.11 万元

7 月份月终支付：

(400×1.049＋0.15＋0.1＋1.5)×(1－5%)－400×50%＝200.28 万元

8 月份月终支付：

600×1.059×(1－5%)－600×50%－(1500－1200)×60%＝123.63 万元（注：600×50%为月中预支半月工程款，(1500－1200)×60%为抵扣备料款）

9 月份月终支付：

(500×1.061＋1)×(1－5%)－500×50%－(400－300×60%)＝34.93 万元（注：500×50%为月中预支半月工程款，(400－300×60%)为剩余抵扣备料款）

复习思考题

1. 工程价款的结算方式有哪几种？

2. 简述工程预付款的概念、用途、拨付方式及扣还方式。

3. 工程支付款的调整方式有哪几种？

4. 简述工程竣工结算的概念、作用及编制工程竣工结算的方法。

5. 某建筑安装工程，工程总价计600万元，计划当年上半年完工。主要材料和结构构件金额占总产值的62.5%，年施工天数为162天，材料储备天数为65天，求预付备料款的总额和抵扣点。

6. 若上例中每月实际完成施工产值如下表：

单位：万元

1月	2月	3月	4月	5月	6月(竣工)
80	90	110	120	125	75

求：试计算该工程的每月价款结算额和抵扣额。

7. 某施工单位承包某工程项目，甲乙双方签订的关于工程价款的合同内容有：

(1) 建筑安装工程造价660万元，建筑材料及设备费占施工产值的比重为60%。

(2) 工程预付款为建筑安装工程造价的20%。工程实施后，工程预付款从未施工工程尚需的主要材料及构件的价值相当于工程预付款数额时起扣，从每次结算工程价款中按材料和设备占施工产值的比重抵扣工程预付款，竣工前全部扣清。

(3) 工程进度款逐月计算。

(4) 工程保修金为建筑安装工程造价的3%，竣工结算月一次扣留。

(5) 材料和设备价差调整按规定进行(按有关规定上半年材料和设备价差上调10%，在6月份一次调增)。

工程各月实际完成产值见下表：

单位：万元

月份	2月	3月	4月	5月	6月
完成产值	55	110	165	220	110

求：(1) 工程价款结算的方式有哪几种？

(2) 该工程的工程预付款，起扣点为多少？

(3) 该工程2～5月每月拨付工程款为多少？累计工程款为多少？

(4) 6月份办理工程竣工结算，该工程结算造价为多少？甲方应付工程结算款为多少？

8 工程项目决算

学习重点和目的

本章主要叙述了建设过程结束后，施工企业和建设单位均应根据要求各自对项目进行竣工决算，作为对建设工作的总结和分析；介绍了竣工决算的审查意义和主要内容。

熟悉项目竣工决算的概念、作用、编制方法、编制内容及要求，了解竣工决算的审查意义和主要内容。

项目竣工决算分施工企业的竣工决算和建设单位的竣工决算两种。施工企业工程竣工决算，是施工企业内部对竣工的单位工程进行实际成本分析，反映其经济效果的一项决算工作。建设单位项目竣工决算是在整个建设项目或单项工程竣工验收点交后，由建设单位财务及有关部门，以竣工结算等资料为基础进行编制的。它全面反映竣工项目的建设成果和财务收支情况，是整个建设项目或工程项目从筹建到工程全部竣工的建设费用、建设成果和财务情况的总结性文件。

建设单位项目竣工决算是在整个建设项目或单项工程竣工验收点交后，由建设单位财务及有关部门，以竣工结算等资料为基础进行编制的。它全面反映竣工项目的建设成果和财务收支情况，是整个建设项目或工程项目从筹建到工程全部竣工的建设费用、建设成果和财务情况的总结性文件。

8.1 项目竣工决算

项目竣工决算分施工企业的竣工决算和建设单位的竣工决算两种。

8.1.1 施工企业工程竣工决算

施工企业工程竣工决算，是施工企业内部对竣工的单位工程进行实际成本分析，反映其经济效果的一项决算工作。它以单位工程竣工结算为依据，核算单位工程的预算成本、实际成本和成本降低额，所以它又称为单位工程竣工成本决算。工程竣工成本决算（表 8-1）反映单位工程预算的执行情况，分析工程成本超降的原因，并为同类型工程积累成本资料，以总结经验教训、提高企业经营管理水平。

表 8-1　　　　　　　　　　　　　　　　竣工成本决算

建设单位：

工程编号名称：××办公楼建筑工程　　　　　　　　建筑面积：4060m^2

工程结构：混合　　　　　　　　工程造价：507375元

开工日期：200×年×年×日　　　　　　　　竣工日期：200×年×月×日

层数：4　　　　　　楼高：15m　　　　　　单位：元

项　目	预算成本	实际成本	降低额	降低率/%
材料费	360000	338400	21600	6.00
人工费	56250	55120	1130	2.00
机械使用费	27000	25650	1350	5.00
其他直接费	6750	6430	320	4.74
直接费小计	450000	425600	24400	5.42
施工管理费	45000	43200	1800	4.00
工程成本合计	495000	468800	26200	5.29
补充资料：				
利润	12375			
预算造价	507375			
单方造价	124.97			
单方成本	121.92	115.47		

制表：　　　　　　　　　　　　编制日期：200×年×月×日

8.1.2　建设单位项目竣工决算

建设单位项目竣工决算是在整个建设项目或单项工程竣工验收点交后，由建设单位财务及有关部门，以竣工结算等资料为基础进行编制的。它全面反映竣工项目的建设成果和财务收支情况，是整个建设项目或工程项目从筹建到工程全部竣工的建设费用、建设成果和财务情况的总结性文件。它包括建筑工程费用、安装工程费用、设备购置费用、工器具生产家具购置费用和工程建设其他费用，以及预备费和投资方向调节税支出费用等。

8.1.2.1　建设单位项目竣工决算的作用

建设单位项目竣工决算是固定资产投资经济效果的全面反映，是核定新增固定资产和流动资产产值，办理其交付使用的依据。及时办理竣工决算，并据此办理新增固定资产移交转账手续，不仅能够正确反映建设项目的实际造价和投资结果，而且对投入生产或使用后的经营管理，也有重要作用。通过竣工决算与设计概算、施工图预算的对比分析，可考核建设成本，总结经验教训，积累技术经济资料，促进提高投资效果。

8.1.2.2　竣工决算编制的基础工作和准备工作

竣工决算的编制有赖于建设项目从筹建开始，做好各项基础工作和编制的准备工作。

(1)基础工作

① 根据会计制度和竣工决算的编制办法，结合考核概算，设置建筑安装工程投资、设备投资、待摊投资和其他投资等会计科目完整的核算体系、完备的数据和资料传递程序。

② 正确编制年度财务决算。

③ 做好日常资料积累和整理保管工作，主要包括以下几项：项目的可行性研究报告、投资估算及批准文件；设计总说明、初步设计概算、修正概算及批准文件；土地使用数量、附着物处理及赔偿资料；各年度投资额和工程量完成资料；建筑安装工程、设备购置(含引进)结算资料，

不需安装的设备、工器具、家具到货移交资料；工程开、竣工情况和工程发包合同执行及工程款拨付情况；工程质量鉴定情况和报废工程原因及价值的资料；其他工程建设费用支付情况；工程验收情况；主要建筑材料和劳动力消耗资料及有关其他资料。

④ 以建设项目和单项工程为对象，统计积累概算在执行过程中动态变化资料（材料价差、设备价差、人工价差、费率价差）、设计方案变化和对工程造价有重大影响的设计变更资料、变化原因，以考核概算执行情况。

(2) 准备工作

① 清理合同及预、结算资料，与施工单位办理工程结算；

② 清点未完工程尚需投资及报废工程损失；

③ 清点材料、设备，编制报表；

④ 清理债权、债务，核对拨、借款数据；

⑤ 办理各项财产移交财务手续；

⑥ 核算投资包干结余；

⑦ 整理和核对账目；

⑧ 编制报表，撰写说明。

8.1.2.3　竣工决算的编制依据

(1) 批准的初步设计，工程项目一览表，概算，修正概算，设计变更文件；

(2) 批准的开工报告；

(3) 建设项目(或单项工程)竣工平面图；

(4) 建设期内历年投资计划，借款及完成情况；

(5) 建设期内历年批复的财务决算；

(6) 合同或协议，包括：投资包干、施工合同、监理合同；

(7) 工程质量鉴定及检验的有关资料；

(8) 历年财务会计核算资料以及历年有关物资统计、劳动、环保等有关资料；

(9) 负荷试车、试生产产品收入和其他基建副产品收入资料；

(10) 引进技术或成套设备的合同和有关资料；

(11) 单项工程交接证明；

(12) 报废工程、设备价值鉴定及残值有关资料；

(13) 未完工程(或购置)项目及所需费用一览表(未完工程可根据合同实际测算确定，但不得大于总概算的5%，并限期完成)；

(14) 其他有关资料。

8.1.2.4　竣工决算的内容及编报要求

(1) 建设项目竣工决算的内容

建设项目竣工决算的内容由四部分组成：

① 竣工财务决算说明书

其主要内容应包括：

· 建设项目概况；

· 项目建设和项目管理工作中的重大事件；

· 工程造价管理采取的措施和效果；

· 财务管理工作的基本情况；

· 工程建设的经验教训；

· 建设项目遗留的问题和处理意见。

② 竣工图

建设工程竣工图是真实地记录各种地上地下建筑物、构筑物等情况的技术文件，是工程进行交工验收、维护改建和扩建的依据，是国家的重要技术档案。国家规定，各项新建、扩建、改建的基本建设工程，特别是基础、地下建筑、管线、结构、井巷、峒室、桥梁、隧道、港口、水坝以及设备安装等隐蔽部位，都要编制竣工图。为确保竣工图的质量，必须在施工过程中（不能在竣工后）及时做好隐蔽工程检查记录，整理好设计变更文件。其具体要求如下：

ⅰ 凡按图竣工没有变动的，由施工单位（包括总包和分包施工单位，下同）在原施工图上加盖"竣工图"标志后，作为竣工图。

ⅱ 凡在施工过程中，虽有一般性设计变更，但能将原施工图加以修改补充作为竣工图的，可不重新绘制，由施工单位负责在原施工图（必须是新蓝图）上注明修改的部分，并附以设计变更通知单和施工说明，加盖"竣工图"标志后，作为竣工图。

ⅲ 凡结构形式改变、施工工艺改变、平面布置改变、项目改变以及有其他重大改变，不宜再在原施工图上修改、补充者，应重新绘制改变后的竣工图。由设计原因造成的，由设计单位负责重新绘图；由施工原因造成的，由施工单位负责重新绘图；由其他原因造成的，由建设单位自行绘图或委托设计单位绘图。施工单位负责在新图上加盖"竣工图"标志，并附以有关记录和说明，作为竣工图。

ⅳ 为了满足竣工验收和竣工决算需要，还应绘制能反映竣工工程全部内容的工程设计平面示意图。

③ 竣工财务决算报表

按国家财政部印发的财基字[1998]4 号关于《基本建设财务管理若干规定》的通知、财基字[1998]498 号《基本建设项目竣工财务决算报表》和《基本建设项目竣工财务决算报表填表说明》的通知，建设项目竣工财务决算报表按大、中型建设项目和小型建设项目分别制定，有关报表格式见表 8-2～表 8-7。大、中型建设项目竣工财务决算报表包括：建设项目竣工财务决算审批表（表 8-2）；大、中型建设项目概况表（表 8-5）；大、中型建设项目竣工财务决算表（表 8-6）；大、中型建设项目交付使用资产总表（表 8-3）；建设项目交付使用资产明细表（表 8-4）。小型建设项目竣工财务决算报表包括：建设项目竣工财务决算审批表（表 8-2）；小型建设项目竣工财务决算总表（表 8-7），它是由表 8-5 和表 8-6 合并而成的；建设项目交付使用资产明细表（表 8-4）。

表 8-2　　建设项目竣工财务决算审批表

建设项目法人（建设单位）		建设性质	
建设项目名称		主管部门	

开户银行意见：

盖　章

年　月　日

续表

建设项目法人（建设单位）		建设性质	
建设项目名称		主管部门	

专员办审批意见：

盖 章
年 月 日

主管部门或地方财政部门审批意见

盖 章
年 月 日

表 8-3 大、中型建设项目交付使用资产总表 单位：元

单项工程项目名称	总计	固定资产					流动资产	无形资产	递延资产
		建筑工程	安装工程	设备	其他	合计			
1	2	3	4	5	6	7	8	9	10

交付单位盖章 年 月 日 接收单位盖章 年 月

表 8-4 建设项目交付使用资产明细表

单项工程项目名称	建筑工程			设备、工具、器具、家具						流动资产		无形资产		递延资产	
	结构	面积/m^2	价值/元	名称	规格型号	单位	数量	价值/元	设备安装费/元	名称	价值/元	名称	价值/元	名称	价值/元
合计															

交付单位盖章 年 月 日 接收单位盖章 年 月 日

表 8-5　　　　**大、中型建设项目概况表**

建设项目(单项工程)名称				建设地址				
主要设计单位				主要施工企业				
占地面积	计划	实际	总投资/万元	设计		实际		
				固定资产	流动资金	固定资产	流动资金	
新增生产能力	能力(效益)名称		设计	实　际				
建设起止时间	设计	从　年　月开工至　年　月竣工						
	实际	从　年　月开工至　年　月竣工						
设计概算批准文号								
完成主要工程量	建筑面积/m^2		设备/台套或t					
	设计	实际	设计	实际				
收尾工程	工程内容		投资额	完成时间				

基建支出	项　目	概算	实际	主要指标
	建筑安装工程			
	设备工具器具			
	待摊投资 其中:建设单位管理费			
	其他投资			
	待核销基建支出			
	非经营项目转出投资			
	合计			

主要材料消耗	名称	单位	概算	实际
	钢材	t		
	材料	m^3		
	水泥	t		

主要技术经济指标	

表 8-6　　　　**大、中型建设项目竣工财务决算表**　　　　单位:元

资金来源	金额	资金占用	金额	补充资料
一、基建拨款		一、基本建设支出		1. 基建投资借款期末余额
1. 预算拨款		1. 交付使用资产		
2. 基建基金拨款		2. 在建工程		2. 应收生产单位投资借款期末余额
3. 进口设备转账拨款		3. 待核销基建支出		

续表

资金来源	金额	资金占用	金额	补充资料
4. 器材转账拨款		4. 非经营项目转出投资		3. 基建结余资金
5. 煤代油专用基金拨款		二、应收生产单位投资借款		
6. 自筹资金拨款		三、拨付所属投资借款		
7. 其他拨款		四、器材		
二、项目资本		其中:待处理器材损失		
1. 国家资本		五、货币资金		
2. 法人资本		六、预付及应收款		
3. 个人资本		七、有价证券		
三、项目资本公积		八、固定资产		
四、基建借款		固定资产原值		
五、上级拨入投资借款		减:累计折旧		
六、企业债券资金		固定资产净值		
七、待冲基建支出		固定资产清理		
八、应付款		待处理固定资产损失		
九、未交款				
1. 未交税金				
2. 未交基建收入				
3. 未交基建包干节余				
4. 其他未交款				
十、上级拨入资金				
十一、留成收入				
合　计		合　计		

表 8-7　　小型建设项目竣工财务决算总表

建设项目名称		建设地址						资金来源		资金运用	
初步设计概算批准文号								项　目	金额/元	项　目	金额/元
										一、交付使用资产	
占地面积	计划	实际	总投资/万元	计划		实际		一、基建拨款 其中：预算拨款		二、待核销基建支出	
				固定资产	流动资金	固定资产	流动资金	二、项目资本		三、非经营项目转出投资	
								三、项目资本公积			
新增生产能力	能力(效益)名称		设计	实际				四、基建借款		四、应收生产单位投资借款	
								五、上级拨入借款			
建设起止时间	计划	从　年　月开工至　年　月竣工						六、企业债券资金		五、拨付所属投资借款	
	实际	从　年　月开工至　年　月竣工						七、待冲基建支出		六、器材	
基建支出	项　目			概算/元		实际/元		八、应付款		七、货币资金	
	建筑安装工程							九、未交款 其中： 未交基建收入 未交包干收入		八、预付及应收款	
	设备　工具　器具									九、有价证券	
	待摊投资 其中：建设单位管理费									十、原有固定资产	
								十、上级拨入资金			
	其他投资							十一、留成收入			
	待核销基建支出										
	非经营性质项目转出投资										
	合　计							合　计		合　计	

④ 工程造价比较分析

对控制工程造价所采取的措施、效果及其动态的变化进行认真的对比，总结经验教训。批准的概算是考核实际工程造价的依据。在分析时，可先对比整个项目的总概算，然后将建筑安装工程费、设备工器具费和其他工程费用逐一与竣工决算表中所提供的实际数据和相关资料及批准的概算、预算指标、实际的工程造价进行对比分析，以确定竣工项目总造价是节约还是超支，并在对比的基础上，总结先进经验，找出节约和超支的内容和原因，提出改进措施。在实际工作中，应主要分析以下内容：

ⅰ 实物工程量。概预算编制的主要实物工程量的增减必然使工程概预算造价和竣工决算实际工程造价随之增减。因此，要认真对比分析和审查建设项目的建设规模、结构、标准、工程范围等是否遵循批准的设计文件规定，其中，更要注重有关变更是否按照规定的程序办理，它们对造价的影响如何。对实物工程量出入较大的项目，还必须查明原因。

ⅱ 材料消耗量。在建筑安装工程投资中，材料费一般占直接工程费70%以上，因此考核材料费的消耗是重点。在考核主要材料消耗量时，要按照竣工决算表中所列三大材料实际超概算的消耗量，查清是哪一个环节超出量最大，并查明超额消耗的原因。

ⅲ 建设单位管理费、建筑安装工程其他直接费、现场经费和间接费。要根据竣工决算报表中的建设单位管理费与概预算所列的建设单位管理费数额进行比较，确定其节约或超支数额，并查明原因。对于建筑安装工程其他直接费、现场经费和间接费的费用项目的取费标准，国家和各地均有统一的规定，要按照有关规定查明是否多列或少列费用项目，有无重计、漏计、多计的现象以及增减的原因。

以上所列内容是工程造价对比分析的重点，应侧重分析。但对具体项目应进行具体分析，究竟选择哪些内容作为考核、分析重点，还得因地制宜，视项目的具体情况而定。

(2) 建设项目竣工决算的编制要求

按照规定竣工决算应在竣工项目办理验收交付手续后28天内编好，并上报主管部门，有关财务成本部分，还应送经办行审查签证。主管部门和财政部门对报送的竣工决算审批后，建设单位即可办理决算调整和结束有关工作。

建设单位在编制竣工决算时，应注意做好以下工作：

① 按照规定组织竣工验收，保证竣工结算的及时性。

② 积累、整理竣工项目资料，保证竣工决算的完整性。

③ 清理、核对各项账目，保证竣工决算的正确性。

(3) 建设项目竣工决策报表要求

大中型建设项目竣工决算报表的格式及内容，由国家主管部门规定，小型建设项目竣工决算报表由各地区、各部门参照大中型建设项目竣工决算内容及报表格式自行制定。

(4) 竣工决算的编制步骤

① 收集、整理和分析有关依据资料；

② 清理各项财务、债务和结余物资；

③ 填写竣工决算报表；

④ 编制建设工程竣工决算说明；

⑤ 做好工程造价对比分析；

⑥ 清理、装订好竣工图；

⑦ 上报主管部门审查。

(5) 建设项目投资支出各项费用的归类

各项费用归类后分别计入各报表内，主要包括以下三大类费用：

① 计入固定资产价值内的费用，包括：

ⅰ 建筑工程费；

ⅱ 安装工程费；

ⅲ 设备及工器具购置费(单位价值在规定标准以上，使用期超过一年的)；

ⅳ 待摊投资包括土地征用及迁移补偿费(以划拨方式)、建设单位管理费、建设单位临时设施费、工程监理费、研究试验费、勘察设计费、工程保险费、供电贴费、引进技术和进口设备费用(引进专有技术、专利使用费及可以单独列出的出国培训费除外)、施工机构迁移费、负荷联合试运转费、国外借款手续费及承诺费、包干节余、借款利息、坏账损失、企业债券利息、土地使用税、报废工程损失、耕地占用费、土地复垦及补偿费、固定资产损失、器材处理亏损、设备盘亏及毁损、调整器材调拨价格折旧、企业债券发行费、设备检验费、延期付款利息及其他待摊投资、固定资产投资方向调节税。

② 计入无形资产的费用，包括：

ⅰ 土地征用及迁移补偿费(以出让方式)；

ⅱ 国内外的专有技术和专利及商标使用费等；

ⅲ 技术保密费。

③ 计入递延资产的费用，包括：

ⅰ 样品、样机购置费；

ⅱ 生产职工培训费；

ⅲ 农垦开荒费；

ⅳ 非常损失。

8.1.3 竣工决策的编制实例

某一大、中型建设项目1999年开工建设，2000年底有关财务核算资料如下：

(1) 已经完成部分单项工程，经验收合格后，已经交付使用的资产包括：

① 固定资产价值75540万元。

② 为生产准备的使用期限在一年以内的备品备件、工具、器具等流动资产价值30000万元，期限在一年以上，单位价值在1500元以上的工具60万元。

③ 建造期间购置的专利权、非专利技术等无形资产2000万元，摊销期5年。

④ 筹建期间发生的开办费80万元。

(2) 基本建设支出的项目包括：

① 建筑安装工程支出16000万元。

② 设备工器具投资44000万元。

③ 建设单位管理费、勘察设计费等待摊投资2400万元。

④ 通过出让方式购置的土地使用权形成的其他投资额110万元。

(3) 非经营项目发生的待核销基建支出50万元。

(4) 应收生产单位投资借款1400万元。

(5) 购置需要安装的器材50万元，其中，待处理器材16万元。

(6) 货币资金470万元。

(7) 预付工程款及应收有偿调出器材款18万元。

(8) 建设单位自用的固定资产原值60550万元，累计折旧10022万元。

反映在“资金平衡表”上的各类资金来源的期末余额是：

(9) 预算拨款52000万元。

(10) 自筹资金拨款58000万元。

(11) 其他拨款520万元。

(12) 建设单位向商业银行借入的借款110000万元。

(13) 建设单位当年完成交付生产单位使用的资产价值中，200万元属于利用投资借款形成的待冲基建支出。

(14) 应付器材销售商40万元贷款和尚未支付的应付工程款1956万元。

(15) 未交税金30万元。

根据上述有关资料编制项目竣工财务决算表(表8-8)。

表 8-8　　大、中型建设项目竣工财务决算表

建设项目名称:××建设项目　　　　单位:万元

资金来源	金额	资金占用	金额	补充资料
一、基建拨款	110520	一、基本建设支出	170240	1. 基建投资借款期末余额
1. 预算拨款	52000	1. 交付使用资产	107680	
2. 基建基金拨款		2. 在建工程	62510	2. 应收生产单位投资借款期末余额
3. 进口设备转账拨款		3. 待核销基建支出	50	
4. 器材转账拨款		4. 非经营项目转出投资		3. 基建结余资金
5. 煤代油专用基金拨款		二、应收生产单位投资借款	1400	
6. 自筹资金拨款	58000	三、拨付所属投资借款		
7. 其他拨款	520	四、器材	50	
二、项目资本金		其中:待处理器材损失	16	
1. 国家资本		五、货币资金	470	
2. 法人资本		六、预付及应收款	18	
3. 个人资本		七、有价证券		
三、项目资本公积金		八、固定资产	50528	
四、基建借款	110000	固定资产原值	60550	
五、上级拨入投资借款		减:累计折旧	10022	
六、企业债券资金		固定资产净值	50528	
七、待冲基建支出	200	固定资产清理		
八、应付款	1956	待处理固定资产损失		
九、未交款	30			
1. 未交税金	30			
2. 未交基建收入				
3. 未交基建包干节余				
4. 其他未交款				
十、上级拨入资金				
十一、留成收入				
合　计	222706	合　计	222706	

8.2 建设项目竣工决算的审查

8.2.1 审查项目竣工决算的意义

（1）反映建设项目的建设成本、资金来源和资金运用情况：

（2）是核定新增固定资产和流动资金价值、办理其交付使用的依据；

（3）正确反映基本建设项目实际造价和投资结果，而且对投入生产或使用后的经营管理，也有重要的作用；

（4）通过竣工结算与概算、预算的对比分析，可考察建设成本，总结经验教训，积累技术经济资料，促进提高投资效果。

8.2.2 审查项目竣工决算的主要内容

8.2.2.1 审查竣工决算编制依据

审查竣工决算编制工作有无专门组织，各项清理工作是否全面、彻底，编制依据是否符合国家有关规定，资料是否齐全，手续是否完备，对遗留问题处理是否符合国家的有关规定。

8.2.2.2 审查项目建设及概算执行情况

审查项目建设是否按批准的初步设计进行，各单位工程建设是否严格按批准的概算内容执行，有无重大的质量事故和经济损失。

8.2.2.3 审查交付使用财产和在建工程

审查交付使用财产是否真实、完整，是否符合交付条件，移交手续是否齐全、符合规定；成本核算是否正确，有无挤占成本、提高造价、转移投资的问题；核实在建工程投资完成额，查明未能全部建成、及时交付使用的原因。

8.2.2.4 审查转出投资、应核销投资及应核销的其他支出

审查其列支出依据是否充分，手续是否完备；内容是否真实，核算是否正规，有无虚列投资的问题。

8.2.2.5 审查尾工工程

根据修正总概算和工程形象进度，核实尾工工程的未完工程量，留足投资。防止将新增项目列作尾工项目、增加新的工程内容和自行消化投资包干结余。

8.2.2.6 审查结余资金

核实结余资金，重点是库存物资，防止隐瞒、转移、挪用或压低库存物资单价，虚列往来欠款，隐匿结余资金的现象。查明器材积压、债权债务未能及时清理的原因，揭示建设管理中存在的问题。

8.2.2.7 审查基建收入

审查基建收入的核算是否真实、完整，有无隐瞒、转移收入问题；是否按国家规定的计算分成，足额上交或归还贷款。

8.2.2.8 审查投资包干结余

根据项目总承包合同核实包干指标，落实包干结余，防止将未完工程的投资作为包干结余参与分配，审查包干结余分配是否符合规定。

8.2.2.9 审查决算报表

审查决算报表的真实性、完整性和合规性。

8.2.2.10 评价投资效益

从物资使用、工期、工程质量、新增生产能力、预测投资回收期等方面全面评价投资效益。

8.2.2.11 其他专项审查

由具体项目特点确定。

8.2.3 审计处理

审计机关应根据现行法规实施审计，并提出书面审计意见。对审计发现违纪问题作出审计处理决定。对概算外的工程投资支出所增加的投资均不得列入竣工决算，由建设单位投资包干结余分成或项目投产后的自由资金及主管部门拨款解决。对虚列尾工工程，隐匿结余资金，隐瞒或截留基建收入和投资包干结余或以投资包干结余的名义分基建投资问题，均应作调账处理，并就其情节，按其违纪金额处以20%以下的罚款。罚款从自有资金中支付，没有自有资金的由主管部门代付。在竣工决算审计中发现其他问题，按国家有关规定处理。

复习思考题

1. 简述施工企业的工程竣工决算及作用。
2. 简述建设单位的项目竣工决算概念、作用及主要内容。
3. 简述竣工审查的意义。
4. 简述竣工审查的主要内容。

参考文献

[1] 俞国凤，吕茫茫．建筑工程概预算与工程量清单[M]．上海：同济大学出版社，2005.

[2] 全国造价工程师执业资格考试培训教材编审委员会编．工程造价与控制[M]．北京：中国计划出版社，2003.

[3] 全国造价工程师执业资格考试培训教材编审委员会编．工程造价案例分析[M]．北京：中国计划出版社，2003.

[4] 徐伟，徐蓉．土木工程概预算与招投标[M]．上海：同济大学出版社，2002.